飞向宇宙深处

[英] 阿普丽尔·马登 编著　李诗聪 译

中国画报出版社·北京

图书在版编目（C I P）数据

飞向宇宙深处 / (英) 阿普丽尔 · 马登编著；李诗聪译
. -- 北京：中国画报出版社, 2019.9
（爱因斯坦讲堂）
书名原文: All About Space
ISBN 978-7-5146-1738-2

Ⅰ. ①飞… Ⅱ. ①阿… ②李… Ⅲ. ①天文学－少儿读物 Ⅳ. ①P1-49

中国版本图书馆CIP数据核字(2019)第072501号

飞向宇宙深处 [英] 阿普丽尔 · 马登 编著 李诗聪 译

出 版 人：于九涛
策划编辑：赵清清
责任编辑：齐丽华 赵清清
装帧设计：郑建军
责任印制：焦 洋
出版发行：中国画报出版社
地 址：中国北京市海淀区车公庄西路33号 邮编：100048
发 行 部：010-68469781 010-68414683（传真）
总编室兼传真：010-88417359 版权部：010-88417359
开 本：16开（889mm × 1194mm）
印 张：14.25
字 数：200 千字
版 次：2019 年9月第1 版 2019 年9 月第1 次印刷
印 刷：天津久佳雅创印刷有限公司
书 号：ISBN 978-7-5146-1738-2
定 价：68.00 元

前言

从反物质的谜团到我们刚刚发现的偏远恒星和星球，宇宙充满了秘密。在本书中，我们邀请了一些世界顶级的科学家分享他们惊人的发现和研究理论，从而使我们进一步了解宇宙的秘密。

我们将会探索宇宙中一些最大谜题的解决办法，看一看我们如何征服太空，从新的角度了解人类的第一次登月，明白如何制造我们的卫星。我们还将重新认识太阳系，了解有一天可能将我们带去外层宇宙空间以及更远方的科技。在这场星际之旅中，我们可能会遇到神秘的星系力量，研究我们应该如何使用这些力量来帮助我们加速驶向人类从未企及的远方。我们会展望在未来我们将如何在宇宙中生活和工作。

这本书充满了令人着迷的宇宙真相、美轮美奂的风景，以及对一些世界顶尖科学家的访谈。

让我们现在就来一起探索宇宙吧！

目 录

第一章 寻找新家园

第二章 太阳系

第三章 宇宙深处

第四章 太空科学

第五章 未来科技

第六章 你问我答

第一章 寻找新家园

我们不断探索太空的方法以及未来的研究方向

这样的星球是智慧生命茁壮成长所需的完美土壤。

征服宇宙要克服的
难题
寻找新家园
阿波罗 11 号

征服宇宙要克服的13大难题

我们怎样解决探索宇宙时遇到的最大挑战，并把人类送去从未到达过的远方？

路易斯·维拉泽恩（Luis Villazon）著

继阿波罗登月计划之后，载人航天领域的发展停滞不前，看上去好像完全是因为政治原因。其实，物理定律才是真正阻碍载人航天的罪魁祸首。火星和地球最近的距离也是地月距离的 140 多倍。无人探测器一般要飞 8 个月才能到达火星。前美国国家航空航天局（NASA）局长查尔斯·博尔登（Charles Bolden）曾说过，他想要生产全新的推进系统，把飞往火星的旅途时间缩减一半。不过，就算是一个短期的火星任务，宇航员们也需要在那片贫瘠而又危险的土地上生活 26 个月。这样宇航员们才能等到下一次火星冲日，开始返程。如此险象环生的火星探险是一个为期两年的生存挑战。这还只是去拜访太阳系中最欢迎我们的星球！

经过了 40 年的瓶颈期，国家航天局和私人公司重新开始关注载人航天探索。然而，火星并不是我们的最终目标，而是我们的下一步计划。人类最终将行走于更遥远的行星和卫星上，甚至可能到达其他恒星系统中的星球。但是，想要实现这些梦想，我们就必须研发出一系列新型科技。无论是更新推进系统和导航系统，还是准备太空食物，抑或是建造居住地，都需要科技发展的巨大飞跃作为支持。现在，我们就来看一下到目前为止，太空科技方面的进步。

第十三名：如何在另一个星球安全着陆？

解决方法：极超声速反推进技术

飞行器在火星着陆和在月球或地球上着陆完全不同。如果直接插入火星轨道，飞行器到达火星的时速将是 21000 千米。火星的大气层密度仅为地球的 1%。然而，这样的航行速度还是能使飞行器外部升温至 1600 摄氏度。这样的温度足以熔化金属钛！当飞行器距离火星表面 12 千米时，仍然将以每小时 1450 千米的速度航行。美国国家航空航天局的好奇号火星车使用了一个降落伞，将航行速度降至每小时 595 千米。如果要在土星的卫星土卫六或是金星上着陆，这个技术也可能有用，因为这两颗星球都有稠密的大气层。

要想解决这个问题，就要研发一种在面对超声速气流时仍可以成功启动的火箭发动机。太空探索技术公司（SpaceX）为了制造猎鹰 9 号（Falcon 9）可重复使用的第一级火箭，一直在研发这项技术。在研究过程中，猎鹰 9 号收集到的数据将变得至关重要。

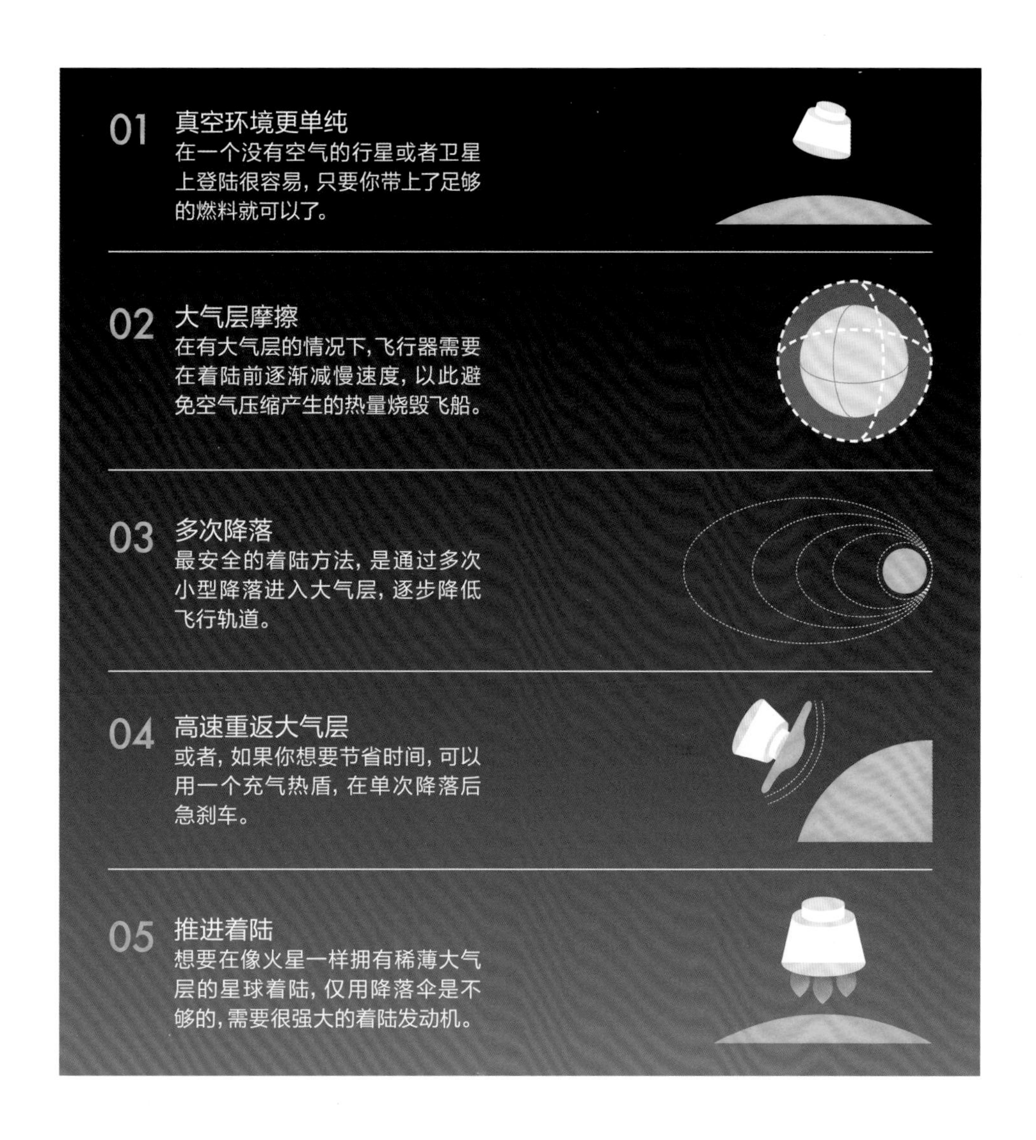

第十二名：太空太大了，难以探索！

解决方法：超空间技术

一旦我们将眼光放得更远，突破太阳系的边界，所谈及的距离就真的会令人望而生畏。就算我们能将一个小型探测仪加速至光速的0.5%，它到达最近的恒星也需要860年。同时，航行所需的燃料就比我们可能获得的所有氢燃料还要多。斯蒂芬·霍金和马克·扎克伯格支持的突破摄星计划可以将这个旅途的时间缩减至20年。想要实现这个目标，需要将一束激光射向一面巨大的光帆，而这也只对重量仅为几克的纳米探测仪有效。

想要在比较现实的时间尺度里发送一个较大的飞行器，我们需要某种曲速引擎技术的支持。理论物理学家米格尔·阿尔库维雷（Miguel Alcubierre）给爱因斯坦的时空等式找到了一个可能的解答。这个答案可以扭曲太空本身，不需要在本地超越光速，就可以迅速抵达很远的距离。

问题是，满足这个时空几何的等式似乎需要具有负能量密度的奇异物质，也就是反重力。从我们现今对物理学的理解来看，没有任何理论能告诉我们这种奇异物质是否真实存在。最终，我们可能只是用一个不可能解决的问题代替了另一个问题。就连阿尔库维雷自己也不相信曲速引擎是可以实现的。

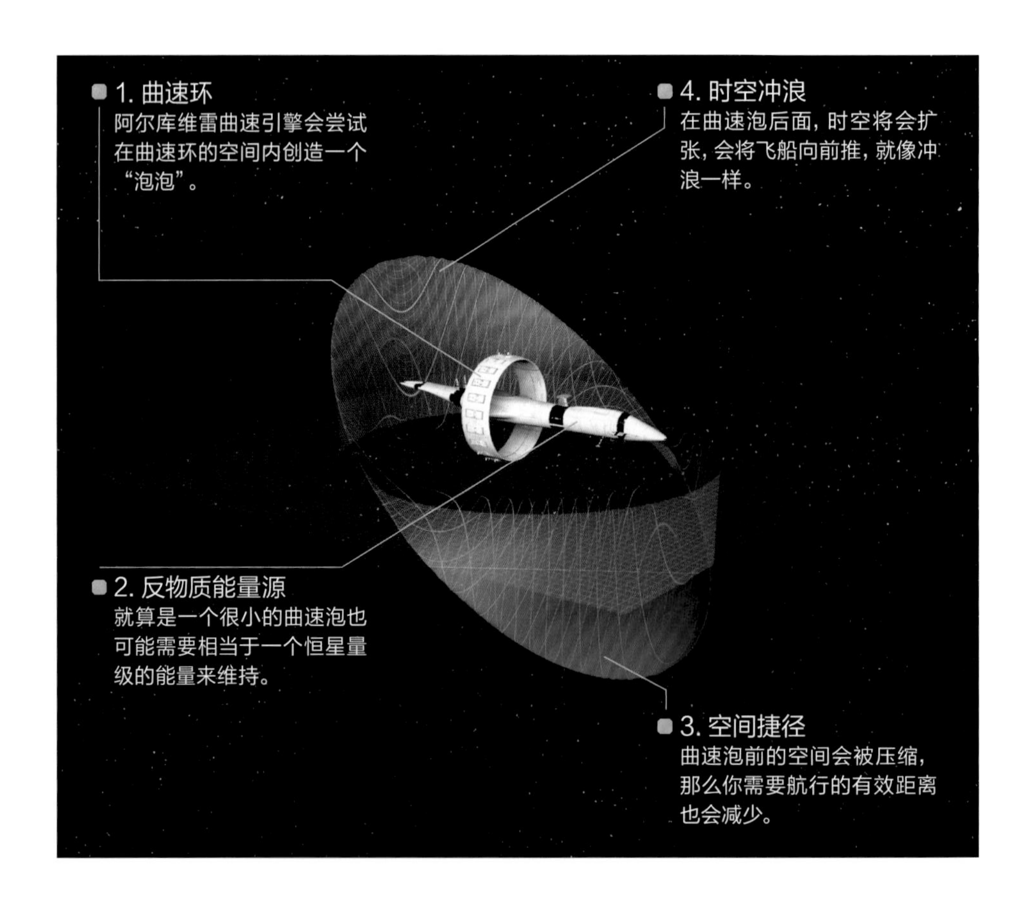

第十一名：如何拯救日渐衰退的骨骼和肌肉？

解决方法：来回翻转的杠铃

弹簧可以在微重力下模拟重物，同时可以节省开支

在微重力中生活的宇航员会每个月丢失多达2%的骨骼质量，心脏也会慢慢适应环境，不需要像地球上这么用力就可以将血液输送至全身。当宇航员返回地球后，如果过于迅速地站起来，可能会晕倒。平衡能力和方向感也会受到影响。在经历18个月的旅途并抵达火星后，宇航员的身体处于最虚弱的阶段。然而，这刚好是他们最需要强健体魄的时候，因为他们要完成在火星表面建立基地的重要工作。

在国际空间站（International Space Station，简称ISS），宇航员每天要花两个小时在跑步机上运动，或者拉伸松紧带，起到模拟举重的效果。但是，这样的运动量仍然不够。宇航员回到地球的时候永远比他们离开时要虚弱。旋转飞船能够产生离心力，这也是可以用来代替重力的一种方法。但是，这样做需要很大的空间。如果飞船每15秒旋转一次，就需要长达112米的旋转直径才能模拟地球引力。这个直径比加上太阳能电池板在内的整个国际空间站都要长！节省空间的一种方法是采用一种设计成哑铃状的飞船，使宇航员隔间在杠铃的一端，而发动机在另一端。在旅程的滑行阶段，整个飞船会从一端到另一端来回翻转。

第十名：如何躲避太空垃圾？

解决方法：老旧助推器退役和垃圾收集

太空早已不再是一个一尘不染的荒野了。自1957年起，我们就一直在近地轨道丢弃各种各样的垃圾。最大的垃圾其实是很多早期火箭的上面级[1]，太阳会加热其油箱中余下的燃料，引起爆炸。美国国家航空航天局现在要求火箭把未经使用的推进剂全部清空，避免这个问题。但是，成百上千的老旧上面级的残骸仍然在地球周围横冲直撞。在地面上追踪这些垃圾起码还比较容易。但是，地球周围还有很多更小的碎片，包括固体火箭发动机废气中的微小颗粒，或者残酷的烈日夺走的油漆斑点。这些小碎片只有在撞击到什么东西时，我们才能看见。然而，如果它们撞击到了在另一个轨道上运行的人造卫星，它们的相对速度形成的能量相当于一把狙击步枪的破坏力。

如果太空碎片没有清理干净，它们将在时空中形成一系列串联式撞击，这样的现象被称为凯斯勒现象（Kessler Syndrome）。一旦出现这一现象，这些碎片将会把人造卫星撞得粉碎，而被撞的人造卫星的碎片又会撞击到其他的人造卫星。1996年以来，这种与太空碎片产生的碰撞已经毁坏了至少3颗人造卫星。飞船可以利用多层惠普尔防护罩（“Whipple” shielding）来避免小型碎片的碰撞，例如用防护罩保护国际空间站的控制板。但是，我们仍然需要一个一个地追踪那些大型垃圾，并把它们从轨道中移除。

太空垃圾从哪儿来？

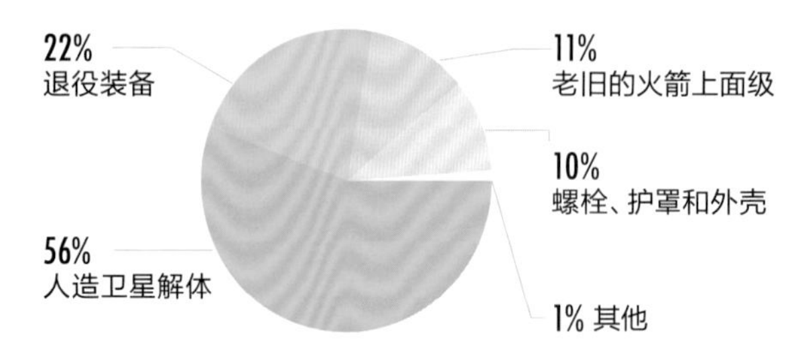

太空垃圾有多少？

总质量：5500 吨，
相当于 350 辆双层巴士的重量

太空垃圾会去哪儿？

50% 碰撞产生的太空碎片会在 10 年内重新进入大气层

10% 的太空垃圾可能 50 年后仍然留在轨道上

著名的相撞事件

1996

来自已经退役的阿里亚纳（Ariane）火箭的碎片击中了法国“樱桃”（Cerise）电子情报卫星。这是至今为止已知的首次太空碎片撞击事故。

2007

在一次反卫星武器测试中，中国发射了一枚导弹，迎面击毁了风云 -1C 气象卫星。

2009

铱星通信卫星与一颗退役的俄罗斯人造卫星发生碰撞，留下了 2000 块可追踪的太空碎片。

1 上面级是多级火箭的第一级以上的部分，可以将一个或多个载荷送入指定轨道，被形象地称为“太空巴士”或“太空摆渡车”。——编者著

太空垃圾在哪儿？

95% 的太空垃圾的轨道高度都低于 2000 千米

太空垃圾最集中的部分在轨道高度 800~850 千米处

太空垃圾有多大？

1.7 亿个小于 1 厘米的颗粒，比一颗豌豆还要小

50 万个大小在 1~10 厘米的物体，其中最大的能像一个苹果那么大

2 万个大于 10 厘米的物体，比一个橙子大

太空垃圾撞击的速度有多高？

每秒 6 千米（每小时 21600 千米）

撞击概率

在海拔高度 800~900 千米的范围内，有 1% 的人造卫星会在其 5~10 年的寿命中被太空碎片击中

一些诡异的太空垃圾

一只手套
美国进行第一次太空漫步时，宇航员埃德·怀特（Ed White）丢失的

一个相机
迈克尔·科林斯（Michael Collins）从双子星 10 号掉落的

垃圾袋
来自于苏联和平号空间站（Soviet Mir Space Station）

一把牙刷
从阿波罗 15 号舱门丢失的

价值 10 万美金的工具袋
海德马里·斯特凡尼辛－派珀（Heidemarie Stefanyshyn-Piper）遗落的

钳子
在发现号航天飞机 STS-120 太空任务中丢失的

1. 发射
清洁太空一号（Cleanspace One）是瑞士的一项科技演示任务。它将试图捕捉 10 厘米大的立方体卫星（CubeSat）。

2.侦查
立方体卫星轨道定位的准确度只能达到 5 千米左右。

3. 会合
在距离目标 8 千米远时，清洁太空一号会打开追踪雷达，更精确地定位目标所在处。

4. 视觉侦查
高动态范围照相机可以发现在宇宙中翻滚的微型人造卫星。

5. 捕捉
一个圆锥形的网会伸展开来，包围并捕捉人造卫星。

6. 移除
捉住卫星后，清洁太空一号会将自己的发动机发射出去，同立方体卫星一起离开轨道，燃烧殆尽。

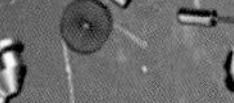

第九名：人类如何在其他星球建立新家园？

解决方法：一支机器人军队

建立新家园可是一个辛苦活儿，仅靠人类来完成所有工作并不现实。机器人不需要在前往另一个星球的漫长旅途中吃饭、喝水或呼吸，这些条件足以说服我们使用机器人来建立新家园。机器人也很有可能先于我们到达任何我们想去的星球。

想要在地球以外开发一个新家园，其早期准备涉及很多挖掘工作。这项工作很困难，人类很难安全地完成。美国国家航空航天局设计了一种表土层先进表面系统操作机器人（Regolith Advanced Surface Systems Operations Robot，简称RASSOR），来处理在低重力环境下的挖掘工作。这种机器人的前后两端有两个向着相反方向旋转的铲子，所以它不需要靠自身重量来俯身。完成了基础建设之后，这些机器人仍然可以起到重要作用。它们可以从底土层开采饮用水，或者将水分解成氧气和氢气。

第八名：如何避免在太空中精神错乱？

解决方法：使用虚拟现实技术

狭窄的生活环境、稀少的休闲时间、单调乏味的食物和危机四伏的外太空环境，组成了一个充满压力的工作场所。美国国家航空航天局在夏威夷的“太空仿真探险模拟”（HI-SEAS）项目中心模拟了一个火星基地，开展了几次长期居住研究。迄今为止，研究主要发现我们无法避免与同组宇航员之间发生矛盾。无论我们如何精挑细选宇航员团队，都一定会出现争吵和情绪崩溃的情况。有几个研究发现，任务中期最容易发生宇航员情绪爆发的情况，因为那是宇航员士气最低、最无所事事的时候。

在深层宇宙冬眠技术得到完善之前，虚拟现实技术是可以避免在宇宙中发生精神错乱的一个方法。数码艺术领导和创新实验室（Digital Arts Leadership and Innovation，简称DALI）在研究有效使用虚拟现实技术的方法，用来减少宇航员的思乡之情，并让他们可以逃离飞船上充满压力的生活环境。

第七名：如何获得足够的食物和水？

解决方法：能量棒

喂饱在宇宙深处执行任务的宇航员们不仅仅是要在飞船上带上种子和花盆那么简单。就算是在火星执行任务，也是巨大的生存挑战。如果你用自然光来进行光合作用，那么火星上的农民们需要穿上太空服才能避免受到辐射，才能照料庄稼。尽管火星的大气层主要由二氧化碳构成，但想要在一个封闭的穹顶之外种植农作物，火星的气压远远不够。农业发展需要一个符合农作物生长要求的环境。因此，在火星人口总数能以百计之前，与其发展能自给自足的食物生产线，还不如直接从地球上运来所有需要的食物。如果要航行去更遥远的外行星，食物问题就会变得更严峻。在一个封闭的飞船里，水可以无限次循环利用，但是食物不行。就算我们可以用呼出的二氧化碳和人类排泄物来种植出营养丰富的藻类，也没有一个宇航员可以忍受长时间吃这样的食物。小型的溶液培养温室可以种一些沙拉中常见的绿叶蔬菜，这样的“大餐”可以鼓舞士气。但是，要花更长的时间才能种出土豆和大豆。为了执行猎户座飞船（Orion）的任务，美国国家航空航天局一直在研发有营养的块状食物，保证每一份块状食物都可以提供一餐所需的热量。

从理论计算来看，
最有效率的火箭燃料是液态氢。

第六名：如何低成本逃脱引力？

解决方法：可以重复使用的火箭

制造能够直接对抗引力的牵引并不是那么难。让一个1吨重的装备升上太空，需要1000亿焦耳的能量。仅仅靠飞船的主发动机，就可以每秒钟发射约330亿焦耳的能量！但是，凡是直接抬上天空的东西都会无法避免地直接坠落到地面上。想要进入轨道，就需要增加足够的侧向速度，使之达到每秒钟7.8千米。这比把装备抬上天空所需的能量要多得多。除了装备以外，还需要把火箭也送入空中。这样运送所需的能量就会迅速飙升，除非在上升过程中抛弃一些重物。

然而，如果把用过的火箭级全都丢弃，每一个火箭就只能使用一次，代价十分高昂。但是翻新固体火箭推进器和轨道飞行器仍然非常昂贵，每次启动需要4500万美金，相当于两枚土星5号运载火箭（Saturn V）的造价。不过，猎鹰9号的发射改变了这一切。2015年12月，太空探索技术公司使猎鹰9号的第一级火箭飞回了卡纳维拉尔角（Cape Canaveral），最终在发射点不远处降落。从那以后，该公司的其他6枚火箭也陆续着陆。太空探索技术公司主席格温·肖特韦尔（Gwynne Shotwell）说，重复使用这些第一级火箭可以让每一次发射的开销减至区区500万美元。

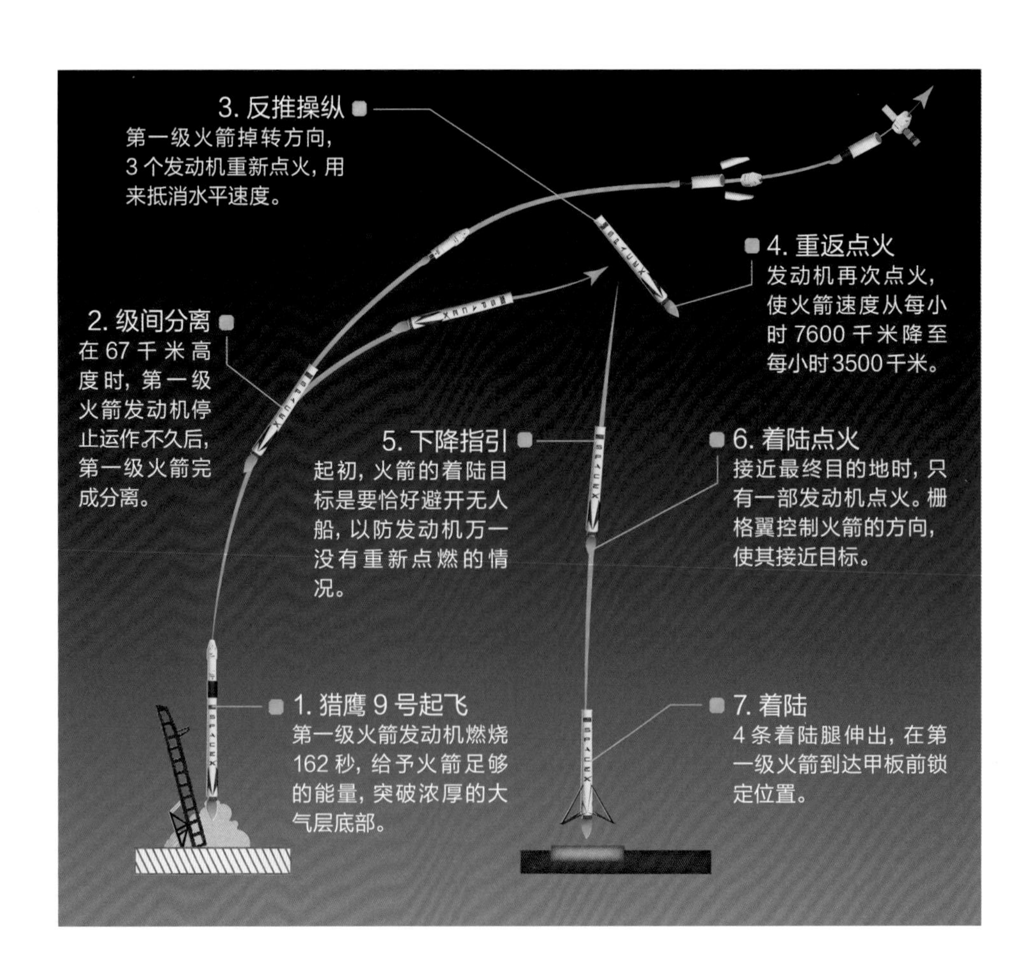

第五名：如何制造速度更快的飞船？

解决方法：核能、等离子体和化学推进

想要到达宇宙中更遥远的地方，就需要航行得更快。这不仅是为了让你快点到达那里，而是决定了你能否到达那里。如果没有足够的速度推送飞船进入你的轨道，飞船的航行路线就不够弯曲，导致无法和目标轨道相交。齐奥尔科夫斯基（Tsiolkovsky）的火箭等式指出，一艘飞船的速度是由两个因素决定的：一个是飞船携带的燃料量，另一个是它的排废速度，或是燃料燃烧时产生的“比冲”[1]。现今的火箭使用的燃料是一种高级煤油和液态氧的混合物。这种燃料较为便宜，也更容易处理。但是，它的排废速度仅为每秒 3 千米。

当燃料质量占火箭的 95% 时，你可以将其加速至排废速度的 3 倍，也就是每秒钟 9 千米。飞往冥王星的新视野号（New Horizons）需要达到超过每秒 16 千米的速度。它是由宇宙神 5 号运载火箭（Atlas V）发射的。为了达到这个速度，新视野号的重量必须小于宇宙神 5 号的 0.15%。从理论计算来看，最有效率的火箭燃料是液态氢。尽管一些火箭已经在使用液态氢燃料，但是就连液态氢也不足以让我们把装备运到外星球以及更远的地方。我们解决这个问题的唯一办法就是设计更奇异的发动机。

1 比冲，或称比冲量，是用于衡量火箭或飞机发动机效率的重要物理参数。比冲的定义为单位推进剂的量所产生的冲量。——编者注

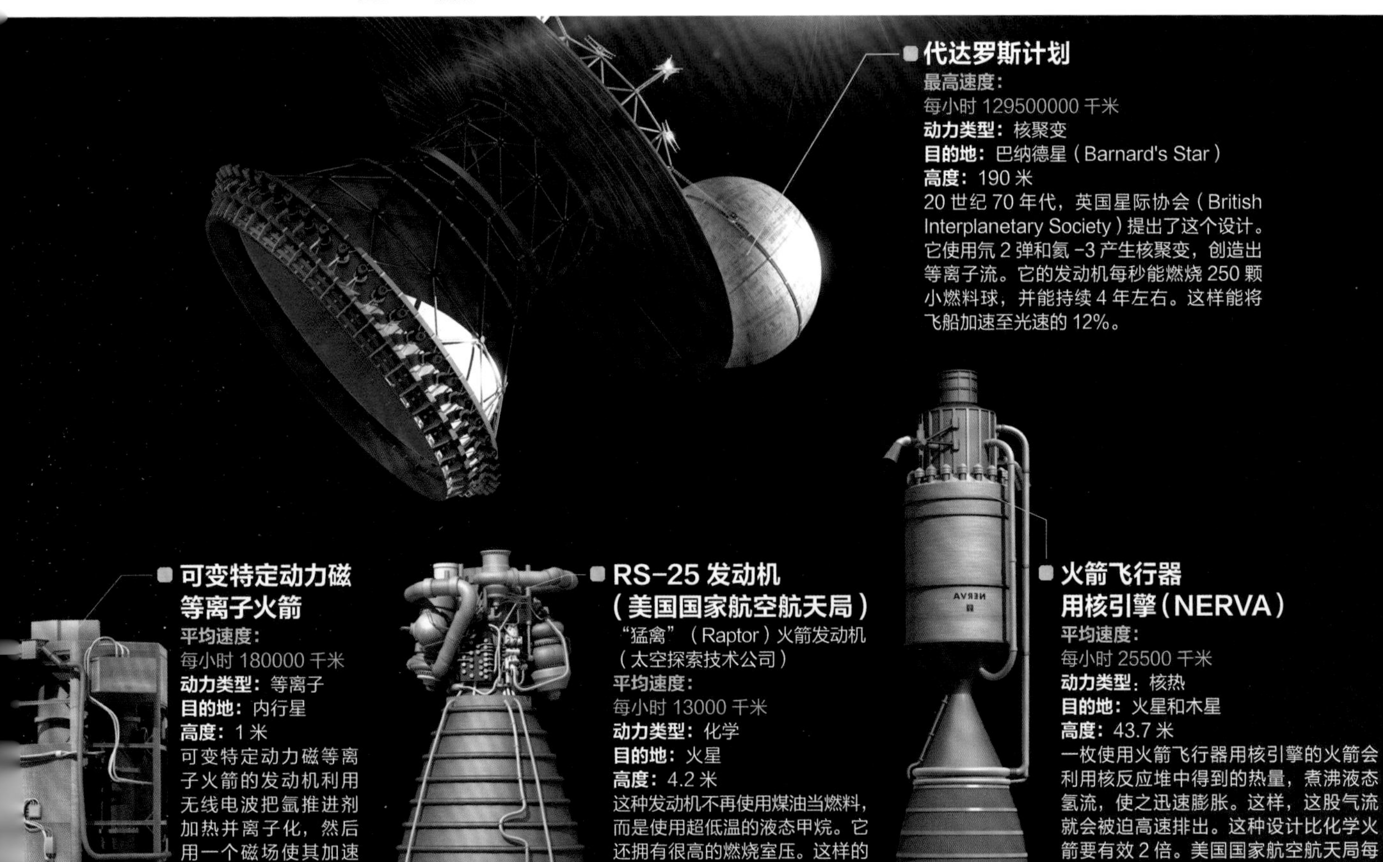

第四名：如何获得足够的资源来完成任务？

解决方法: 脱离地面生活

在星球表面生存必须有一个基地。除了居住空间以外，探索者们还需要温室、实验室和用来保护探测车和设备的飞机库。我们不可能带上组建这些设施需要的所有建筑材料，所以我们必须用我们能找到的材料来建造。美国国家航空航天局正在同云建筑办公室（Clouds AO）合作，研发可充气的基地模块。从火星土壤中开采的冰将用来填充这些模块，因为水可以吸收辐射，却不会挡住可见光。我们可以从加热土壤中提取水，然后将液态水泵入有双隔层的腔体。在那里，水会重新结冰。但是，欧洲空间局（ESA）更进一步，研发了一个三维立体打印机器人。它可以利用月球的表层土来创造特有的水泥，一边筑墙一边围着墙行驶，最后建造出一幢幢完整的楼房。

第三名：我们只知道一个地球

解决方法：建造新家

探险家到达美洲大陆时，看到了一片富饶的土地，土地上有新鲜的水和野生动物。但是，探索太空却没有这么美好。火星很冷，也没有足够的大气层。相反，金星很热，但是大气层过厚。木星和土星的卫星都有致命的辐射。冥王星太冷，而水星太热。离开我们的太阳系后，情况甚至更糟。最近的系外行星是比邻星B（Proxima Centauri b）。严格说来，它是一颗类地行星。不过，这都是相对的。它藏在一颗暗淡红矮星的微小轨道中，收到的可见光是我们在地球上收到的2%。然而，它的可见光中包含的X射线辐射是我们在地球上收到的400倍。比邻星B上的温度比地球要低20摄氏度，而引力比地球高三倍。如果我们有朝一日，要去拜访这样的星球，需要擅长建造防护性高且能自给自足的居住地。最好的办法是循序渐进，先在我们的月球上建立一个永久基地，然后在火星上建一个。通过这些建设获得的外星工程经验将非常宝贵。

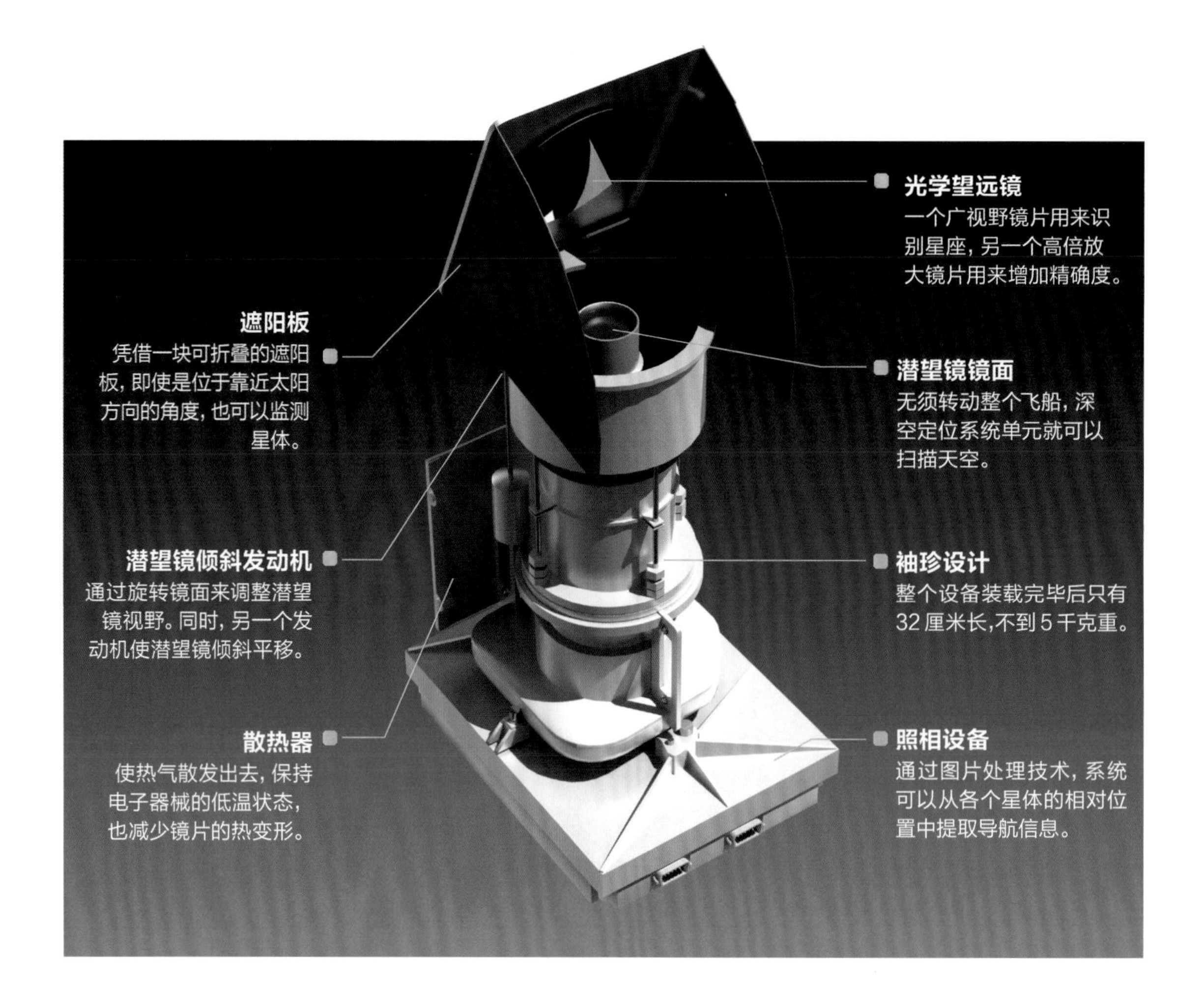

第二名：如何在宇宙中定位导航？

解决方法：监测星座

对于在近地轨道航行的飞船来说，全球定位系统（GPS）导航的效果有限。如果想去宇宙中更遥远的地方，全球定位系统根本没有用。美国国家航空航天局在考虑一项计划：在火星上建立一个类似的系统来导航。可是，我们不可能在太阳系中的每个行星周围都装上一个由24颗人造卫星组成的网络。我们越是想要航行得远，就越需要造价低、准确度高，且标准化的导航系统。美国国家航空航天局的喷气推进实验室（JPL）研发出了深空定位系统（Deep-space Positioning System，简称DPS）。这个系统可以通过扫描天空来识别星座，不需要使用飞船自带的高度控制推进器进行船体旋转。深空定位系统不仅能扫描可见光谱，也可以扫描到X射线波长，从而覆盖更多的星体。另外，它还有自带的无线电天线，可以计算与地球的相对位置。

第一名：如何抵挡太空辐射？

解决方法：塑料和磁铁

对任务策划者来说如果只是在一星期内往返月球，或是在国际空间站待6个月，行程中的患癌风险可能没什么大不了的。但是，如果要去更遥远的地方星际旅行，那就不可同日而语了。木星磁场里包裹的辐射无比强大，足以摧毁无人探测仪。朱诺号（Juno）飞船防护罩能够让它全副武装，好像一辆会飞的坦克。它的集成电路都是由加大号的零件构成，使它在面对高能量粒子时有较高的容错性。

对于深空航行来说，载人飞船可以将沉重的发动机朝向太阳，或者用储存的饮用水来当作盾牌，以保护宇航员免受太阳辐射。但是，银河宇宙辐射（Galactic Cosmic Radiation，简称GCR）会同时从四面八方射来。这些粒子的穿梭速度无比之快，当它们击中飞船的铝壁时，会产生一系列的二级辐射，而这些二级辐射对飞船里的宇航员来说更加危险。有一些塑料可以和银河宇宙辐射粒子相互作用，产生危害度较低的二级辐射。在飞船生命支持系统里的人类排泄物也可以用来防辐射。

我们可能还是需要创造一个自带防护磁场的宇宙飞船。SR2S项目组在与欧洲核子研究组织合作，研究是否可以使用超导磁铁来创造一个辐射防护罩。

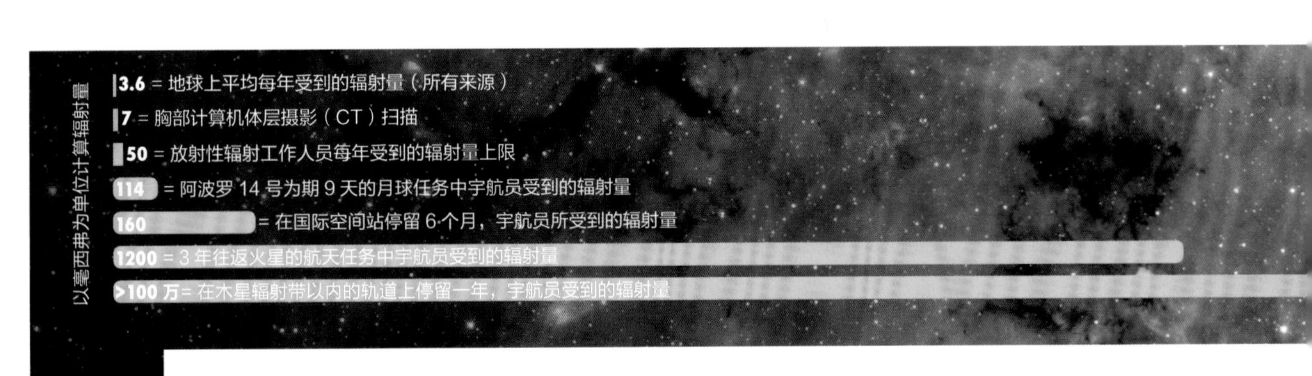

太空辐射从何而来？

爆炸的恒星，磁场……而且它们之间完全是真空！

地球

地球磁场把太阳风困在范艾伦辐射带(Van Allen belts)里，位于距地球 1000 千米至 60000 千米处。经过辐射带的人造卫星每年会受到 25000 毫西弗(mSv)的辐射。

银河宇宙辐射

超新星爆发后会形成气体云。这些气体云的磁场能将重离子加速至接近光速，然后持续不断地冲击我们的太阳系。

太阳风

太阳以 400 公里 / 秒的速度喷射出一层由电子、质子和 α 粒子构成的薄薄的等离子体。地球磁场保护了地球附近的轨道免受太空辐射的侵害。

太阳射线

太阳射出不同波长的光，而地球的大气层过滤了大多数短波光。在宇宙中，紫外线辐射会比地球上强 100 倍。

日冕物质抛射

日冕是太阳抛射出的一团稀薄的等离子体，速度为每秒钟 400 千米。这种等离子体由电子、质子和 α 粒子组成。地球的磁场保护了近地轨道，使之免受日冕物质抛射侵害。

这个星球是我们的新家园吗？

一个距我们仅 40 光年的系外行星
被誉为最像地球的星球。
可是，我们能在那个星球上生活吗？

李 · 卡文迪什（Lee Cavendish）著

当你在一个冬日夜晚站着仰望天空时，可以看到以海怪刻托（Cetus）得名的鲸鱼座，其中最明亮的一颗恒星就是土司空（Deneb Kaitos）。在这颗星上方不远处，是一颗距离我们40光年的红矮星。它既暗淡又微小，名叫LHS 1140。这颗星球是新发现的LHS 1140b星球的母星，而LHS 1140b是一颗“超级地球”，有可能孕有生命。

母星LHS 1140的大小是太阳的20%，但明亮度还不及太阳的1%。由于这颗星球距离我们仅40光年，“地球移居”（MEarth）计划团队识别到了这颗星球，并对它开展了研究。“地球移居”计划的目标是发现适宜居住的系外行星（在我们太阳系以外围绕一颗恒星轨道运转的行星）。然而，他们主要在监测围绕着具体几个红矮星运转的系外行星。这些红矮星的质量是太阳的10%~30%，都在距离我们100光年的范围内。尽管红矮星比我们的太阳要轻得多、暗得多，但是整个星系中75%的恒星都是红矮星。

“地球移居”计划由美国国家科学基金会（United States National Science Foudnation，简称NSF）资助。在美国亚利桑那州的弗雷德·劳伦斯·惠普尔天文台（Fred Lawrence Whipple Observatory），“地球移居”计划有一个由8台直径40厘米的望远镜组成的北望远镜阵。在智利的托洛洛山美洲天文台（Cerro Tololo Inter-American Observatory）也有8台望远镜，组成南望远镜阵。

2014年，“地球移居”计划南半球望远镜阵侦测到了LHS 1140发出的光。团队通过光度测量对该光线加以研究，推论应该有一颗系外行星在围绕着这颗低质量恒星的轨道运行。同年，“地球移居”团队观察到LHS 1140的亮度会发生变化。原来，LHS 1140b会遮蔽其母星，发生食的现象，导致母星亮度大减。这让“地球移居”团队知道了LHS 1140周围可能存在着一颗系外行星。

侦测到可能存在的系外行星之后，位于欧洲南方天文台（European Southern Observatory，简称ESO）的拉西亚天文台（Las Silla Observatory）上的3.6米望远镜上的高精度径向速度行星搜索器（High Accuracy Radial velocity Planet Searcher，简称HARPS）就会开展深度调查。测量径向速度不但能确认LHS 1140b这颗系外行星的存在，还能提供更精确的细节。

寻找地球以外的生命迹象
是科学界最严峻的任务之一。
贾森·迪特曼 博士

欧洲南方天文台的 3.6 米望远镜，搭配高精度径向速度行星搜索器摄谱仪，就是最佳的行星猎人

研究人员可以很确定地推断出LHS 1140b的属性。很多宇航员都因此激动不已，尤其是哈佛-史密松天体物理中心（Harvard-Smithsonian Centre of Astrophysics）的贾森·迪特曼博士（Dr Jason Dittmann），他也是发现LHS 1140b的骨干科学家之一。他说道：“寻找地球以外的生命迹象是科学界最严峻的任务之一。”

想要声称一个系外行星和地球很相似，宇航员必须先问问自己：让一个星球适宜居住需要哪些条件？很显然，地球拥有数不胜数的复杂机制。这些机制不但对简单生命体（例如植物生命和细菌）来说至关重要，还创造出了智慧生命。

一个被岩石和水所覆盖的世界竟让已知最富智慧的生命在百万地球年间经历了达尔文进化，这一切并不是偶然。也就是说，我们有一颗放射出理想射线的恒星。星球上的生命吸收了这些射线，通过光合作用有机地生产出可供呼吸的氧气。另外，我们大气层的“温室效应”也能吸收并重新放射出这些射线。

温室效应帮助地球维持稳定的温度，保证了我们的生存环境。然而，只有依靠板块运动，温室效应才能持续下去。熔化的地幔是产生板块活动的必要条件。也正因如此，我们所在的地球表面才可以发生移动和碰撞，创造出火山和山脉，点缀我

LHS 1140b 有多像地球?

LHS 1140b　　**地球**

“金发姑娘地带”
金发姑娘地带是一片完美的区域。在金发姑娘地带里，水可以作为液态存在。

水刚刚好
地球距离太阳 1.5 亿千米远，正好停留在太阳周围最适宜居住的地带。地球上的温度正好允许了液态水的存在。

强烈的引力
如果你在这个星球上散步，你感受到的引力会让你觉得自己就像背着一个相扑选手。

引力适合生命需要
地球上的重力加速度为每秒 9.8 米。无论是地球上的人类还是昆虫，引力是决定所有生命形式的重要因素。

主要由固体和岩石构成

LHS 1140b 比地球要重超过 6 倍。因此，它很有可能是由很多岩石构成的。

最完美的组合
对于生命发展来说，岩石和液体都不可或缺。地球上，这两者都很充足。

地球的 1.5 倍大

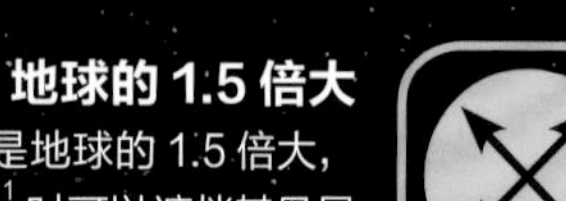

LHS 1140b 是地球的 1.5 倍大，在发生掩食[1]时可以遮挡其母星的很大一部分。

地球的大小
从地球的地核到地表，你可以放入 720 座珠穆朗玛峰。

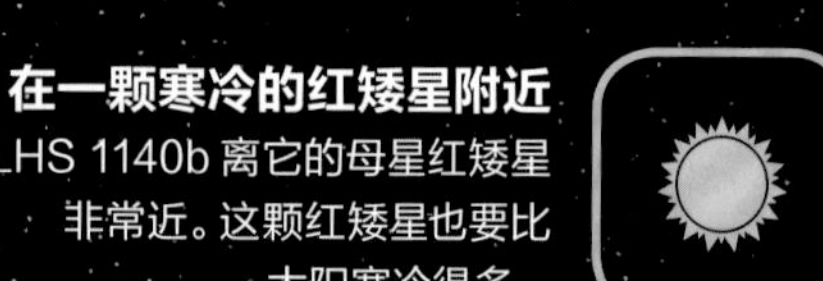

在一颗寒冷的红矮星附近
LHS 1140b 离它的母星红矮星非常近。这颗红矮星也要比太阳寒冷得多。

围绕着一颗较热的恒星运转
我们的太阳是一颗黄矮星。它燃烧的表面保持着 5505 摄氏度。

1 掩食：指天体之间相互遮盖而产生的亏蚀现象。

们的星球。同时地核可以保护我们免受宇宙中有害射线的伤害。当太阳和其他恒星将有害射线射向我们时，地核产生的磁场可以保障我们的生命安全。

第一件要仔细考虑的事就是LHS 1140发出的辐射，还要想一想这些辐射会如何影响LHS 1140b行星上的生命。首先，LHS 1140放射出的射线能量比我们太阳的射线要小得多。哈佛大学教授戴维·沙博诺（David Charbonneau）说道："红矮星发出的辐射大多处于光谱上红线或红外线那一端。这种低能量辐射也会让行星变得非常昏暗，所以别忘了带上你的手电筒！"

尽管这颗恒星的射线能量较低，但是它仍然能放射出大量的紫外线辐射，有可能危及生命。不过，幸好这颗恒星似乎相对年长（年龄超过50亿年）。对行星来说，现在它的辐射应该没有那么强烈，也不会造成那么大的破坏。

如果我们假定植物可以在LHS 1140b上生活，这颗星球上的植物生命应该会和地球上的大相径庭，因为辐射将彻底改变光合作用的过程。迪特曼博士解释道："有很多有趣的研究在探讨对于围绕红矮星运转的行星来说，植物的光合作用会变成什么样。因为没有很多光子能够射到行星表面，所以叶绿素可能无法有效运作。这样的话，植物可能需要另辟蹊径，完成这项工作。"因此，LHS 1140b的环境和地球很不一样。在地球上，明亮的天空俯瞰着绿色的田野，就像微软Windows XP的经典桌面一样。在LHS 1140b上，你可能会看见昏暗的天空下有一片乌黑的草地，更像是恐怖电影中的场景。

LHS 1140b距离恒星比水星距离太阳还要近。尽管如此，这颗行星仍然属于适宜居住的恒星，也就是说，它处于金发姑娘地带。在这个区域，水可以以液态存在，就像在地球上一样。这意味着这颗行星没有离恒星太近，避免了水沸腾。它也没有离恒星太远，防止了水结冰。由于LHS 1140的辐射能量比我们的太阳要小得多，行星的金发姑娘地带也就离恒星十分近。现在收集到的数据无法证明水的存在，但是迪特曼提到："水是宇宙中最常见的分子。我们在很多炎热的、没有大气层的地方都找到了水（例如水星和一些小行星上）。你完全可以论证LHS 1140b比那些地方更有可能存在水。"

当我们逐一检查一颗宜居星球需要的各项条件时，我们已经在"轨道"这一栏旁边打上了一个假想的对钩。现在，我们需要讨论一下这颗星球本身。我们问沙博诺教授是在这项工作的哪个阶段开始认为这颗星球可能适宜人类居住的，他回答道："我们觉得宜居星球至少需要由岩石构造（而不是气体星球），还需要合适的温度，让星球表面可以有液态水。我们测量了这个星球的密度，发现它由很多岩石构成。我们也估算了星球上的温度（根据它与恒星之间的距离估算）。测量完这两点后，我开始觉得它可能适宜人类居住。"

要能支持生命的存在，一颗行星是否由岩石构成是一个非常重要的因素。对于一颗可以支持高级生命形式的宜居星球来说，由岩石或液体构成的星球表面可以说是一个普遍的要求。这样的星球是智慧生命茁壮成长所需的完美土壤。通过对外行星环境的研究，我们知道我们不可能在一颗气体行星生存，无法克服那些艰难的条件。研究发现，我们的地球中心有一个熔化的地核，而 LHS 1140b 是否也有会熔化的地幔还有待研究。然而，如果这颗“超级地球”的中心也有会熔化的地幔，它将重塑这块土地。一个稠密、高温、旋涡状的地核会在 LHS 1140b 上创造出高耸的山脉和火山，喷出大量的岩浆，由此产生的地震更是会超出我们的想象。

这颗由岩石构成的行星其体积大约是地球的2倍，重量大约是地球的7倍。因此，这颗星球的引力也会比地球引力要大得多，可能会让生存变得艰难。其实，你在读这段文字的时候，也在承受着地球引力给你的压力。经过几百万年的进化，我们已经适应了这种压力。当尼尔·阿姆斯特朗（Neil Armstrong）和巴兹·奥尔德林登陆月球时，引力的骤降使他们感觉不到任何重量，感觉就像在飞一样。现在，请你想象引力是地球3倍的星球。这会给我们的身体造成很大的负担。如果一个70千克的人出现在LHS 1140b上，这个人就会觉得自己沉重得像在背着一位相扑选手。我在前文里提到过达尔文进化论，也许这颗星球上的智慧生命也能适应自己的环境。如果人类可以适应这么大的引力，我们双腿的肌肉必须变得更加发达和强壮，这样我们才能站起来。或者，就像迪特曼博士建议的那样：“如果你有朝一日能够拜访LHS 1140b，你的行程中也许应该加上一趟海滩之旅。这样，你可以一直在水里打发时间，而不会被引力压垮。”

通过两种光度测量方法：凌日法和径向速度法的分析，“地球移居”团队已经得出了一些结论，推理出了这颗星球的状态。尚未确定的一点是这颗星球的大气层信息。如果不进行更深度的光谱分析的话，LHS 1140b的大气层将永远是一个谜。

关于这颗星球的大气层已经有很多猜测。例如，作为一个这么大的星球，它可能在早期形成的时候经历过很长一段时间的岩浆海洋阶段。这意味着可能是在恒星辐射变得不那么有害后，第二次放出的大气层气体才升入大气层。这样的话，这颗行星的大气层就会和地球大气层很类似。另一方面，它的大气层也可能经历了失控温室效应。当失控温室效应发生时，恒星强烈的辐射会使分子分离，氢就会逃逸到太空中。那么，这个大气层就会像金星的大气层一样充满危险。

“令人激动的是，我们不需要止步于猜想，我们可以去测量这一切。”沙博诺教授说道。他们的工作并不会就这样结束。迪特曼博士、沙博诺教授和团队其余成员准备在测量过程中运用很多现今的和未来的望远镜。

这个团队已经开始用哈勃空间望远镜（Hubble Space Telescope）来研究这颗星球的大气层。他们也已请求获得斯皮策空间望远镜（Spitzer Space Telescope）和钱德拉X射线天文台（Chandra X-ray Observatory）的观测时间。团队成员准备使用斯皮策空间望远镜来了解LHS 1140b周围有没有卫星或者其他行星。钱德拉X射线天文台可以用来研究恒星的高能量辐射，了解这颗红矮星具体发出了何种辐射。沙博诺教授告诉我们："可能在8年以后，随着这项研究的不断推进，我们会需要使用下一代巨型地面望远镜（Extremely Large Gound-based Telescopes），例如巨型麦哲伦望远镜（Giant Magellan Telescopes）。这些望远镜现在还在修建中。" 这突出了"地球移居"团队对这颗潜力巨大的星球有很大的野心。

今年是令人激动的一年。我们先发现了比邻星B绕着离我们最近的恒星轨道运转，后发现了TRAPPIST-1的7颗行星。如今，我们又发现了LHS 1140b，它可能会成为我们"远离家乡的家园"。随着新收集到的数据越来越多，我们还会有新的发现。其中的某一颗星球会成为人类的下一个目的地吗?

一位艺术家描绘了 LHS 1140b 的一部分，它的远处就是红矮星 LHS 1140

现在

拉西亚天文台

拉西亚天文台位于智利，以其拥有直径为3.6米的望远镜而著称。这部望远镜上安装了高精度径向速度行星搜索器摄谱仪。“地球移居”计划团队曾要求获得更多关于LHS 1140b的信息。因为系外行星的存在，LHS 1140发生了恒星摆动现象。通过观察这种摆动，研究人员确认了LHS 1140b的存在，也确定了它的属性。

如何确认LHS 1140b的存在？

1 一切的开始 2014 年，“地球移居”计划团队发现了LHS 1140b，之后便开始了对这颗星球的分析。

2 LHS 1140b 发生食相的总次数 将恒星的明亮程度和时间的关系画成散点图，就能产生一条亮度曲线。

3 跟踪观察 拉西亚天文台做了几次至关重要的观察，确认了LHS 1140b的存在并加以分析。

4 检查光谱 利用拉西亚天文台的高精度径向速度行星搜索器来分析星球的光谱。

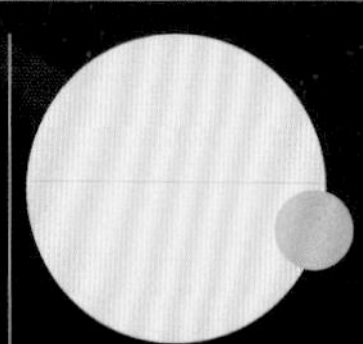

5 恒星摆动 光谱分析制作出了重要的径向速度图标，但是LHS 1140b的潜能仍无从得知。

6 发现LHS 1140b的潜能 从这些图表中可以归纳出这颗恒星与行星的轨道性质及物理性质。

7 发现超级地球！ 通过更多的计算，“地球移居”计划团队发现了这颗可能适宜居住的星球！

> 水是最常见的分子……
> 我们在很多炎热的、
> 没有大气层的地方都找到了水。
>
> 贾森·迪特曼 博士

发现系外行星的方法

凌日法

看不见系外行星
在行星从恒星前越过之前，亮度曲线会显示恒星的最高亮度。

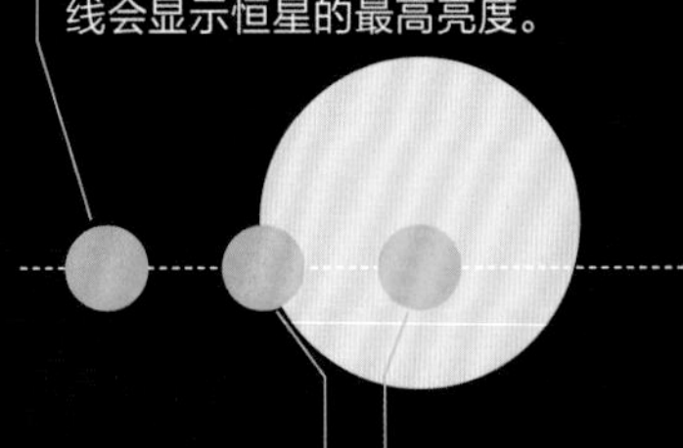

开始遮挡恒星
随着食相的发生，恒星的亮度开始降低。

全食
当整个系外行星挡住恒星时，亮度曲线会处于最低亮度。

亮度曲线
将收集到的恒星亮度同时间的关系画成图表，就可以得到亮度曲线。

径向速度法

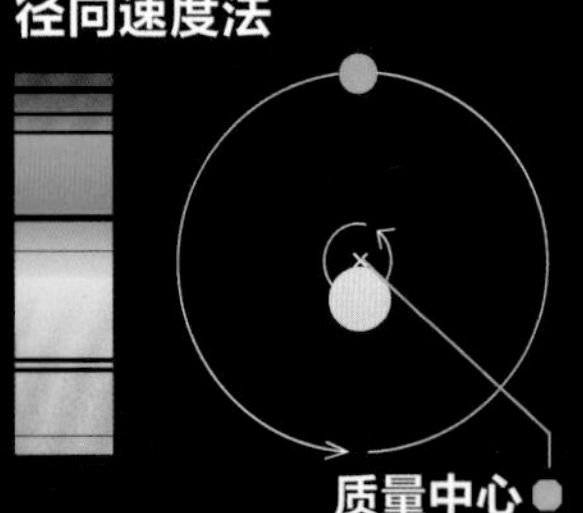

质量中心
质量中心是时空中的一个点。在这个点上，恒星和行星的平均质量相等。

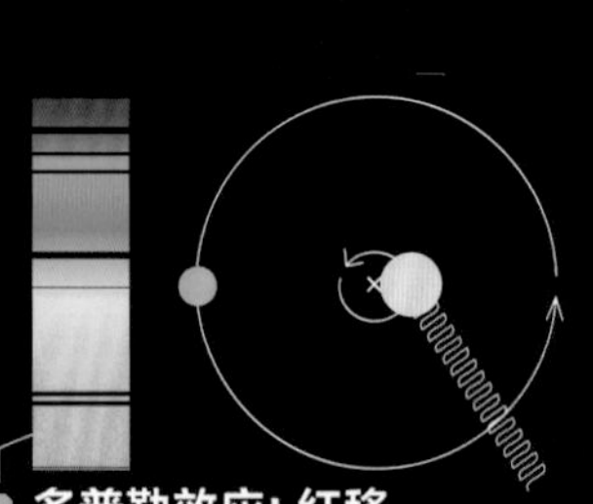

多普勒效应：红移
当恒星离我们远去时，它的波长会拉长，导致频率降低。

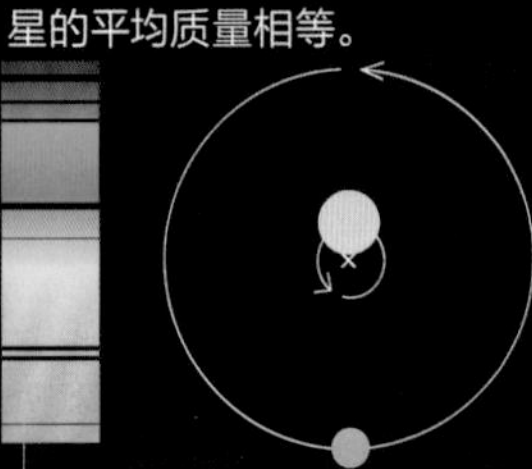

恒星的光谱
这个标准光谱显示了恒星中存在分子的吸收线。

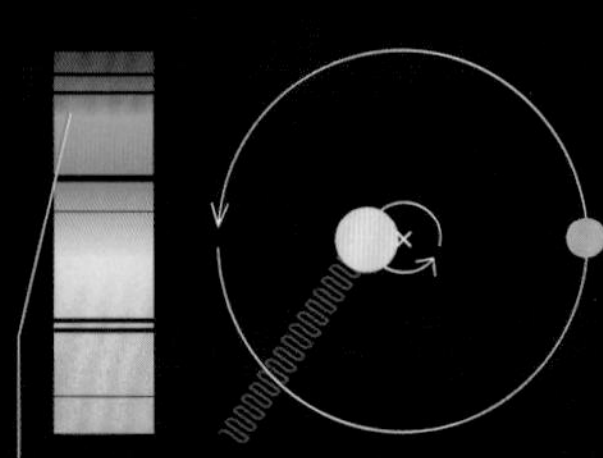

多普勒效应：蓝移
当恒星向我们靠近时，波长会缩短，导致频率升高。

过去

“地球移居”计划南望远镜阵

“地球移居”计划南望远镜阵位于智利的托洛洛山美洲天文台。它拥有8架直径40厘米的望远镜，每一架都对红色光和红外线光非常敏感。2014年，“地球移居”计划南望远镜阵团队知悉了LHS 1140食的现象，因为恒星的亮度产生了周期性变化。

未来

詹姆斯·韦布空间望远镜（James Webb Space Telescope，简称 JWST）

詹姆斯·韦布空间望远镜就是为了深度研究系外行星大气层而建的。我们希望它可以为我们揭秘一个适宜居住的环境所需的基本条件。这个望远镜有一个直径6.5米的主镜和最新的中红外到近红外设备，由此收集到的数据会比以前更加清晰。

二级镜片

LHS 1140b 的光线会由二级镜片导向詹姆斯·韦布空间望远镜的仪器。

科学仪器舱（ISIM）

这个屋子里装着詹姆斯·韦布空间望远镜用来分析LHS 1140b大气层的设备。

世界最大的太空望远镜

凭借一面直径达 6.5 米的主镜，就连 LHS 1140b 最微弱的红外线光也可以研究。

最大效率

拥有 18 块镀金属六角形镜片，詹姆斯·韦布空间望远镜捕捉光的效率极高。

詹姆斯·韦布空间望远镜在找什么？

- 水蒸气（H_2O）
- 甲烷（CH_4）
- 氨气（NH_3）
- 一氧化碳（CO）
- 二氧化碳（CO_2）

这些元素早在地球早期大气中就已经存在，对“温室效应”也至关重要。

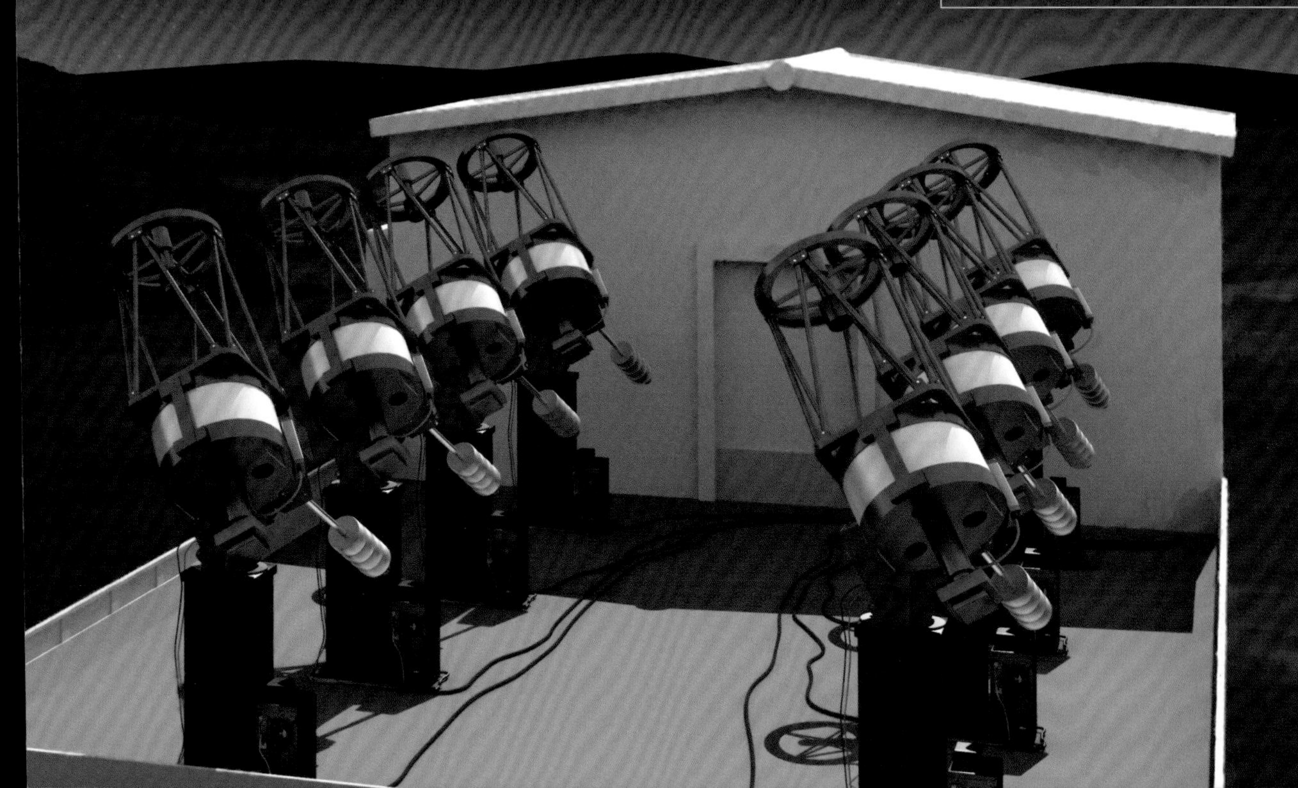

世界独家：巴兹·奥尔德林讲述

阿波罗11号大揭秘

我们登陆月球那一天的真实情况

尼克·豪斯 著

在载人航天操作大楼(Manned Spacecraft Operations Building)里，阿姆斯特朗朝着向他们送出祝福的人们挥手。那时，他、科林斯和奥尔德林准备乘车前往 39A 发射阵地

差不多50年前，人类实现了有史以来最大的科技壮举之一。这件事对于生活在2017年的很多人来说已经很难理解了。当时，肯尼迪总统设立了一个目标，就是让一个人可以在月球表面着陆，并安全返回地球。9年后的1969年7月20日，美国国家航空航天局竟然真的做到了。

其间过得令人胆战心惊。随着1961年艾伦·谢泼德（Alan Shepard）完成了15分钟的“水星计划”亚轨道飞行，美国国家航空航天局在他们通往月球的道路上跨越重重阻碍，建立了一系列里程碑。他们失去了水星计划中的一个太空舱，那时候在太空舱内的宇航员格斯·格里索姆（Gus Grissom）险些溺毙。约翰·格伦（John Glenn）重返地球时，反推进火箭仍然连接在他的友谊7号太空舱上。其间，双子星计划也完成了许多成功的任务。在1966年的任务中，双子星飞船的一个推力器失灵，造成飞船翻滚，差点失去控制，险些危及到了宇航员的生命。当时的宇航员阿姆斯特朗控制住了飞船。而这位宇航员，就是在1969年迈出人类历史性一步的伟大人物。此后，阿波罗计划执行了4次完整的航天任务。其中两次在近地轨道飞行，另外两次围绕着月球轨道飞行，而只有一次任务对整个系统进行了测试。1967年，阿波罗1号在发射台发生了大火，导致格里索姆和他的两名同伴爱德华·怀特（Edward White）以及罗杰·查菲（Roger Chaffee）不幸牺牲。

在这张极具代表性的图片中，宇航员巴兹·奥尔德林的脚印印在了月球的土地上

我们永远无法对太空任务习以为常……
你要把3个人放在超级大量的爆炸物之上。
吉恩·克兰兹

美国国家航空航天局不得不承受巨大的悲痛，继续前行。他们在很短的时间内重新设计了整个月球指挥舱，也对登月舱（当时被称作登月模块，LEM）做出了重大修改。

在胜利与悲痛的交织中，美国国家航空航天局在1969年7月16日做好了登上月球的准备。但是，前几年经历的考验和磨难仍然没有结束。阿波罗11号上有一支由3人组成的队伍，他们分别是尼尔·阿姆斯特朗、巴兹·奥尔德林和迈克尔·科林斯（Michael Collins）。他们即将面临的是人类历史上最激动人心的一次太空飞行。

我们还记得站在月球表面上的人说的第一句历史性的话，那也是历史上观众最多的一次电视节目。观众们看到从月球传来的粗颗粒黑白画面时，人人兴高采烈。不过，阿波罗11号背后的故事还有很多，而那些故事可能并没有这么广为人知。

毫无疑问，他们的第一个任务就是坐上强有力的土星5号火箭离开地球。土星

5号是迄今为止世界上最高、力量最大的火箭。很多通过土星5号的推进而进入宇宙的宇航员都说整个行程非常平稳。尼尔·阿姆斯特朗曾说，虽然对于那些在可可海滩（Cocoa Beach）或者卡纳维拉尔角观看火箭发射的人来说，火箭声震耳欲聋，但是宇航员只能察觉到背景音稍稍增强了一些。火箭摇得厉害，感觉像是坐在起飞的大型喷射式飞机上一样。然而，就算旅途很平稳，坐在那么多的火箭燃料上面总还是一次危险的体验。

“我们永远无法对太空任务习以为常，因为你要把3个人放在超级大量的爆炸物之上。”阿波罗11号登月计划的飞行总监吉恩·克兰兹（Gene Kranz）这样告诉我们。巴兹·奥尔德林说，宇航员们并没有觉得紧张。他说道：“我们觉得我们有99%的概率生存下来。任务中确实包含了许多危险，但是也有很多时刻，我们可以选择中止任务，不需要继续做危险的事情。”

一旦进入宇宙，指挥服务舱必须旋转，然后与登月舱对接。登月舱就嵌在土星5号火箭的最后一级S-IVB上。两艘飞船对接完毕后，它们一起飞向月球，在宇宙中拖着后面的S-IVB。

过了一段时间，宇航员们注意到飞船外面有一些奇怪的景象，好像有一道光跟

巴兹·奥尔德林是登上月球的第一人吗？

图中显示了指挥舱里的座位安排。从座位安排和入舱口位置来看，当巴兹·奥尔德林和尼尔·阿姆斯特朗移去登月舱时，尼尔·阿姆斯特朗才是坐在最佳位置的宇航员。尼尔应该可以最先离开登月舱，成为登上月球的第一人，而不是奥尔德林。

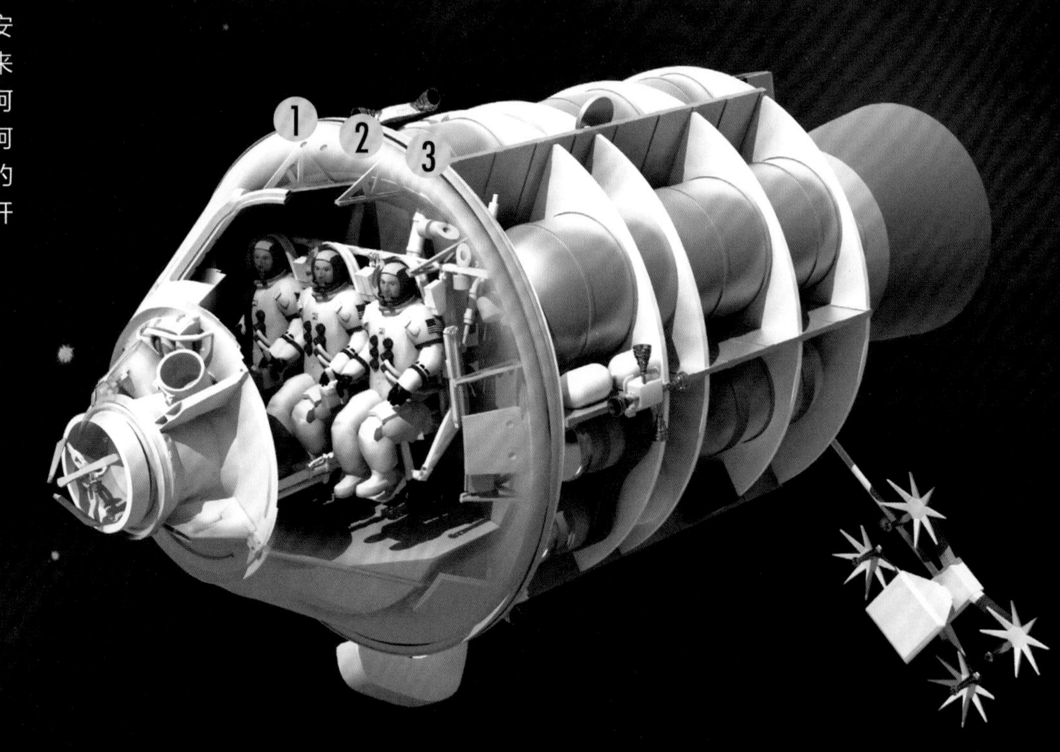

1 迈克尔·科林斯（指挥舱飞行员）

2 巴兹·奥尔德林（登月舱飞行员）

3 尼尔·阿姆斯特朗（指挥官）

返回地球后，由于登上月球的第一人几乎没有什么照片，让很多人怀疑奥尔德林的动机。

传言说，奥尔德林没有拍阿姆斯特朗在月球上的照片是为了报复他，因为大家都把阿姆斯特朗誉为第一个踏足月球的人。然而，据奥尔德林自己所言，在举行插旗仪式时，他正准备要拍一张阿姆斯特朗的照片。那时，尼克松总统刚好来电话了，他俩便转移了注意力。奥尔德林说：“当我们逐步开展月球作业后，大多数时候尼尔都拿着照相机，所以大部分在月球上拍的照片里面的宇航员都是我。直到我们回到地球，在月球接收实验室（Lunar Receiving Laboratory）浏览照片时，我们才发现尼尔的照片太少了。这可能是我的错，但是在我们的培训中，从来没有模拟过拍照这件事。”

在2012年阿姆斯特朗去世之前，尼尔曾为奥尔德林辩护道：“我们没有花任何时间担心谁拍了什么照片。对我来说，只要照片是好的，拍谁都无所谓……我觉得奥尔德林没有理由要拍我，我也从来没有觉得他应该给我拍照。”

奥尔德林说：“当我回到地球时，有人说，‘没有一张是尼尔的照片’。我当时在想，‘难道我现在还能做些什么补救吗？’我感觉很糟糕。之后，又有人说我可能是故意这么做的……面对这种指责，你怎么和颜悦色地去和他理论？”

巴兹

在执行阿波罗11号舱外活动任务时，巴兹·奥尔德林移动到一个位置，想要在月球表面展开阿波罗计划早期科学实验包（Early Apollo Scientific Experiments Package）中的两个部分

巴兹

在月球表面执行阿波罗11号舱外活动（EVA）任务期间，登月舱飞行员在就位的美国国旗旁边合影留念

尼尔

在月球表面，尼尔·阿姆斯特朗的唯一影像记录就是在登月舱工作的样子

巴兹

在展开阿波罗计划早期科学实验包之后，巴兹·奥尔德林执行阿波罗11号舱外活动时的照片

巴兹

在阿波罗11号任务中，巴兹·奥尔德林在登月舱附近的月球表面行走

着他们。迈克尔·科林斯用飞船上的望远镜观察，也无法辨认出那是什么。它看上去像一串椭圆形。但是，将望远镜聚焦之后，人们发现它看上去其实是L形的。不过，这也有可能只是因为日光的反射。

宇航员们并不想把一个不明飞行物（UFO）追逐飞船的事告诉位于得克萨斯州休斯顿的任务控制中心。于是，宇航员们小心翼翼地向控制中心询问S-IVB火箭级处于何处。“几分钟后，他们回答了我们。他们说S-IVB离我们大约有6000英里[1]左右。”奥尔德林回忆道，“我们真的不觉得我们当时在看这么远的一个东西，所以我们决定去睡觉，不再讨论这件事。”

奥尔德林并不相信那是一艘外星人的飞船，他反而觉得那更像是太阳的反光。当他们与登月舱对接时，飞船上的4块金属控制板会从火箭级上落下，阳光可能照在了其中一块控制板上，从而发生了反射。

阿波罗11号花了4天时间飞向月球。在那里，阿姆斯特朗和奥尔德林爬进了登月舱鹰号。他们也向科林斯告别，因为科林斯会留在指挥舱中，围绕月球轨道继续旋转。

当鹰号在月球远处飞行时，任务中心的气氛变得很紧张。“那时任务中心的气氛极其严肃，在训练中我从没见过这样的紧张氛围。”克兰兹说道，“那时，你会突然意识到这次是来真的：今天，我们就要登上月球了。”

几乎就在刚刚脱离指挥舱的那一刻，问题发生了。鹰号的无线电通信信号很差，连信号最好的时候，也只能听清大概。但是，在这个节骨眼上，他们已经不能回头了。就算出了什么差错，他们也无法中止登陆月球了。

“当时，我得确定我们是否获得了足够的信息，从而决定是继续还是中止，要不要继续下降至月球。”克兰兹说。就在计划推动登月舱下降至月球表面原定时间的前5分钟，无线电通信还是时有时无。于是，克兰兹要求飞行管制人员根据他们看到的最后一帧数据来告诉他应该继续还是中止任务。他们都说“继续”。然后，事情就从糟糕演变成了一场灾难。

飞船的导航计算机是在查尔斯·德雷珀（Charles Draper）的帮助下，于麻省理工学院（MIT）研发的（该实验室现在以他的名字命名）。这台计算机是世界上第一个使用集成电路的2兆赫的系统。它的固定内存是一个精心设计的“核心绳”（Core Rope）。它是由一系列的小环组成的。“小老太太们”[2]和机器一起将代码编进小环里或是让代码沿着小环，告诉计算机1或0的值。如果麻省理工学院的代码编得不对，“程序员”需要费力地查看已编的核心绳来修复问题。

1 1英里=1.60934千米

2 “小老太太们”即“Little Old Ladies”，指代在当时负责手工编织“核心绳”的妇女团队。

当宇航员们接近月球，准备登月时，电脑响起了各种警报。“不管我们看什么信息‘都看不见’，它都给我们警报的编号。”奥尔德林说道，“这令人很不安，也让我们分心。我们并不知道这些警报意味着什么。”

当阿姆斯特朗试图手动降落登月舱时，1201和1202号警报开始闪烁。这两个警报都显示是乱码（实际上也是同一个错误）。好像没有人知道这两个代码是什么意思，除了两个人：杰克·加曼（Jack Garman）和史蒂夫·贝尔斯（Steve Bales）。加曼是美国国家航空航天局的一个电脑工程师，他在测试运行中遇到过这串代码。贝尔斯是阿波罗号的指挥官。引起这些警报的原因是登陆雷达出现的一个问题。登陆雷达盗取了宝贵的计算周期，而节流控制算法又几乎没有起到作用。计算机的内存仅有72千字节。如果使用现代文字处理器，这点内存可能刚好够写一句话。因为输入的命令过多，计算机的内存还在挣扎。加曼知道，任务可以继续，也可以让计算机来处理各项事务。计算机有一个设置任务优先顺序的例行程序，这个程序为很多现代代码打下了基础。通过这个程序，计算机可以先不管排序低的任务，而优先处理那些对于登月很重要的任务。

当鹰号通过自动驾驶接近月球表面时，阿姆斯特朗和奥尔德林意识到窗外的景色看起来很陌生。“我觉得我们走得好像有点远了。”阿姆斯特朗评价道。他指的是鹰号越过了它原本计划的登陆地点。在他们前面有一个火山口，里面隐约可以看见一片巨砾田。这些巨砾有房子那么大，看上去十分危险。如果他们降落在任何一块巨砾上，都可能损坏甚至彻底毁掉鹰号。阿姆斯特朗开始手动控制飞船，用推进器让鹰号飞跃巨砾田。但是，现在燃料开始越来越少，也没有回头路了。阿姆斯特朗必须在几分钟内找个地方降落鹰号，不然的话他们的燃料会用完，飞船也会坠毁。

“在训练中，我们从来没有如此接近燃料用尽的状态。”克兰兹说道，“我们有一个秒表用来计时，一名飞行管制人员会报时，告诉我们燃料还可以用几秒钟。”

如果说控制中心的气氛十分紧张，那么在鹰号上的阿姆斯特朗和奥尔德林可以说是一切都在掌控之中了。在燃料仅剩13秒飞行时间时，阿波罗11号安全地降落在了静海（Sea of Tranquillity）之上。宇航员们创造了历史。阿姆斯特朗用无线电通知了地球家园：“休斯顿，已到静海基地。”鹰号“已着陆。”

奥尔德林私底下拿出了一个小杯子，一些红酒和面包，进行了圣餐祷告。那时的红酒所受到的引力只有地球引力的六分之一，在杯子中翻腾起来。读完《约翰福音》中的一个章节后，奥尔德林说了几句话，阿姆斯特朗毕恭毕敬地在一旁

那时任务中心的气氛极其严肃，
在训练中我从没见过这样的紧张氛围。

吉恩·克兰兹

在 1969 年 7 月 24 日，阿波罗 11 号溅落在太平洋上时，飞行管制人员爆发出热烈的掌声

观看。在阿波罗8号的成员读过一段《创世纪》之后，无神论者马达琳·欧海尔（Madalyn O' hair）曾用法律手段威胁过美国国家航空航天局。因此，奥尔德林诚挚的圣餐典礼并没有传到电视上。尽管如此，奥尔德林一想到在月球表面吃的第一口食物、喝的第一口饮品都是圣餐里的一部分，就感到很满足。

原本计划是让宇航员们睡一会儿，但是他们的血管里充满了肾上腺素，根本睡不着。因此，在7月21日凌晨2点39分，阿姆斯特朗爬向舱门，走下了梯子，在月球表面踏了第一步。就在那时，他说出了那句流芳百世的话："这是一个人的一小步，却是人类的一大步。"

从登月舱出来后，阿姆斯特朗和奥尔德林只有几个小时的时间来完成任务。他们不仅要收集珍贵的岩石样本，还要在月球表面部署一系列实验：太阳风实验、一个至今仍然用来测量地月距离的激光反射器实验、一些测震仪实验和其他很多实验。阿姆斯特朗曾说他当时就像一个在糖果店里的5岁小孩，没有足够的时间来完

1969年7月16日,高达363英尺[1]的土星5号火箭从肯尼迪航空中心(Kennedy Space Center)39号发射复合体(Launch Complex 39)A发射台发射,带着3名宇航员冲向月球

1 1英尺约等于0.3米。

摄于一次演习事故之后。当时，登月试验机（Lunar Landing Research Vehicle）爆炸，尼尔·阿姆斯特朗平稳地飘浮到了地面

成所有他想做的事。

站在月球上一定是一次令人难以置信的体验。据奥尔德林描述，当时他周围的景色带着一种“壮丽的荒凉”。他还说：“如果你看向地平线，你可以看得很清楚。因为那里没有大气层，也没有烟雾或是其他任何东西模糊视线。”

当时，阿姆斯特朗在月球上走来走去，搭建实验仪器，并收集一些岩石。与此同时，奥尔德林在月球表面来回跳动，测试在这样低重力的环境下，如何才能最自如地移动。登月时拍摄的大多数照片都是奥尔德林在月球表面的样子；仅有五六张拍摄的是阿姆斯特朗，而且没有一张是清楚的。那是因为在月球漫步的大多数时间都是阿姆斯特朗拿着照相机。

在月球表面时，美国国旗也出现了很可怕的问题。国旗自带一根伸缩臂，可以代替风，让国旗张开。两名宇航员铆足了劲，想让伸缩臂完全伸展开来，可是它就是无法完全伸开。因此，美国国旗上其实有一个小小的皱褶。他们还发现，旗杆好像永远插得不够深。到最后，他们只能让旗杆刚好保持直立。两名宇航员都很担心国旗会在电视直播中倒下来，说不定就在尼克松总统与他们通电话的时候倒下。不过最后，旗杆在电视直播和电话通话中都保持着直立状态。

两位宇航员收集完岩石后，艰难地爬回了登月舱。在那里，他们取下了自己的靴子和背包，开始把所有不重要的东西都扔回月球表面，包括他们的尿袋、废弃食物包装、空相机，等等。对宇航员们来说，这些东西只是阻碍，他们并不需要。

这时，人们还有时间迎接最后一个危机。由于登月舱内部非常狭窄，一名宇航员在穿着笨重的太空服移动时，不小心撞坏了断路器的开关。断路器可以给上升火箭点火，带他们回家。

这是本次任务中真正的紧急时刻。“如果上升火箭由于某些原因无法运作，根本没有办法去营救宇航员们。”克兰兹说道。阿姆斯特朗和奥尔德林将会滞留在月球上。所有人都深感担忧，尼克松总统连发言稿都准备好了。任务中心准备在牧师

我们有一个秒表用来计时，
一名飞行管制人员会报时，
告诉我们燃料还可以用几秒钟。
吉恩·克兰兹

说完“将他们的灵魂寄托在最深处”后，关闭与阿姆斯特朗和奥尔德林的连线。没有了那个断路器，宇航员们只能面对他们寂寞的命运。然而，他们的训练让他们不会轻言放弃。“我们会等死亡来临的时候再去面对它，而不是徒然担心。在用完我们所有的氧气之前，我们会拼命尝试，就像我们可以解决这个问题一样。”奥尔德林说道。

最后，解决方法出人意料地简单。奥尔德林把一支笔的一端用力刺进坏掉的开关所在的位置。就这样，他把断路器推了进去。上升火箭成功点火，两位月球漫步者踏上了回家的旅途，并与控制舱里的迈克尔·科林斯会合了。当鹰号起飞时，美

阿波罗11号宇航员。 从左到右分别为：尼尔·阿姆斯特朗、迈克尔·科林斯和埃德温·巴兹·奥尔德林（Edwin “Buzz” Aldrin）。1969年7月24日，尼克松总统慰问了这3名在移动隔离装置里的宇航员

阿波罗 11 号登月舱的内部画面显示了执行登月任务期间的巴兹·奥尔德林。这张照片是尼尔·阿姆斯特朗拍的

国国旗终于还是被吹倒了。迄今为止，它都平躺在月球表面上。太阳的辐射已经褪去了国旗的颜色。

在第一次成功登月后的50多年里，关于登月的故事还是层出不穷。这些故事不仅仅来源于宇航员们的想法，还来源于其他40万个做过登月任务相关工作的人。从卡纳维拉尔角的“扫地工人”，到飞行总监和飞行管制人员（如果没有他们，这次历史性的登月可能根本不会发生），都有自己的故事。我们不知道何时才会重返月球，但这些故事就是我们现在所知晓的全部了。

用一支毡尖笔逃离月球

在登月舱狭窄的环境里来回走动时，一名宇航员弄断了一个断路器的开关。之后，巴兹·奥尔德林需要临场发挥，想办法离开月球。

1 宇航员们发现了弄坏的断路器开关

尼尔·阿姆斯特朗和巴兹·奥尔德林正爬回登月舱，准备开始返回地球的旅途。这时，奥尔德林发现地板上有个东西。原来，有人撞到了断路器开关，开关就这样断了。

2 奥尔德林和阿姆斯特朗警告任务中心

他们需要这个开关来激活上升发动机，把他们抬离月球。将情况汇报给任务中心以后，宇航员们尝试补觉，可是并没有睡着。然而，到了第二天早上，美国国家航空航天局还是没有想出办法。奥尔德林不得不自己想一个解决方案。

3 一支毡尖笔救了他们

由于电路带电，不可能用手指或者金属物品插入开关所在位置。奥尔德林发现他的衬衫里有一支毡尖笔，就把笔插入了断路器开关原本所在的那个孔中。他将倒数计时的步骤提前了几个小时。

4 出发！

打开了断路器，奥尔德林和阿姆斯特朗就能离开月球表面，去与迈克尔·科林斯会合。此时，科林斯正在围绕月球的轨道上转动。

阿波罗 11 号

这是一个人的一小步，却是人类的一大步

“收到。150。”
尼尔·阿姆斯特朗，阿波罗 11 号指挥官

“收到。开始计时。”
尼尔·阿姆斯特朗，阿波罗 11 号指挥官

“收到。转动火箭。”
布鲁斯·麦坎德利斯（BruceMcCandless）指令舱宇航通信员

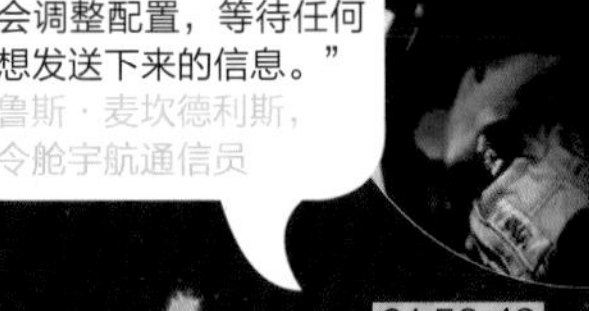

“收到。我们明白。我们会调整配置，等待任何你想发送下来的信息。”
布鲁斯·麦坎德利斯，指令舱宇航通信员

“阿波罗 11 号，阿波罗 11 号，这里是休斯顿的无线电官发广播。请求全方位控制天线 B（OMNI Bravo）。完毕。”
布鲁斯·麦坎德利斯，指令舱宇航通信员

01:57:05
控制服务舱导航系统分离，登月舱转换器，部署转换器控制板，高增益天线

01:58:42
控制服务舱导航系统 180 度调头

01:40:50
四级火箭动力中止

01:35:08
四级火箭发动机点火

导航视线

04:44:04
服务舱发动机中止

200:41:16
在太平洋着陆

土星 5 号点火

00:00:00
发射

02:41:40
控制服务舱 / 登月舱从四级火箭分离

04:43:56
服务舱点火

一级火箭推动飞行

主降落伞在 10000 英尺处展开

00:02:39
一级火箭动力中止

“收到。将氧气加热器调到自动挡，或者你可以把它调到启动挡并监控。手动打开氧气风扇。”
布鲁斯·麦坎德利斯，指令舱宇航通信员

挡热板和降落伞在 24000 英尺处展开

00:02:42
二级火箭发动机点火

00:03:14
丢弃逃生塔

250000 英尺海拔高度

二级火箭推动飞行

“这里是休斯顿。读回正确。完毕。”
布鲁斯·麦坎德利斯，指令舱宇航通信员

200000 英尺海拔高度

00:08:56
二级火箭动力中止

通信中断期

00:08:56
四级火箭发动机点火

四级火箭推动飞行

200:16:26
指挥服务舱和服务舱分离通信中断期

00:11:23
四级火箭动力中止

152:11:45
服务舱发动机中止

指挥服务舱和服务舱校准对齐

46小时
系统状态检查，进食与睡眠期，数据传送期

199:23:26
服务舱发动机点火

“这个角度太大了，尼尔。”
巴兹·奥尔德林，登月舱宇航员

“收到。”
查利·杜克，指令舱宇航通信员

“从这里看，地球真的变得越来越大。当然，我们还能看见一轮新月。”
迈克尔·科林斯，指挥舱宇航员

“好了，门开了。看上去他们可以毫不费力地停在原位。”
巴兹·奥尔德林，登月舱宇航员

“好了。休斯顿，你可以记录一下。已部署。”
尼尔·阿姆斯特朗，阿波罗 11 号指挥官

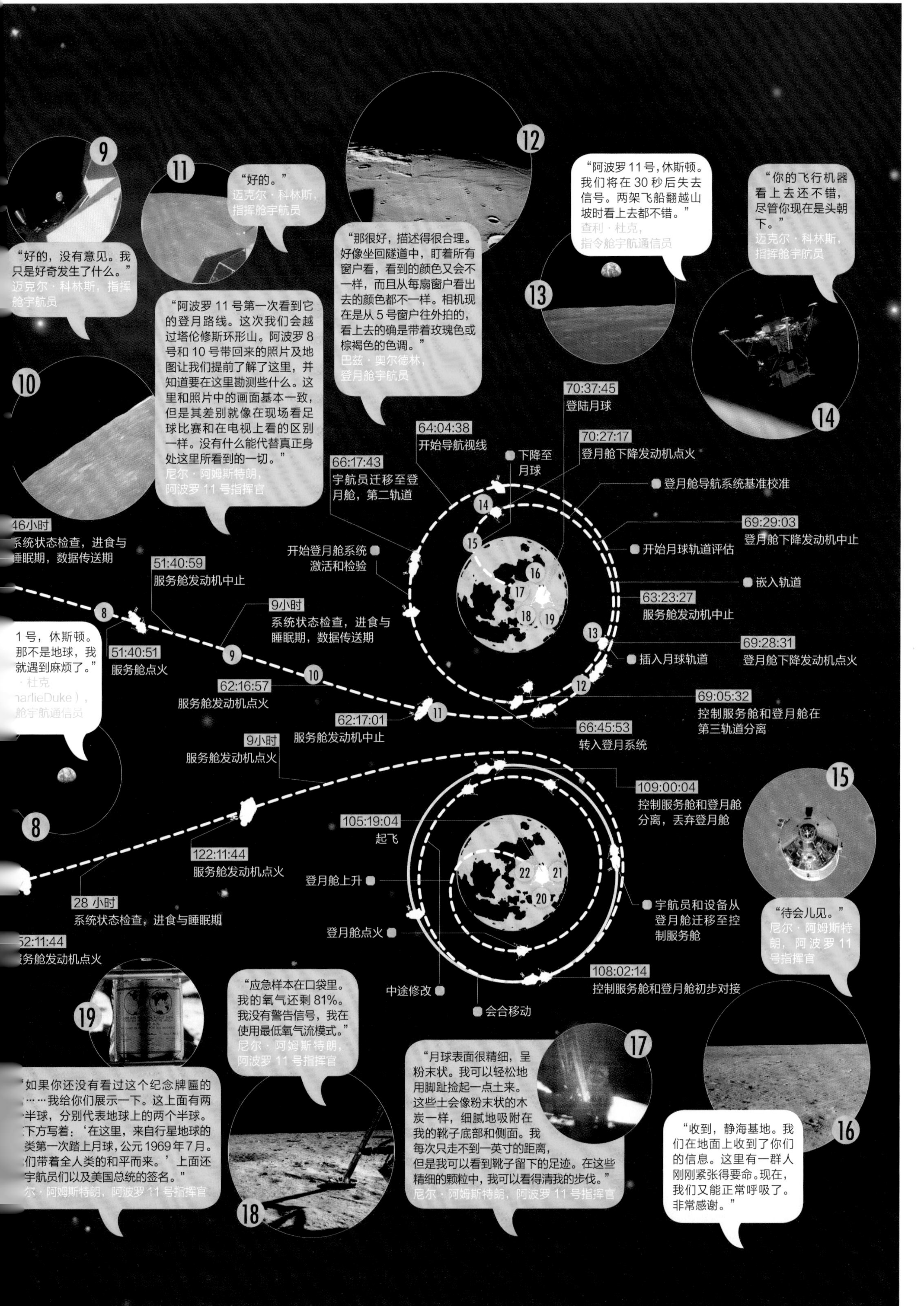

9
“好的，没有意见。我只是好奇发生了什么。”
迈克尔·科林斯，指挥舱宇航员
11
“好的。”
迈克尔·科林斯，指挥舱宇航员
12
“那很好，描述得很合理。好像坐回隧道中，盯着所有窗户看，看到的颜色又会不一样，而且从每扇窗户看出去的颜色都不一样。相机现在是从5号窗户往外拍的，看上去的确是带着玫瑰色或棕褐色的色调。”
巴兹·奥尔德林，登月舱宇航员
“阿波罗11号，休斯顿。我们将在30秒后失去信号。两架飞船翻越山坡时看上去都不错。”
查利·杜克，指令舱宇航通信员
13
“你的飞行机器看上去还不错，尽管你现在是头朝下。”
迈克尔·科林斯，指挥舱宇航员
14
10
“阿波罗11号第一次看到它的登月路线。这次我们会越过塔伦修斯环形山。阿波罗8号和10号带回来的照片及地图让我们提前了解了这里，并知道要在这里勘测些什么。这里和照片中的画面基本一致，但是其差别就像在现场看足球比赛和在电视上看的区别一样。没有什么能代替真正身处这里所看到的一切。”
尼尔·阿姆斯特朗，阿波罗11号指挥官
70:37:45 登陆月球
64:04:38 开始导航视线
70:27:17 登月舱下降发动机点火
下降至月球
66:17:43 宇航员迁移至登月舱，第二轨道
登月舱导航系统基准校准
46小时 系统状态检查，进食与睡眠期，数据传送期
69:29:03 登月舱下降发动机中止
开始登月舱系统激活和检验
开始月球轨道评估
51:40:59 服务舱发动机中止
嵌入轨道
63:23:27 服务舱发动机中止
9小时 系统状态检查，进食与睡眠期，数据传送期
1号，休斯顿。那不是地球，我就遇到麻烦了。”
·杜克
舱宇航通信员
51:40:51 服务舱点火
69:28:31 登月舱下降发动机点火
插入月球轨道
62:16:57 服务舱发动机点火
69:05:32 控制服务舱和登月舱在第三轨道分离
62:17:01 服务舱发动机中止
66:45:53 转入登月系统
9小时 服务舱发动机点火
109:00:04 控制服务舱和登月舱分离，丢弃登月舱
105:19:04 起飞
8
15
122:11:44 服务舱发动机点火
登月舱上升
28小时 系统状态检查，进食与睡眠期
宇航员和设备从登月舱迁移至控制服务舱
“待会儿见。”
尼尔·阿姆斯特朗，阿波罗11号指挥官
登月舱点火
52:11:44 服务舱发动机点火
108:02:14 控制服务舱和登月舱初步对接
中途修改
会合移动
19
“应急样本在口袋里。我的氧气还剩81%。我没有警告信号，我在使用最低氧气流模式。”
尼尔·阿姆斯特朗，阿波罗11号指挥官
17
“月球表面很精细，呈粉末状。我可以轻松地用脚趾捡起一点土来。这些土会像粉末状的木炭一样，细腻地吸附在我的靴子底部和侧面。我每次只走不到一英寸的距离，但是我可以看到靴子留下的足迹。在这些精细的颗粒中，我可以看得清我的步伐。”
尼尔·阿姆斯特朗，阿波罗11号指挥官
如果你还没有看过这个纪念牌匾的……我给你们展示一下。这上面有两半球，分别代表地球上的两个半球。下方写着：‘在这里，来自行星地球的类第一次踏上月球，公元1969年7月。们带着全人类的和平而来。’上面还宇航员们以及美国总统的签名。”
尔·阿姆斯特朗，阿波罗11号指挥官
“收到，静海基地。我们在地面上收到了你们的信息。这里有一群人刚刚紧张得要命。现在，我们又能正常呼吸了。非常感谢。”
16
18

第二章 太阳系

深入了解我们的行星邻居们

当我们将飞船送去一颗遥远的行星时，
原本只是零星光芒的星体变成了
一个又一个新的世界。

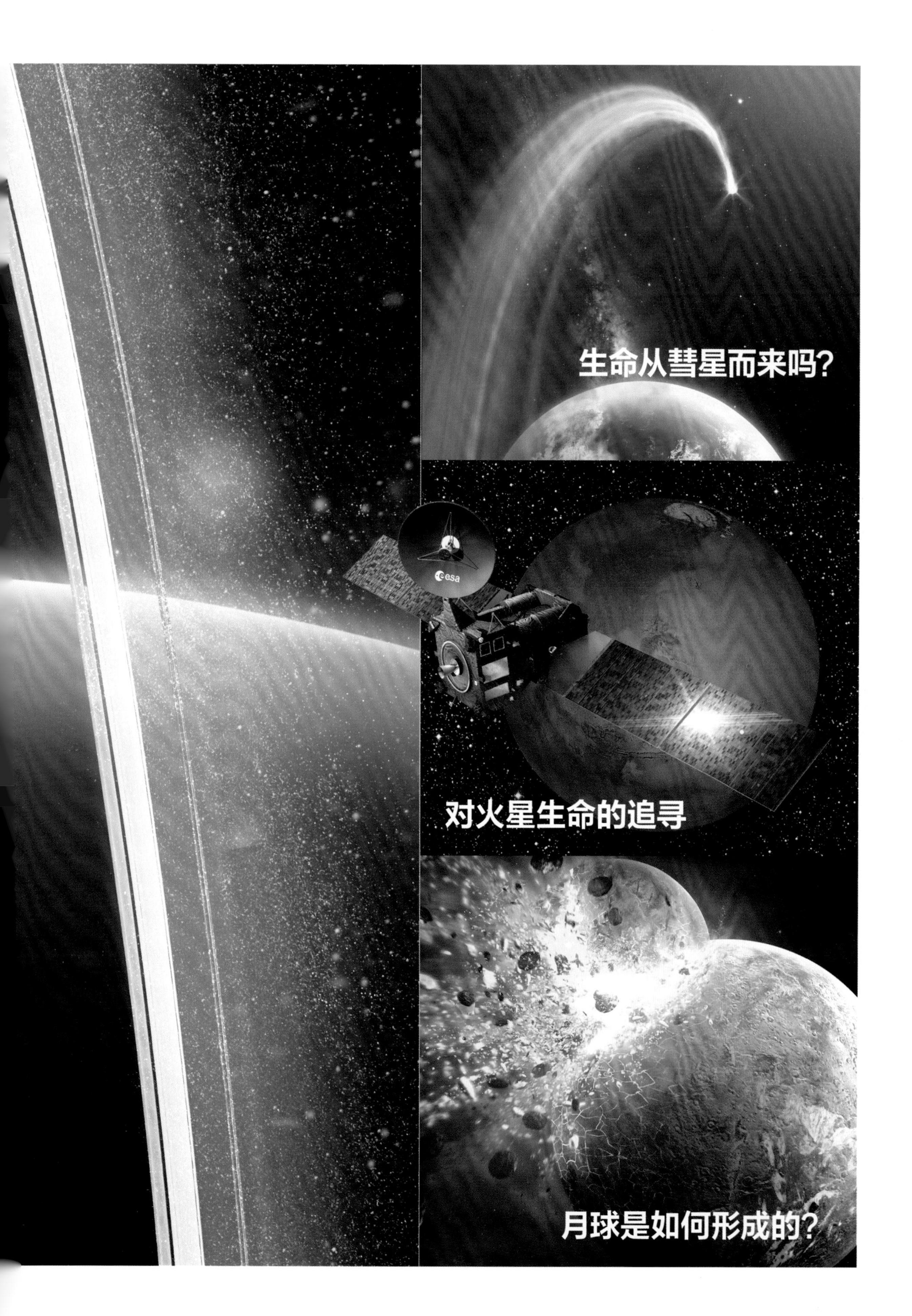
生命从彗星而来吗?
esa
对火星生命的追寻
月球是如何形成的?

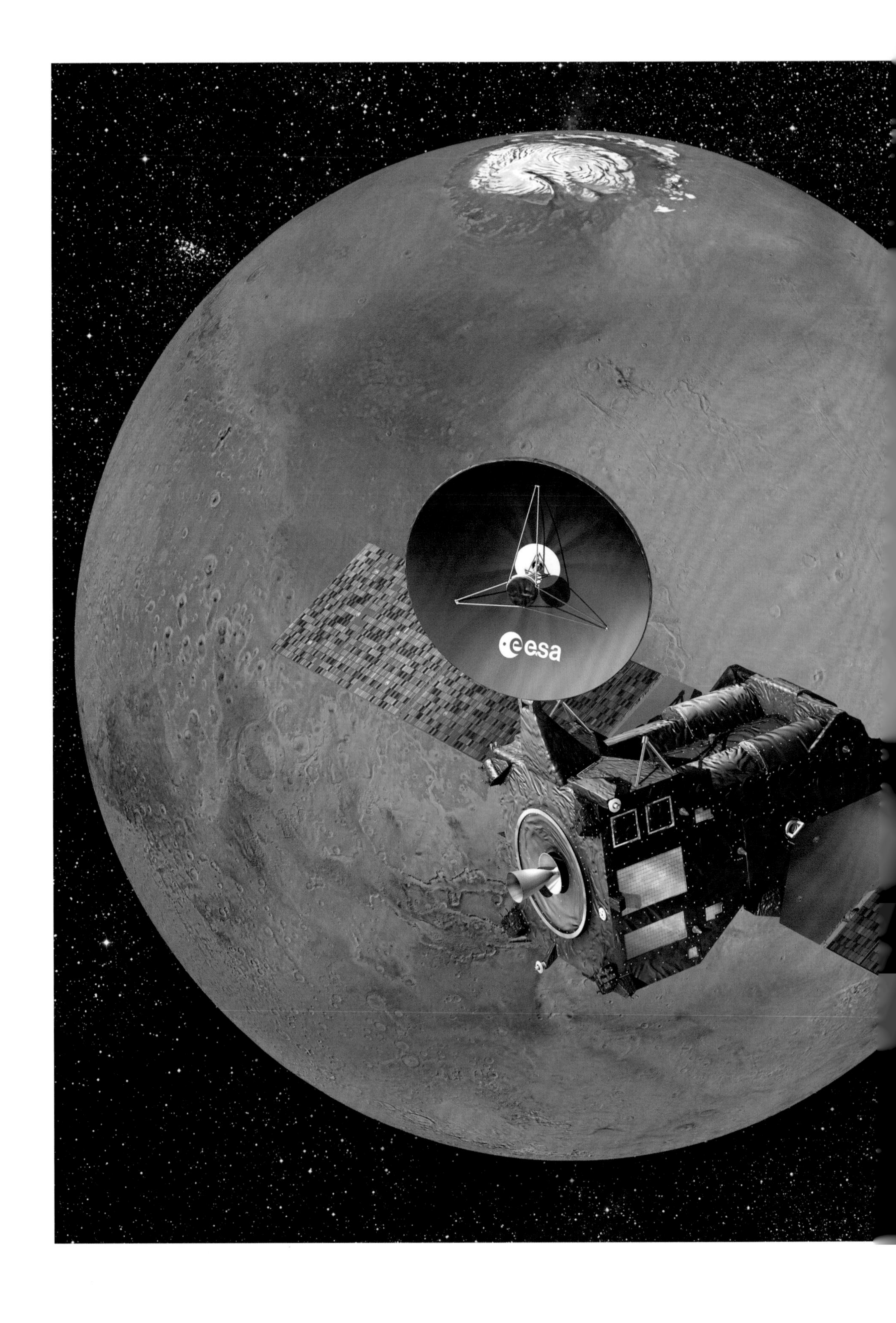
esa

对火星生命的追寻从现在就开始了

现在，火星探测计划正绕着这颗红色行星的轨道运行。至今为止，它是我们寻找火星生命迹象的最佳方法。

乔纳森·欧卡拉甘（Jonathan O'Callaghan）著

火星探测计划会在这颗红色行星上做什么？

这个任务是如何为未来做准备的

1. 发现火星大气层中示踪气体的起源

如何实现：有四个设备会研究大气层。

为什么我们想要实现这个目标：这个答案可以告诉我们火星表面是否有生命，以及如果有的话，这些生命在哪里。

2. 将斯基亚帕雷利（Schiaparelli）着陆器送至火星表面

如何实现：2016 年 10 月 16 日发射了着陆器，但是失去了信号。

为什么我们要实现这个目标：为 2020 年的探测车测试登陆技术。

3. 提供从火星来的通信

如何实现：保持运行至 2021 年以后。

为什么我们要实现这个目标：与探测车保持联系。

火星探测计划团队成员

这些科学家们正在领导整个团队在火星上搜寻生命

霍坎·斯韦德赫姆（Hakan Svedhem）

2016 年火星探测计划项目科学家

“最理想的结果就是在火星探测计划探测车的登陆点那里找到甲烷排放。”

豪尔赫·巴戈（Jorge Vago）

2020 年火星探测计划项目科学家

“我希望我们的团队通过测量的数据告诉我们火星上是否可能存在过生命，以及这个可能性具体是多大。”

唐·麦科伊（Don McCoy）

火星探测计划项目经理

“如果这个计划成功，将能为欧洲的未来铺路，让欧洲能参与更多其他的非凡项目。”

贾钦托·吉安戈里奥（Giacinto Gianfiglio）

火星探测计划系统工程经理

“火星探测计划是欧洲空间局和美国国家航空航天局全球合作的第一步。在此合作中，两方共同开展了机器人探索项目。”

彼得·施米茨（Peter Schmitz）

飞船运营经理

“至今为止，它只展示了儿童图画般的初级表现。当飞船能飞去更远的地方时，我们将能进入深空的网络。”

蒂里·布兰克夸尔特（Thierry Blancquaert）

斯基亚帕雷利着陆器经理

“为了节约燃料、减少重量，我们决定使用一个双曲线登陆轨道来释放斯基亚帕雷利着陆器，用这个方法进入大气层。”

对于豪尔赫·巴戈（Jorge Vago）来说，在1997年有一份报告扔在他桌上时，火星探测计划就已经开始了。“这是一组来自外太空生物学家的报告，描述他们将如何在火星上搜寻生命。”巴戈说道。差不多20年之后，那个野心勃勃的计划就快要实现了。

现在，巴戈是火星探测计划的项目科学家，这个开创性任务已经全面展开。这是一个由两部分组成的任务，将要用前所未有的方法在火星上搜寻生命。在2016年10月，这个任务的第一部分到达火星，包括一个绕火星轨道运行的人造卫星和一个实验着陆器。然后在2020年，一个探测车会到达火星，开展到目前为止范围最广的火星生命搜寻。其实，火星探测计划的大部分任务可以看作是“步人后尘”。20世纪70年代美国国家航空航天局发射的海盗号探测器，2000年左右发射的火星探测车——勇气号和机遇号，以及2012年的好奇者号都曾执行过类似的任务。不过，那些更近期的探测车主要都在确定火星潜在的宜居性，火星探测计划会直接搜寻生命迹象，或者至少是火星上曾经存在过的生命迹象。

巴戈说道：“我们并非想要侦测现在的生命，我们想要追踪已经灭绝的生命，因为我们觉得那比火星现存的生命更能说明问题。”1976年发射的海盗号探测器是第一次真正在火星上搜寻生命。但是，那时的科技水平还很有限。那时的结论充其量也不过是模棱两可的，我们对火星的了解还处于初期阶段。现在，我们有很多

斯基亚帕雷利着陆器的隔热层将保护着陆器穿越火星的大气层

不同的着陆器和探测车收集到的数据作为武装，我们已经准备好回到火星了。

“其实，我们觉得火星比我们几年前以为的要更有活力。”巴戈说道，“我们的兴趣在于知道火星上是否有生命。如果有的话，它是怎么出现的？在什么时候出现的？接下来的问题是，以前火星生命的化学成分和我们地球上的生命有多像？火星有没有过第二次生命起源？火星上的生命在某种意义上和我们有关系吗？”

尽管如此，火星探测计划也一直出现问题。自从2005年开始第一次批准任务以后，任务已经删减或修改了很多次。这项任务也是欧洲空间局主打的曙光女神计划（Aurora Programme）中的一部分，致力于使用机器人探索器和载人航天工程在太阳系中搜寻生命。虽然火星探测计划在使用机器人探索器和载人航天这点上不太顺利，但是它十分认真地对待搜寻生命这项工作。计划初步成型时，项目组原本只打算用一个探测车和一个地面站，在2011年由一枚俄罗斯火箭发射。但是在2009年，美国国家航空航天局加入了该计划，所以变成了由美国火箭发射，同时也使用美国国家航空航天局建造的轨道飞行器。来来回回几次后，美国国家航空航天局又在2012年退出了火星探测计划。2013年，欧洲空间局为了实现目标，又和俄罗斯联邦航天局合作了。这段历史虽然很复杂，但是在2016年，计划终于水到渠成了。在2016年3月，火星探测计划的第一部分从哈萨克斯坦的拜科努尔航天发射场（Baikonur Cosmodrome）发射。这个部分是由一枚俄罗斯质子火箭发射的，包括一个展示着陆器和一个轨道飞行器。负责该任务第一部分的项目科学家霍坎·斯韦德赫姆（Hakan Svedhem)说：“火星上是否存在生命这个问题已经勾起人们的幻想很久了。火星探测计划的主要目标就是调查这颗红色行星上有没有代表过去生命或是现有生命的迹象。”

10月19日，这个名叫斯基亚帕雷利的着陆器在到达火星的前3天由轨道飞行器

火星探测计划的第一部分任务在 2016 年 3 月 14 日发射

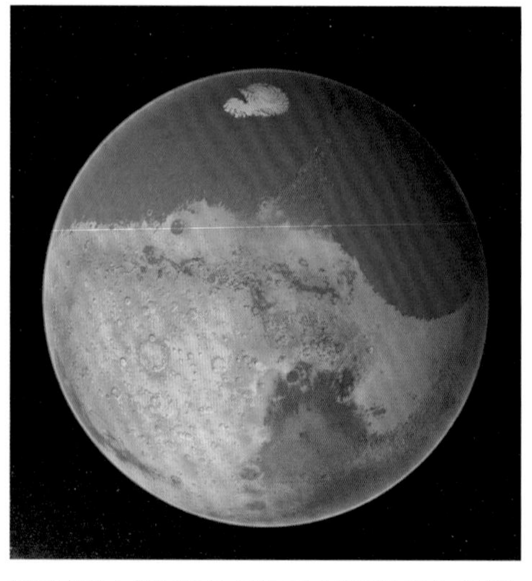

如果火星上曾有过水，那火星上也曾有过生命吗？火星探测计划希望可以找到这个问题的答案

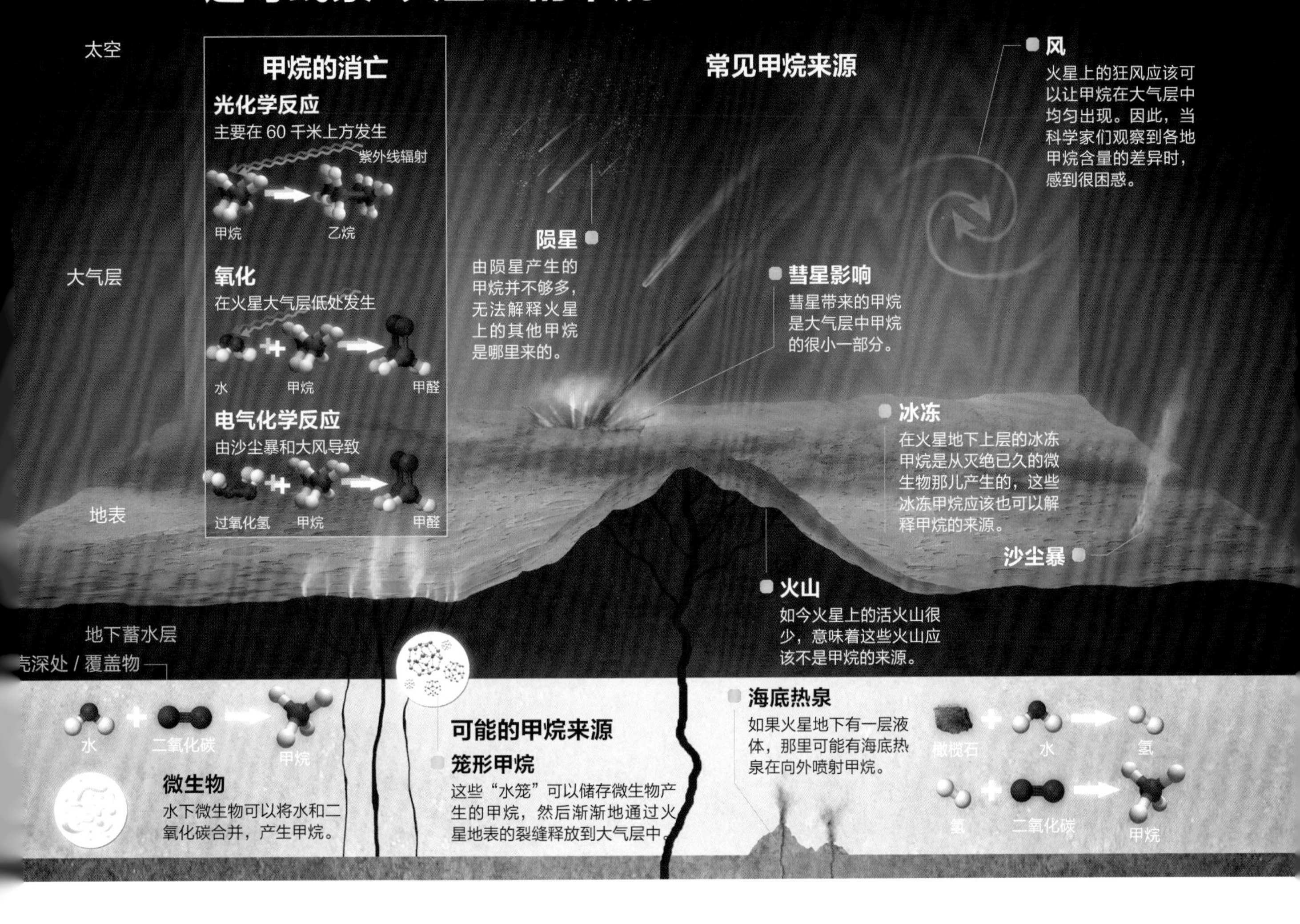

发射了出去。这个着陆器没有自带的推力，而且正处于火星的碰撞航向上。它以每小时21000千米的速度进入了火星大气层，利用空气动力制动技术和一个降落伞来减速。在离地面约1千米时，推进器开始启动，让着陆器在一个平地上轻柔地降落。降落的地点叫作子午高原（Meridiani Planum）。着陆器还使用了一个可压碎的结构，用来保障内部结构的安全。

设计斯基亚帕雷利着陆器只是为了让它在火星表面待上几天而已。与其说它是一个真正的科学任务，不如说它是为了展示未来的探测车可以如何登陆火星。欧洲空间局上一次试图在火星表面登陆还是使用英国制造的猎犬2号（Beagle 2）的时

之前的火星任务都暗示了大气层中甲烷的存在。
如果大气层中的确含有甲烷，
火星探测计划便可以拿到甲烷气体真实存在的明确证据，再去描述火星大气层中甲烷的特点。

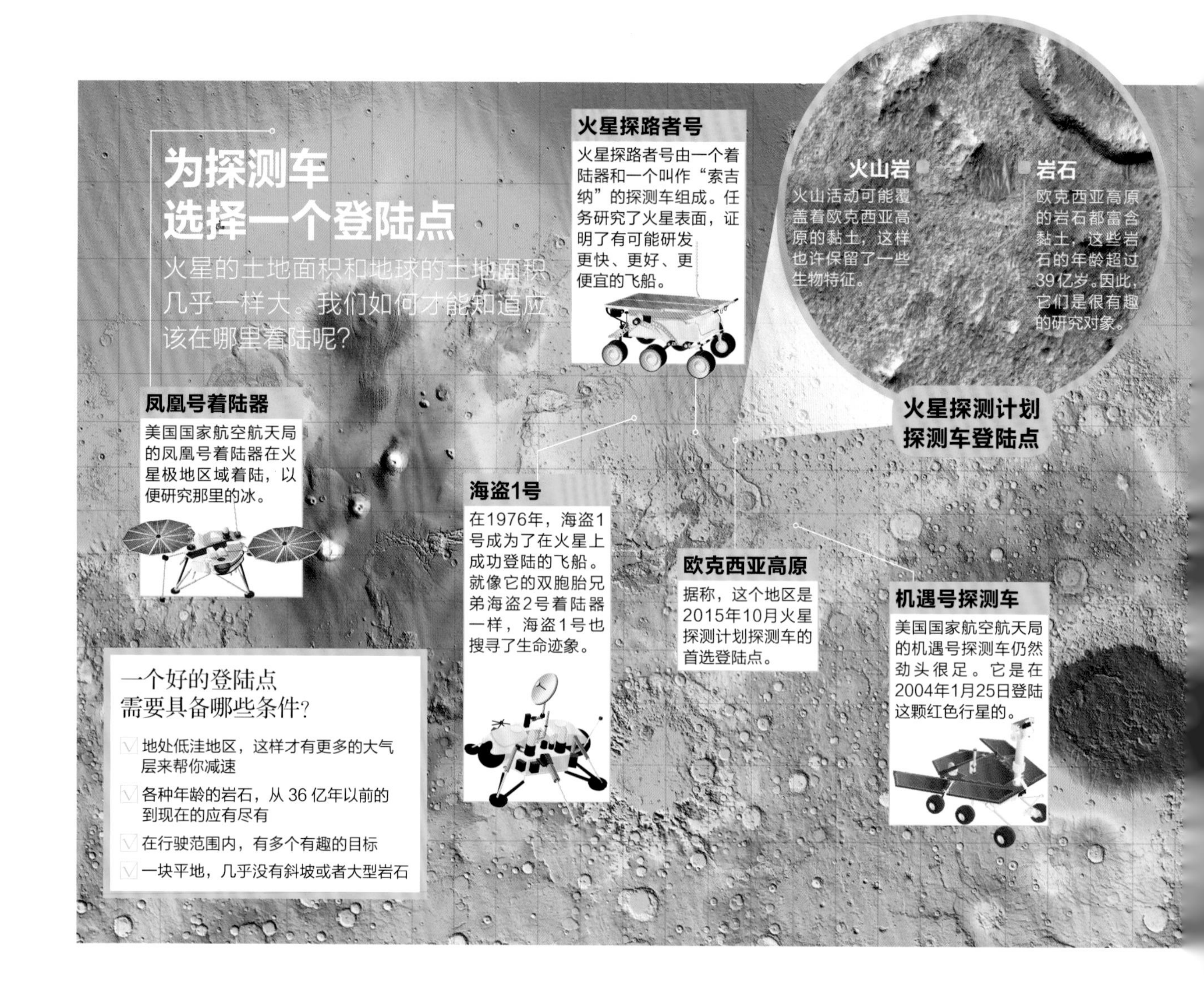

候。猎犬2号在2003年着陆以后，就与地球失去了联系。不幸的是，斯基亚帕雷利也难逃此劫。

由于探测仪任务的失败，我们也不幸丢失了斯基亚帕雷利着陆器的微小科学装备收集到的数据。这个装备叫作“梦想”（DREAMS），分别指代鉴别火星表面粉尘、风险评估和环境分析（Dust Characterisation, Risk Assessment, and Environment Analyser on the Martin Surface）。“梦想”本来还可以用来研究环境、风速、大气层温度，等等。就在10月19日，斯基亚帕雷利着陆器进入火星大气层的同一天，把着陆器带到火星的示踪气体轨道飞行器（Trace Gas Orbiter，简称TGO）也进入了围绕火星转动的轨道。这个示踪气体轨道飞行器将对火星的大气层进行全面分析，这次分析将达到前所未有的广度。具体来说，科学家们希望能更多地了解火星大气层里极其微量的甲烷。实际上，甲烷占火星大气层的1%都不到。火星大气层主要是由二氧化碳（95.3%）和氮气（2.7%）组成的。但是，甲烷为什么会存在于火星大气层中，始终是一个谜。“我们对甲烷尤其感兴趣。就地球上的生命来说，甲烷气体和地球生命有很强的关联性。”斯韦德赫姆说道，“之前的火星任务都暗示了大气层中甲烷的存在，但是结果都是充满争议的。如果大气层中的确含有甲烷，火星探测计划便可以拿到甲烷气体真实存在的明确证据，再去描述火星大气层中甲烷的特点。”

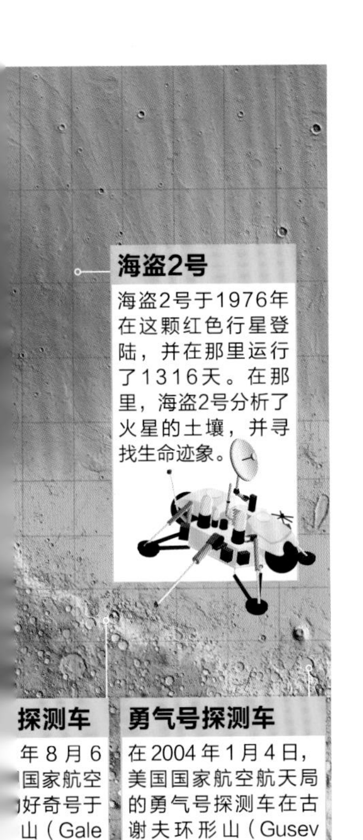

甲烷不会在空气中逗留很久，这就意味着火星上一定有某个未知的处理系统，在不断给大气层补充甲烷库存。这个过程可能实际上是一个化学过程或者地质过程。如果这是一个由火星表面或内部的微生物形成的生物过程，那就更令人激动了。示踪气体轨道飞行器会从400千米的海拔高度监测大气层中甲烷以及其他气体含量的季节性变化。通过识别火星上的甲烷，示踪气体轨道飞行器也许就能识别那些有可能孕育生命的地区。示踪气体轨道飞行器可以作为漫步者的通信卫星替身，也可能兼顾未来的一些其他任务。“希望我们可以侦测到甲烷（和其他示踪气体），并把这些发现与我们确定的事件或地点联系起来。”斯韦德赫姆说道。

这正好把我们带到了任务的第二部分。火星探测计划探测车本来计划于2018年发射，但是后来又把任务延迟到了2020年7月。这也就意味着探测车将在2021年初到达火星。然而，工作量仍然没有缩减，还有很多与之相关的宏伟计划正在进行。计划团队已经选好了探测车首选的登陆地点。因此，示踪气体轨道飞行器的新发现应该不会影响探测车去哪里。不过，这个登陆点已经激发了很多科学家的兴趣。它是欧克西亚高原（Oxia Planum）上的一个位置，那里有许多39亿年前的巨大岩石暴露在外，让我们能粗略了解到火星的历史。这些岩石还很像黏土，暗示着水可能曾经流经这块区域。众所周知，水是孕育生命的要素之一。火星探测计划探测车会靠太阳能运行，它是由9个仪器组成的一套系统，可以用来研究周围的地区。6个独立的轮子可以让它在火星表面慢慢行驶，开到我们感兴趣的地点。9个仪器中有一个是全景照相机，可以拍到火星表面的照片。另一个是红外线光谱仪，可以用来给需要进一步研究的物体做记号。仪器中还有一个更高级的相机，可以用来拍摄岩石的高清图片。除此以外，还有一个叫作“智慧”（WISDOM）的探地雷达，全称是“火星上的大块冰和地下沉淀物观察”（Water Ice and Subsurface Deposit Observation On Mars)，会用来寻找地下水。同时，还有一个火星有机分子分析器（Mars Organic Molecule Analyser，简称MOMA），会直接寻找暗示着过去或者现有生命存在的生物标记。

大多数人猜想，
如果火星上有生命的话，
大概会存在于距地面2000米深的地方，
因为，那里岩石的压力足够大，可以含有液态水。

然而，探测车最令人激动的仪器是它的钻头。现在正在火星上运行的好奇号就可以钻一个几厘米深的小洞，用来收集样本，以便分析。火星探测计划探测车的钻头可以钻两米深。在这个深度，我们可能会发现水的踪迹，当然更希望能找到生命的生物特征。“我们用一种新的方法来从地面提取有机物。这个方法没有在其他任何行星任务上使用过。”巴戈说道，“这个方法应该会让我们获得保存得更好的材料。”值得一提的是，火星探测计划并不是为了直接寻找生命迹象而设计的，它其实是要寻找过去的生命所留下的证据。叠层石就是其中一个例子，它的结构被成群的微生物留在了岩石上。我们在地球上也可以看到同样的例子。根据最近的证据，地球上的生命可以追溯至37亿年前。我们希望火星上也有这样的证据。

并不是说火星探测计划探测车将无法找到现存于火星上的生命，但是如果真的发现了现有生命，我们还是会非常惊讶。大多数人猜想，如果火星上有生命的话，大概会存在于2000米深的地方，那里岩石的压力足够大，可以含有液态水。“如果我们在靠近火星表面的地方找到了可以正常运作的生物体的话，所有人都会感到震惊，好像收到了一个惊喜。”巴戈说道，“话虽如此，如果真的碰上生命体的话，探测车的装备是有能力辨别出是否存在正常运作的细胞的。不过，我不觉得那里会有生命体。”

这项计划还有一个难题，就是行星保护准则。根据这些准则，如果探测车想要探索可能存在生命的区域，也就是所谓的“特殊区域”，它必须经过足够的消毒程序。那些没有在特殊区域着陆，并且不寻找生命迹象的任务，属于4A类任务，比如美国国家航空航天局的好奇号探测车肩负的使命。同时做这两件事的海盗号探测器的作务属于4C类任务。这样的话，整个登陆系统都需要消毒。火星探测计划属于4B类任务，这意味着它不能在一个特殊区域着陆。也就是说，现在不能在其着陆的地点培养地球上的微生物。不过，探测车上凡是接触到样本的部分都要消毒至4C的标准。“如果我们在一个我们觉得不会有生命的地方着陆，并在钻地之后碰巧发现了活的生命体，那么这大概是我们可能找到现有生命的唯一情况了。”巴戈说道。

无论是即将发射的示踪气体轨道飞行器、斯基亚帕雷利着陆器，还是探测车，也许都不可能通过一次探测就告诉我们这颗红色行星上一定有或者一定有过生命。像巴戈说的那样：“人类都是怀疑论者。”但是从整体上看，火星探测计划能给我们描绘出迄今为止最好的一张蓝图，向我们展示火星生命可能存在的样子。如果我们幸运的话，在大约5年之后，我们可以更确定我们在太阳系中是否一直是孤独的生命体。

我们用一种新的方法来从地面提取有机物。
这个方法没有在其他任何行星任务上使用过。

豪尔赫·巴戈，火星探测计划项目科学家

在红色行星上漫游

火星探测计划探测车计划在2020年发射。它不但将搜寻火星表面过去和现今的生命迹象，还将描述这颗红色行星上的水和常见化学元素的特性。

火星探测计划将会使用它的一套分析仪器来完成这项任务。这些仪器都致力于确定火星上是否曾经存在过生命，或者现在是否仍旧存在。

欧洲空间局用了超过 10 年的时间研发火星探测计划探测车

火星探测计划探测车将于 2021 年抵达这颗红色行星，它将会搜寻火星上生命曾经存在的迹象

在火星着陆

0秒
121千米
21000千米/时
斯基亚帕雷利着陆器进入火星大气层。

1分12秒
45千米
19000千米/时
大气层把飞船的防热罩加热至最高温度。

3分21秒
11千米
1650千米/时
斯基亚帕雷利着陆器降落伞启动。

4分01秒
7千米
320千米/时
前端防热罩分离，激活雷达。

火星探测计划轨道飞行器

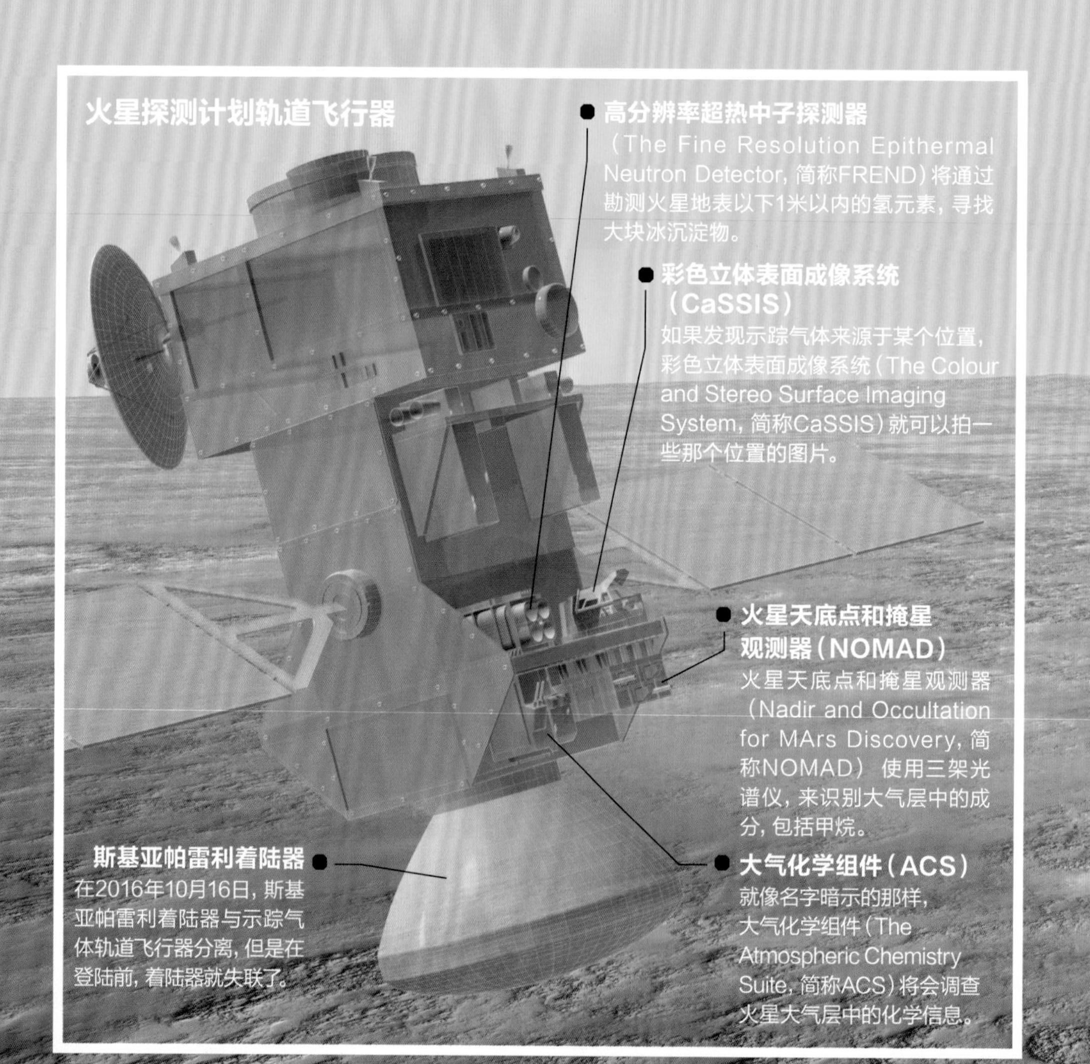

高分辨率超热中子探测器（The Fine Resolution Epithermal Neutron Detector，简称FREND）将通过勘测火星地表以下1米以内的氢元素，寻找大块冰沉淀物。

彩色立体表面成像系统（CaSSIS）
如果发现示踪气体来源于某个位置，彩色立体表面成像系统（The Colour and Stereo Surface Imaging System，简称CaSSIS）就可以拍一些那个位置的图片。

火星天底点和掩星观测器（NOMAD）
火星天底点和掩星观测器（Nadir and Occultation for MArs Discovery，简称NOMAD）使用三架光谱仪，来识别大气层中的成分，包括甲烷。

斯基亚帕雷利着陆器
在2016年10月16日，斯基亚帕雷利着陆器与示踪气体轨道飞行器分离，但是在登陆前，着陆器就失联了。

大气化学组件（ACS）
就像名字暗示的那样，大气化学组件（The Atmospheric Chemistry Suite，简称ACS）将会调查火星大气层中的化学信息。

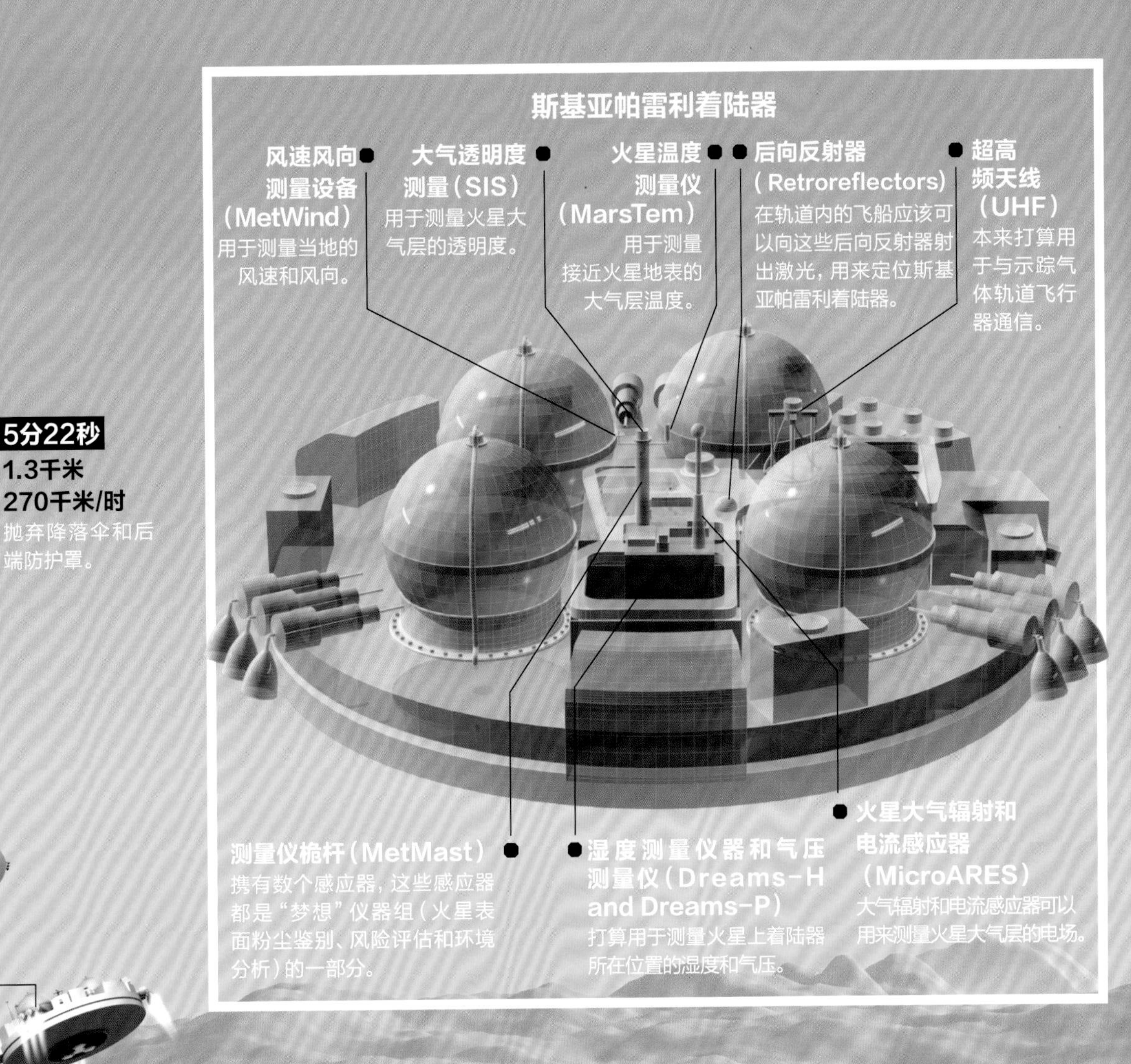

5分22秒
1.3千米
270千米/时
抛弃降落伞和后端防护罩。

5分23秒
1.1千米
250千米/时
斯基亚帕雷利着陆器推进器启动，为着陆器减速。

5分52秒
2米
7千米/时
推进器关闭，着陆器自由降落。

5分53秒
0米
10千米/时
斯基亚帕雷利着陆器登陆。它有一个可以压碎的结构，用来保障内部结构的安全。

水星在缩小

太阳系中最小的行星正在变得更小

贾尔斯·斯帕罗（Giles Sparrow）著

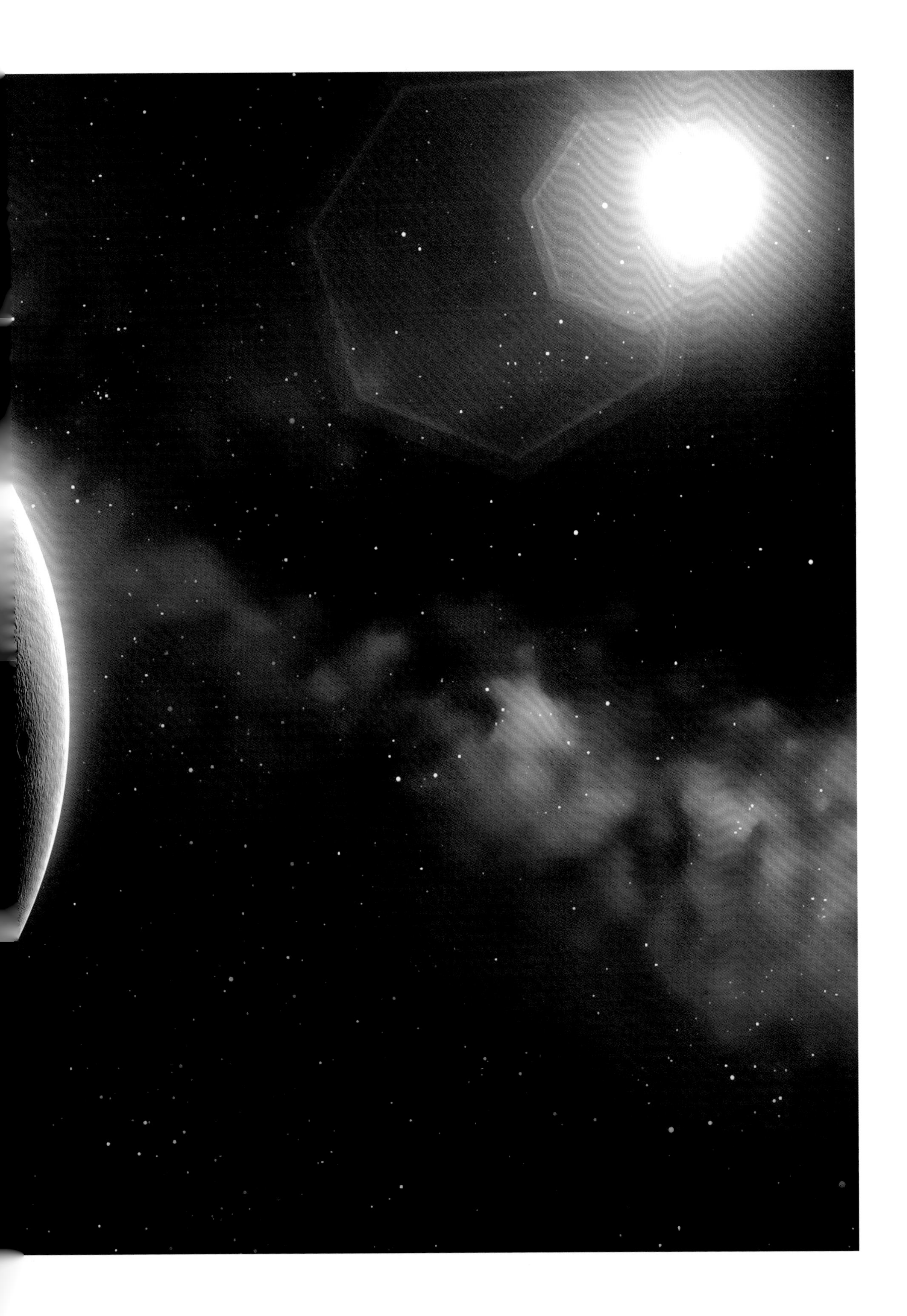

人们很容易忽略水星。由于它不仅是最小的岩石行星，还是离太阳最近的行星，我们很难在黎明或黄昏的天空中看到它稍纵即逝的踪影。与明亮的金星以及血红色的火星不同，水星从来不会在夜幕降临后出现。乍一看，水星也没有它的其他行星邻居那么复杂。金星有高密度、高危害性的大气层以及火山地貌。火星与地球极其相似，引人入胜。然而，水星只是一颗没有空气的灰色岩石球，和我们的月亮最为接近。

不过，在过去的10年间，美国国家航空航天局的信使号水星探测器转变了我们对太阳系最中心处这颗行星的看法。第一艘围绕水星轨道飞行的飞船揭开了这颗神秘星球的面纱。水星也有属于自己的复杂历史：它遥远的过去曾经充满了火山活动；它的内核（相对它整体大小而言）比其他任何行星都要大得多；它还有一个活跃的磁场。但是，还有一个发现可能最吸引人。自水星形成以来，这颗本来就已经很小的行星竟然又缩小了很多。

“在我们太阳系的4颗类地星球中，水星是我们了解得最少的。直到不久以前，想要拍摄水星照片或者拜访水星都还是一件极其困难的事。”北卡罗来纳州

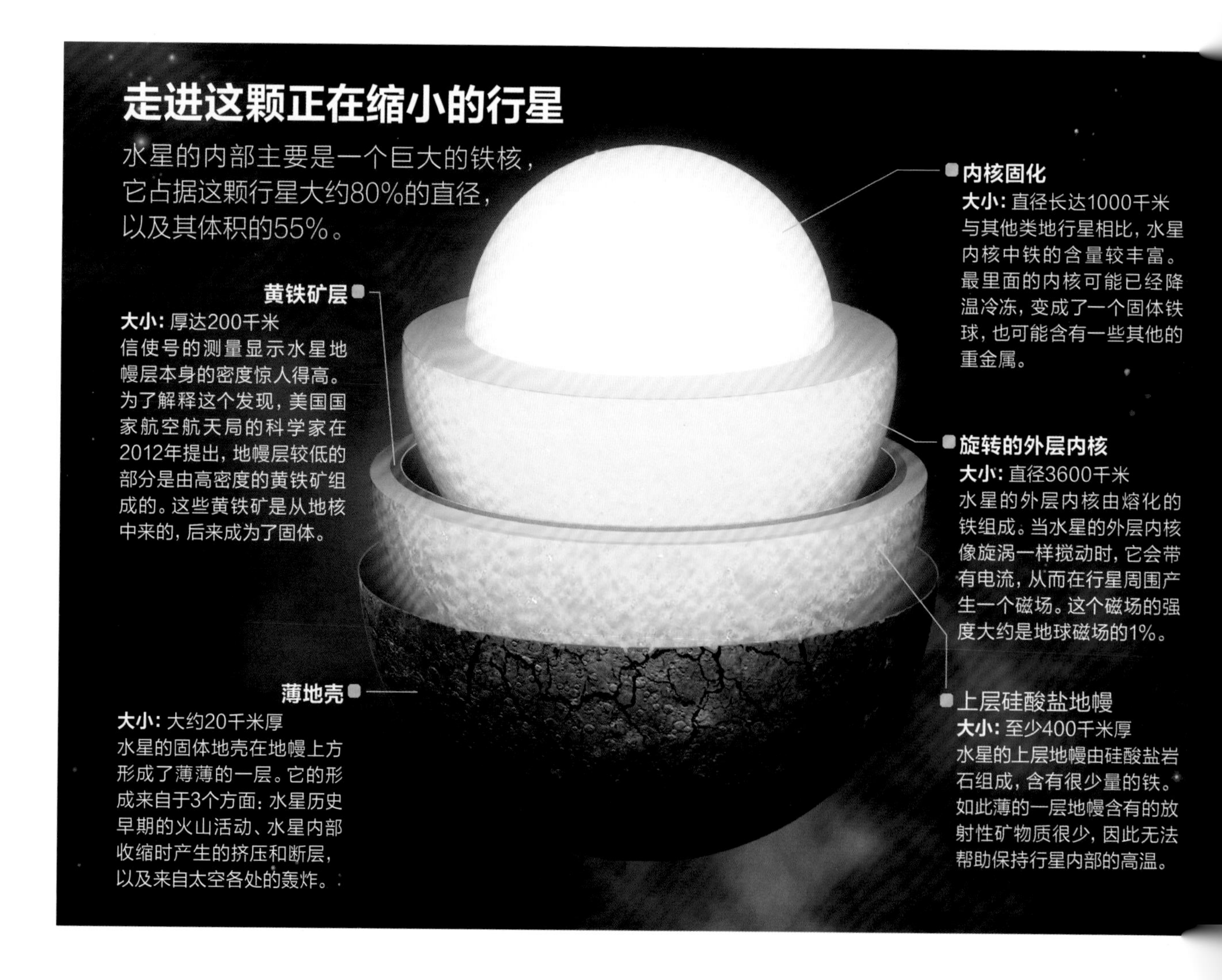

在我们太阳系的4颗类地星球中，水星是我们了解得最少的。

保罗·伯恩

州立大学的保罗·伯恩（Paul Byrne）博士说道，“它深深地陷在太阳的引力井中。1985年，喷射推进实验室（Jet Propulsion Laboratory，简称JPL）的颜刘贞婉（Chen-wan Yen）想到了一条轨道路线，你必须跟着这条路线才可以围绕水星轨道飞行。在此之前，我们根本不知道如何才能让一艘飞船环水星飞行。”由于这些挑战，在10年前我们了解的关于水星的信息大多来源于美国国家航空航天局的探测器。这个探测器在1974年和1975年3次飞越了这颗行星。水手10号（Mariner 10）在一个围绕太阳的轨道上飞行，这个轨道与水星轨道相切。然而，这两个轨道的几何形状意味着这个探测器只揭示了这颗星球不到一半的表面情况。

尽管到达水星轨道的秘密自1985年以来就为人所知，真正地将一艘飞船送上这个复杂的轨道还是面临重重阻碍。直到1998年，美国国家航空航天局才认真地开始考虑开展这样一项任务。早期的提议最终演变成了野心勃勃的信使号（MESSENGER，是MErcury Surface, Space ENvironment, Geochemistry and Ranging的缩写，意为“水星表面、太空环境、地球化学和广泛探索”）。信使号于2004年自卡纳维拉尔角发射，随后总共飞越地球一次，飞越金星两次，飞越水星本身三次。在经历了这一系列曲折的飞行之后，信使号终于在2011年3月进入了围绕这颗极热行星飞行的轨道。

“我很幸运地成为了信使号科学团队的一名成员，所以我从任务的初始阶段就已经参与了。”史密森尼学会地球和行星研究中心（Smithsonian Institution’s Center for Earth and Planetary Studies）的汤姆·沃特斯（Tom Watters）博士回忆道，“信使号是第二艘拜访水星、第一艘真正围绕水星轨道飞行的飞船，这让我们团队感到非常开心。我们看到的水星，是其他飞船没有到过的部分。所以，我们每时每刻都有新发现。”

从水手10号第一次飞越水星时的观测中可以知道，水星上有很多狭长的悬崖，遍布在充满环形山的水星上，这就是水星最显著的特点。在有些地方，这些悬崖将环形山分成了两半。这可能会造成两种情况：第一种是环形山的一边与另一边有明显的高度差；第二种是在有些情况下，环形山的一整条边穿越到了另一边，完全掩埋了环形山的一部分。“从水手10号传来的图片中可以很明显地看出这些断层崖遍布整个水星，这暗示着至少就我们看到的部分星球来判断，水星在缩小。”

水星的未来

如果水星现在仍然在降温并缩小，那么这颗渺小星球的未来将何去何从呢？

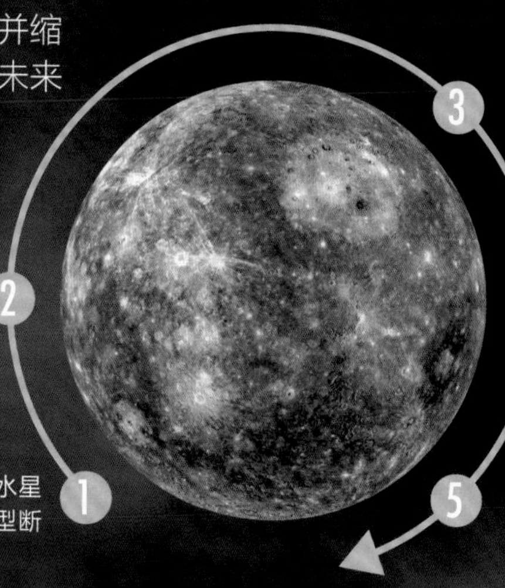

1 表面会有更多的断层
如果水星内部继续降温收缩的话，水星的地壳将受到更多压力。因此，小型断层将会继续形成，甚至会变大。

2 收缩停止
在今后的几十亿年里，水星内部的缩减程度将慢慢变小。最后，它创造的压力将无法在地壳中形成更多的断层。

3 扫除较新的断层
在之后的几亿年中，表面的小型断层将慢慢消失，慢而稳定的陨石轰炸过程将掩盖这些断层。

4 地核继续固化
随着水星内部继续冷却，内部由固体铁组成的地核将慢慢变大，而外部由熔化铁组成的地核将困在两层固体壳之间。

5 磁场关闭
电流在熔化的地壳外部旋转产生的发电机效应最终会变得非常微弱，然后水星的磁场就会消失，最后只在水星的岩石上留下一些磁性化石的痕迹。

沃特斯继续说道，“水星就像一颗苹果。当苹果的果心开始变干、缩水时，苹果的果皮就会开始起皱，以此来适应这个变化。但是我们不能确定这个现象是否在水星各处都有发生。2008年，当信使号第一次飞越从未照过相的那部分水星半球时，我们第一个看到的就是这种非常大的断层崖。现在，我们将这些断层崖称为猎犬悬崖（Beagle Rupes）。在那次观测以后，我们才能真正确定我们看到的水星是否在全球性地缩小。”

为什么这些蜿蜒的悬崖能表明水星在缩小呢？伯恩博士告诉了我们这个故事。“这种断层崖其实并不是那么罕见，你可以在地球的大地构造中看到这个现象。我们的星球不停地移动大陆板块，使板块相互挤压、重叠，这样就会产生断层崖。但是，水星并没有分离的板块，为什么这个地貌特点在水星上如此普遍呢？为了回答这个问题，你需要了解一个全星球缩小的过程。如果整个行星的体积在缩小，那么它的表面积必须缩小，这样才能适应整个缩小过程。我们在这些瓣状陡坡里可以看到周围环境把地面一块块地推起来了，说明水星地壳缩小了。”在水手号任务之前，就有人预测水星随着时间的推移在缩小。其实，对于每一个岩石行星的历史来说，体积缩小都是无法避免的一部分。

形成岩石行星的冲撞过程势必给行星留下一个逐渐熔化的内部。在这种情况下，像铁和镍之类的重金属会沉入行星中心，形成一个炙热的地核。而诸如硅酸盐和氧之类的较轻元素会留在靠近地表的地方，它们会与硅酸盐矿物质结合，形成一个岩石地幔。寒冷的星际空间包围着这些炎热的行星，因此这些行星必然会随着时间的推移而慢慢降温。就像一扇卡住的门会在寒冷天气时缩小，更容易关上一样，行星内部的降温也必将减少其所占空间。其他岩石行星都通过地质活

行星内部的降温
也必将减少其所占空间。

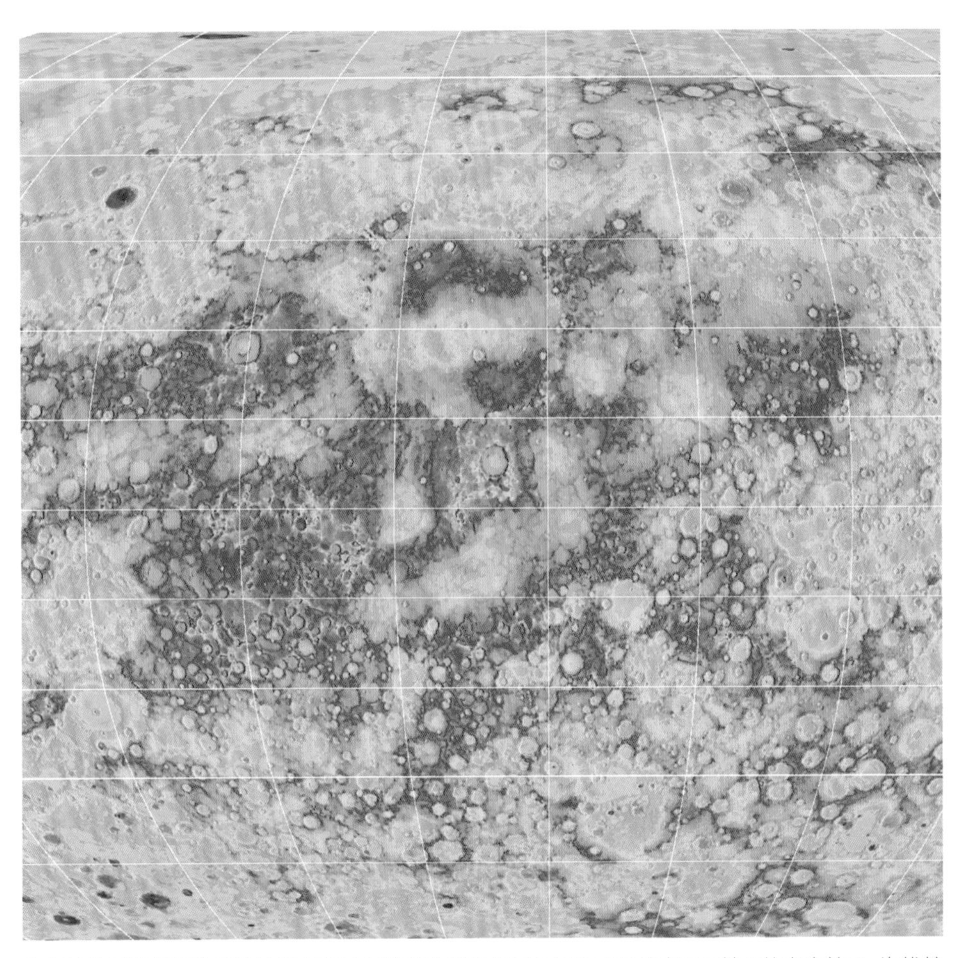

依据信使号数据制作出的这张按颜色标注的海拔地图显示了在水星地壳不同地区的高度差异。海拔较高的地区为棕色、黄色和红色，而海拔较低的地区为蓝色和紫色

动，隐藏了它们自身缩小的证据。然而，水星上这些具有荒凉之美的瓣状陡坡把水星缩小的证据谱写在了大地上，所有人都能看见。

除此以外，水星还有神秘的另一面，那就是它巨大的金属地核。水手10号飞越水星时，测量了水星密度，发现水星地核的直径约3600千米。而包围水星地核的只有一层薄薄的地幔和地壳，两者加起来也只有大约420千米厚。“水星的特大号地核和非常薄的地幔意味着它散发热量的速度更快。”伯恩博士说道，“因此，它的收缩开始得更早，持续得也更久。这个问题的核心在于这颗行星已经收缩了多少。” 信使号已经对整颗水星的不同角度进行了摄影测量，还通过激光测高数据揭露了不同结构的高度。有了这些数据，原则上说，伯恩博士提到的那个问题应该很容易解答。不过，在这一点上，伯恩博士和沃特斯博士得到了截然不同的结论。他们各执一词，从20世纪70年代辩论至今。

其他正在缩小的星球

除了水星以外，太阳系中还有很多大型星球在历史中不断缩小

月球

2010 年，汤姆·沃特斯和同事们研究了月球勘测轨道飞行器（Lunar Reconnaissance Orbiter）发来的数据，他们发现月球上有小规模的瓣状陡坡。这些陡坡的最大高度为 100 米左右，年龄都小于 10 亿岁。鉴于这些数据，沃特斯等人认为月球降温、缩小所花的时间比我们之前想的要长。

地球

理论上来说，地球在其 45 亿年的历史中可能已经降温收缩了一点点。但是，地球的体积大、地核小，地幔较厚，而且富有能产生热量的放射性物质。由于这些因素，地球自形成并达到平衡以来，缩减的程度应该非常小。

艾奥（Io）

艾奥是太阳系中火山活动最多的卫星。由木星产生的潮汐力折磨着艾奥。但是，这颗卫星上也有高大耸立的山脉，这些山脉最高可达 17 千米，但它们并不是火山。在 2016 年，研究人员发现这些山峰是由断层产生的，因为火山熔岩的重量会压垮艾奥的地壳，地壳就会缩小或崩溃。

土卫五（Rhea）

母神星是土星的一颗冰冷的大卫星，它的表面充满了火山口。任何母神星表面的“冰火山”冰流都会更快地终止。有一些地质学家猜测，这颗卫星的巨大体积使它在早期历史中缩减了尺寸，增加了密度。这个变化把它的内部结构变成了一块更加固态的冰。

土卫八（Iapetus）

这是土星的一颗神秘卫星，它有一个明亮的半球，和一个黑暗的半球。而且，还有一条山脉围绕着它，在它的赤道上绕了一圈。这个卫星之所以呈核桃形，一个可能的原因是它曾有过一次显著的赤道膨胀。后来，除了赤道以外的部分又缩回了原状。

“根据水手10号提供的数据，我们建立了水星内部的模型并推测出它在历史中经历的半径变化为5~10千米。”伯恩博士说道，“但是早期的观察暗示着水星半径实际上经历的变化在1~2千米。因此，基本收缩模型给出了一个数字，而地质学家给出了另一个数字。在解决这个分歧之前，我们都无法再用模型去推测水星历史的其他内容。”

“我们基本上都同意水星的收缩主要是受到逐渐降温的水星内部的影响。”沃特斯博士说道，“但是，我觉得近期出现的辩论主要是关于水星内部降温有多慢这个话题的。星球内部降温降得越快，外部就应该缩得越多。在20世纪90年代后期，我和同事们又开始重新研究水手10号发来的数据。根据地球和其他星球的数据我们可以看出，断层的长度和沿着断层发生移位的数量之间有一个明显的数量关系。当我们将这个关系应用到水星上时，新推测的水星缩减量甚至会变成1千米左右。”

沃特斯继续说道：“如果加上早期信使号飞越水星收集到的数据，我们可以重新计算，将水星的缩减量增加一点点，但我们仍然在讨论1千米

左右的缩减。就算能有水星表面的全面地图，我们估算的水星缩减量至多也就是两千米了，不会再高了。”

伯恩博士和他在佐治亚大学的同事克里斯蒂安·克里姆查克（Christian Klimczak）2012年开始研究这个问题。“我们最想研究这些陡坡的分布。但是一旦你有了关于数据和分布的信息，你就可以使用一些基本的假设来估算半径的缩减量。我们用了两种不同的方法，发现所有的这些地质结构代表的缩减量大概为4~7千米。另外，当你在研究一个星球的地质结构时，不能简单地将看得见的陡坡加起来，做一些几何假设，因为在这些岩石物质开始形成瓣状陡坡之前，它们必定会经受一些变形。就像当你站在桌子上时，桌子并不会坏，甚至不会马上变形，但是你仍然在对桌子施加压力。”伯恩博士继续道，“经过我们的同事计算，这个变形量会在几百米到两千米左右，这就意味着水星的半径变化应该是在5~9千米左右。这个范围很大，其中也包含了很多估算，但是这些都是有根据的估算。他们得到的这个数字比之前的预测都要高得多，但和收缩模型推测的收缩量差不多。”

沃特斯不同意这个想法，他并不认为水星的地壳会在开始形成陡坡之前就积攒了大量的“隐藏”缩减量。但是，为什么这两名地质学家从可见的证据中得出的数据会差这么多呢？沃特斯这样解释道：“用最简单的话来说，当我在制作地层构造地图时，我给每一个地质结构分配了一个主断层，而保罗会在一个地层结构周围分配多个断层。我认为那些是次要的地貌特征，对星球的总缩减量影响并不大。”

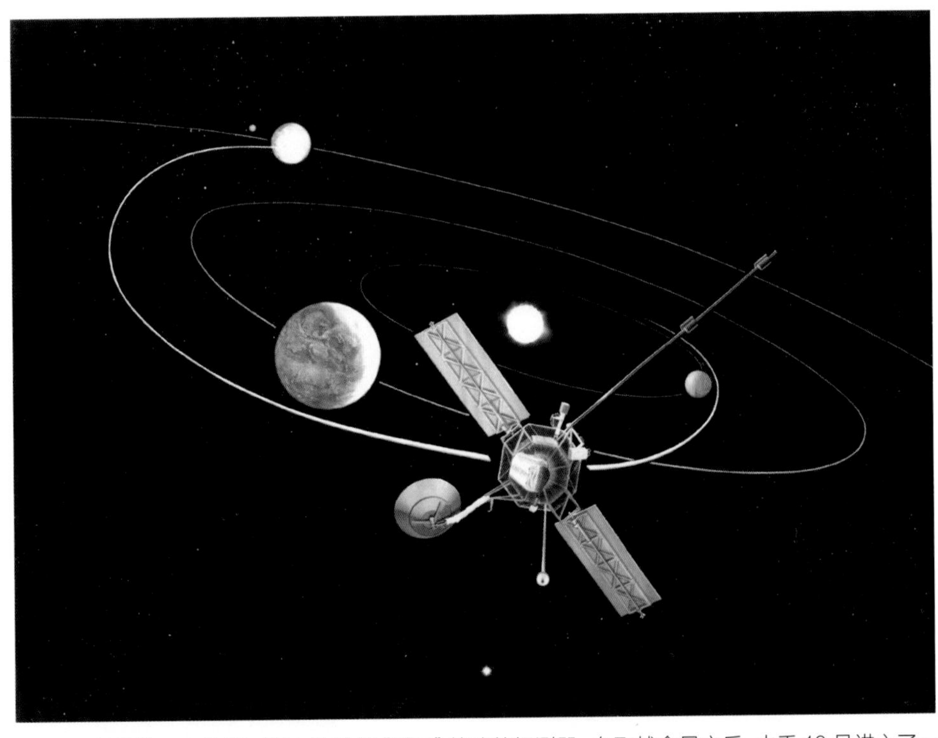

水手 10 号是第一个使用受引力助推的“弹弓”策略的探测器。在飞越金星之后，水手 10 号进入了一个一年与水星轨道相切 3 次的轨道

从水星来的明信片

这颗小星球上拥有一些地表奇观，其中很多都展示了水星过去的缩减。

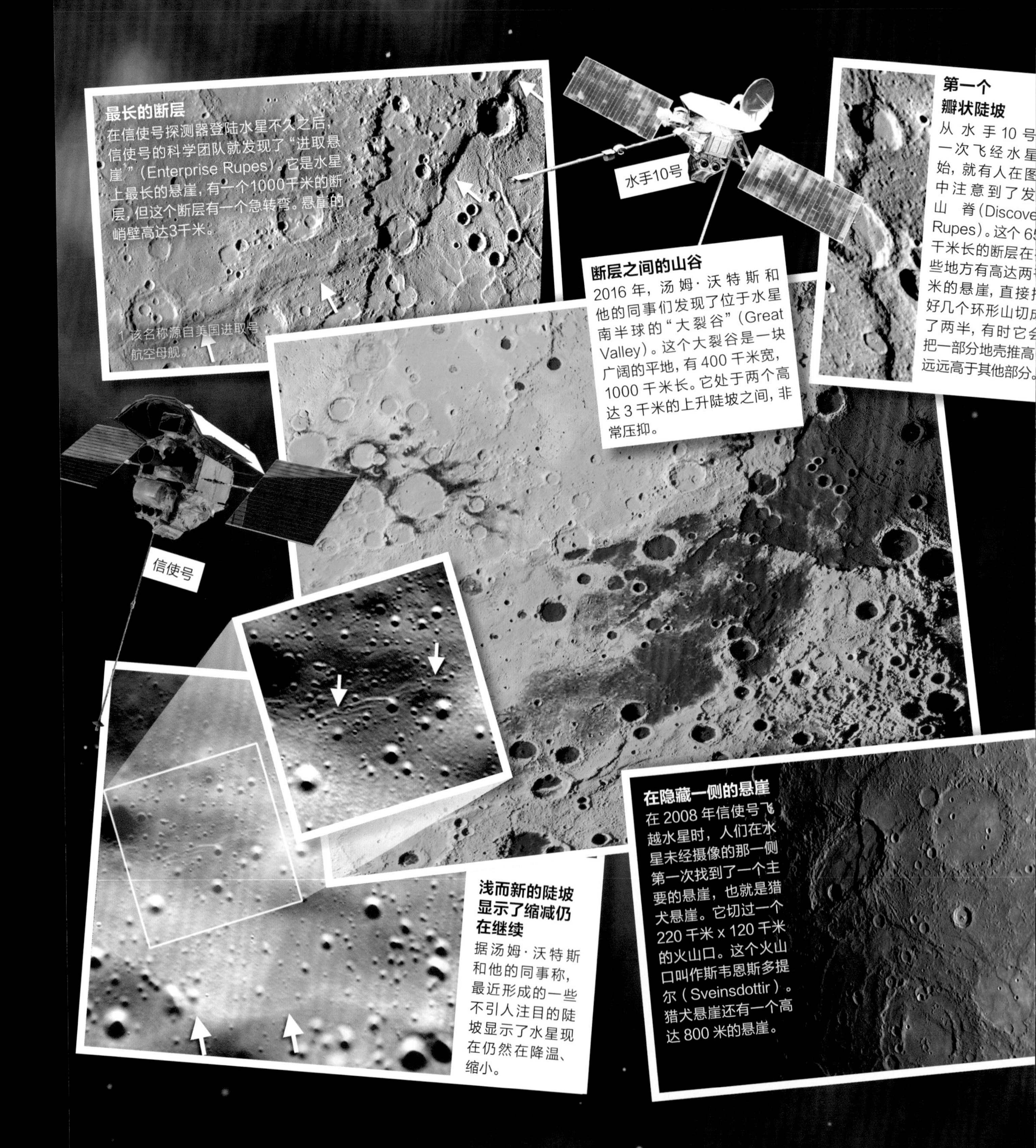

伯恩博士同意这是他们获得不同结果的核心原因："从根本上来说，汤姆·沃特斯的计算没有包括我们算上的所有地形。因此，他获得的半径变化量数值比我们的要低得多。"两位科学家都用了同样的基础原则，所以数据的差别主要就取决于他们用哪些标准来判断陡坡和其他变形特征是不是需要列入计算之中。

那谁是正确的呢？伯恩的估算能与长久以来水星的热收缩模型相匹配，所以占据优势。他还表明他们的数据可以解释水星的一些其他现有特征。"如果你的计算允许更多的缩减量，再把表面构造的新数据加入到你的地质模型中，那么你就会突然发现很多事情都顺理成章了，比如你就可以解释现在水星周围磁场的存在了。"伯恩说道，"如果这些新模型与我们的观测一致，那可能意味着这次的测量比以前的都要更有说服力。"

然而，沃特斯提到，信使号最后一次传来的一些有关水星的发现可能让那些长期以来关于水星降温的模型站不住脚，但却更符合他的测量。"在这次任务的最后一个阶段，我们让信使号的轨道降低了一些，我们开始在火山平原上方看到一些关于早期冻结磁场的迹象。之前，我们一直假设水星的磁场是近期才形成的，可能是由于水星内核冷却凝固引起的，但是这些火山石的年龄却有大约37亿~39亿岁。"沃特斯解释道，"这表明在几十亿年中，水星一直有一个长期存在的磁场，但这一点与早期的热历史模型不符。早期的模型推测水星的内核冷却得很快，还有大量的收缩。我们看到的水星内核与此不同，它降温的速度比较慢，让其一直能产生发电机效应。" 另一个吸引人的发现是一些很浅的断层陡坡。这些地貌特征很浅，可能只有几千万年的历史，否则受陨星的影响这里应该已经被其侵蚀了。"如果你将这一发现与长期存在的水星磁场放在一起看，可能意味着水星直至今日仍然在缩小。"沃特斯争辩道，"所以我觉得这根本上改变了整个图景，也很难解释为什么会得出很大的缩减值。" 伯恩却不这么认为："汤姆的小型瓣状陡坡可能表明现今水星内部仍然在降温，地壳收缩仍然在发生。但是，有趣的问题是，为什么这些变化仍在发生呢？如果它们是由压缩所致，那就会形成新的地层构造，而不会在已有的断层中继续加上其他细枝末节了。"

在2015年4月，信使号撞上了水星表面，也给信使号的水星任务画上了一个句号。因此，这个争论还能继续下去。"我觉得真正能够解决这个问题的唯一方法就是另一个团队从零开始，重新探讨这个问题，制作他们自己的地图。"伯恩承认，"这样做可以很有效地测试我们两个的地图，并测试我们用来评判地形时纳入计算的标准是否合理。"

10年前我们获得的关于水星的信息大多来源于美国国家航空航天局的一个探测器。这个探测器在1974年和1975年3次飞越了这颗行星。

贝比科隆博水星探测计划包括欧洲建的水星行星轨道飞行器（Mercury Plane Orbiter,位于照片前景）以及日本制造的水星磁层轨道飞行器（Mercury Magnetospheric Orbiter）

我们现在看到的是
一个冷却速度较慢的行星的内部。
这样，它才能使熔岩物质产生的磁性
发电机继续运作。

——汤姆 · 沃特斯博士

所幸新的数据可能最终可以帮助解决这个问题，如果我们愿意再等差不多10年的话。贝比科隆博（BepiColombo）是欧洲与日本合作的一项水星计划。执行这项任务的探测器将会围绕一个比信使号更圆的轨道飞行，应该可以为水星的地形和磁性提供更好的数据。它将着重提供一些水星的南半球的数据，那里集中了最长和最深的瓣状陡坡。然而，与此同时，还有很多信使号传来的数据需要筛选和整理。毫无疑问，这将揭露更多水星的秘密。这颗令人不可思议的星球一直在缩小，我们也会有更多关于水星的辩论。就像沃特斯说的那样：“如果我们永远可以达成一致，总是同意对方的观点，科学将变得很无聊！”

水星是如何变小的

内部温度的变化和在太空中丢失的热量让这颗小星球产生了遍布其表面的断层。

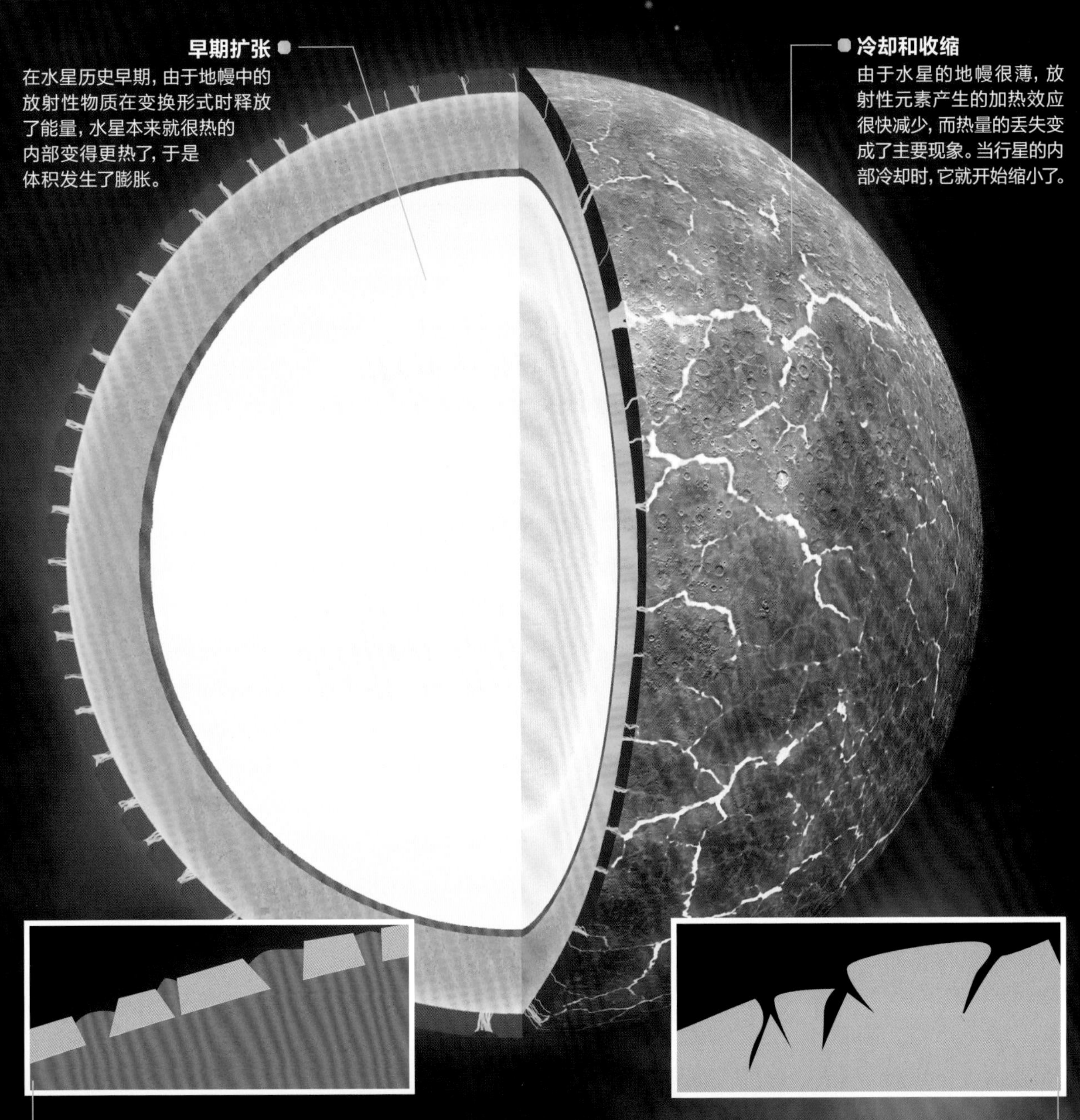

早期扩张

在水星历史早期，由于地幔中的放射性物质在变换形式时释放了能量，水星本来就很热的内部变得更热了，于是体积发生了膨胀。

冷却和收缩

由于水星的地幔很薄，放射性元素产生的加热效应很快减少，而热量的丢失变成了主要现象。当行星的内部冷却时，它就开始缩小了。

分裂的地壳

当内部膨胀时，水星的地壳裂开了，于是火山熔岩上升至表面，填补了空缺。后来，严重的陨石轰炸掩盖了这些早期的特征。

陡坡形成

当固体的地壳试图收缩时，水星内部的缩小产生了压力。最后，这些压力化为了冲断层。这些冲断层将一些地区推高，使其高于其他地区，创造了遍布水星的瓣状陡坡。

探索者导览
木卫二

我们太阳系中最吸引人的元素之一。这颗木卫星（木卫二）可能拿着通往地外生命的钥匙。

拜卢什线

戴斐德区

如何到达那里

1. 起飞
为了逃出地心引力产生的拉力，离开地球的大气层，飞船需要一个有着惊人活力的主火箭，比如将旅行者 2 号送上太空的泰坦三 E 运载火箭。

4. 与木星相遇
凭借现今快速发展的燃料技术，到达木星空间的飞行只需要不到一年半的时间。飞船会先与木卫二的轨道中心相遇。

2. 开始漫长的旅途
从地球飞到木卫二的旅途有 6.28 亿千米。飞船要调制辅助系统，开始在深空中的冒险。

3. 调整航道
和大多数深空任务一样，一架飞船要是飞往木卫二这么远的星球，很可能会在旅途中稍微偏离航道。因此，任务控制中心会进行航道调整。

5. 到达木卫二
在 600 多天的航行之后（航行时间会因木星和地球围绕太阳的轨道而变化），飞船就到达了这颗木星最小的伽利略卫星，迎来光滑冰冷的表面。

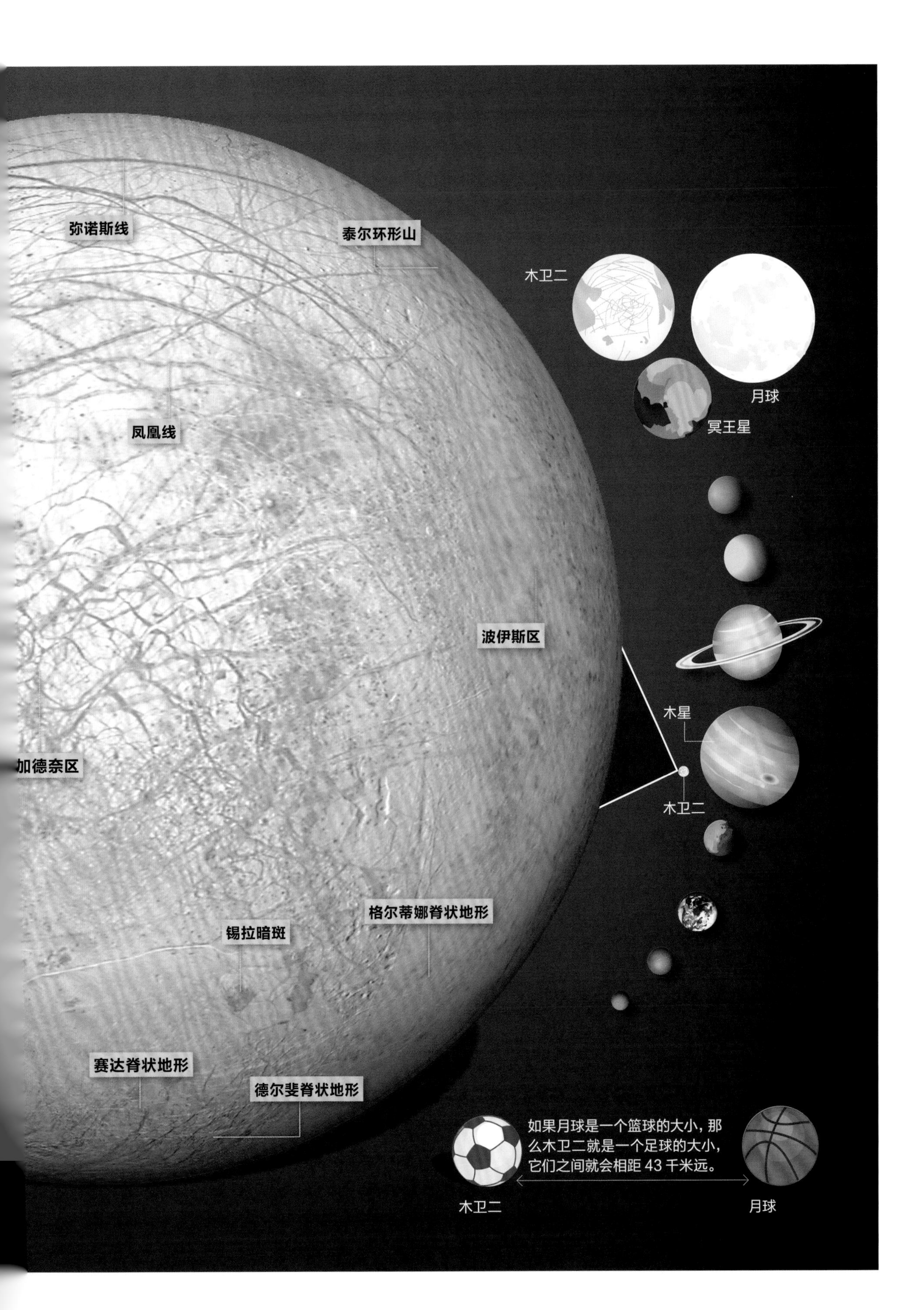
弥诺斯线
泰尔环形山
凤凰线
波伊斯区
加德奈区
格尔蒂娜脊状地形
锡拉暗斑
赛达脊状地形
德尔斐脊状地形
木卫二
月球
冥王星
木星
木卫二
如果月球是一个篮球的大小，那么木卫二就是一个足球的大小，它们之间就会相距 43 千米远。
木卫二
月球

泰尔环形山

经测量，这个多环的撞击痕迹的直径有 40 千米。原本的环形山边缘正好在位于最深处的同心环里面。

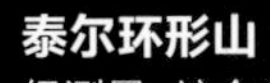

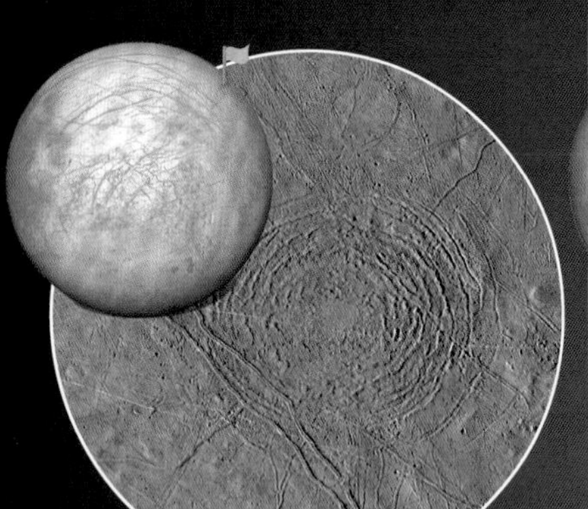

康纳马拉混沌

康纳马拉混沌是木卫二上最令人印象深刻的特征之一。它也是囊括了各种互相连接的山脊、峭壁的最大集合之一。

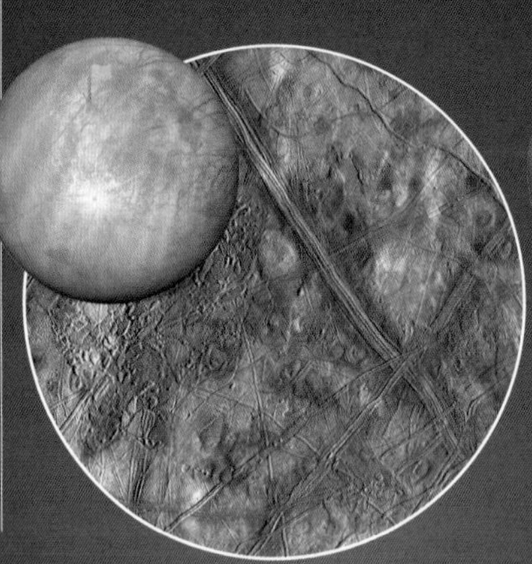

莫伊图拉区（Moytura Regio）

根据先锋 10 号和旅行者 2 号观测到的数据，木卫二本身可以分成 8 个区。莫伊图拉区是依照凯尔特神话的一场战役命名的。

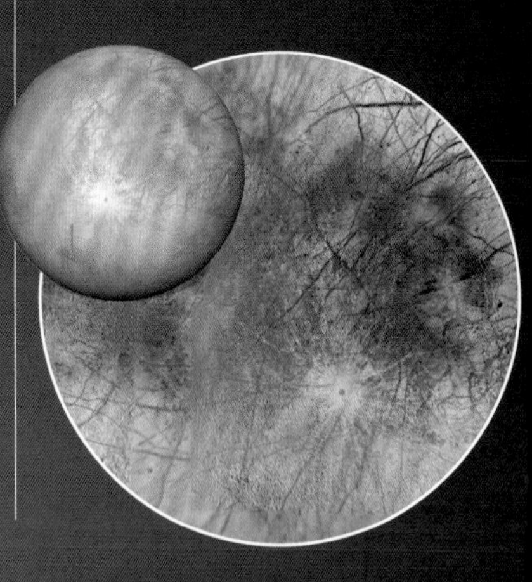

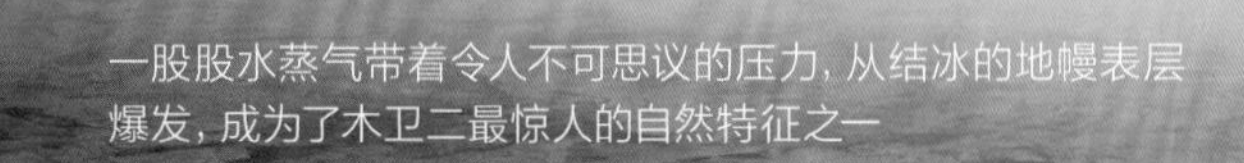

一股股水蒸气带着令人不可思议的压力，从结冰的地幔表层爆发，成为了木卫二最惊人的自然特征之一

木卫二上不容错过的景致

木卫二可能因其美丽而光滑的表面著称，可是那个结冰的表面上还囊括了一些令人流连忘返的地形遗迹。被称为“线”（lineae）的一系列深色线条和山脊在整个星球上穿行，像一道道伤疤拼成的补丁。木卫二并没有什么受小行星和陨星影响造成的火山口，于是星球上的线成为了它最有代表性的景致之一。这些山脊有各种各样的形式，有些长长的弧形山脊形成了波浪状的图案，也就是脊状地形。说到这些山脊的起源，有很多不同的理论，但是其中最被人广为接受的一个理论与一系列的暖冰爆发有关。当木卫二的地壳破裂时，地表以下较暖的几层暴露出来，引发了暖冰爆发。当地球的海脊漂移时，同样的事情也发生过。这个理论让大家更相信在木卫二结冰的地壳之下，有一个巨大的地下海洋。这些线和山脊交会的地区叫作混沌地形。这些混沌地形也遍布整个卫星表面。

木卫二上也有一系列椭圆形色斑，大家普遍称之为暗斑。暗斑就是卫星表面的一些深色斑点。这些深色的特征通常意味着它们要么是一些小型穹顶，要么是深凹进地下的洞。这些地形会让旅行者2号和其他经过的探测仪拍出的照片上有明显的阴影。这些地形特征都以欧洲传说和故事中的地点或人物命名，包括凯尔特和希腊神话。例如，康纳马拉混沌、拉思莫尔混沌以及阿伦混沌都是以主要出现在凯尔特神话中的地点命名的。除了这些迷人的表面特征，人们也相信在木卫二的地幔之下，存在着一个地下液体海洋。科学家们普遍达成共识，认为这片海洋还保持着液体的状态，是由潮汐加热导致的。这种热能是由木星以及其他伽利略卫星对木卫二强度不均的拉力引起的。这种拉力产生了轨道热能和自转热能，而木卫二表面则吸收了这些能量。

最近，美国国家航空航天局的一项研究表明，木卫二的地下海洋以一股股水蒸气的形式，爆发进入了这颗卫星的大气层。这不仅是一个令人不可思议的景观，还能让未来的航天任务无须钻透冰层，就可以研究地下海洋的成分。美国国家航空航天局的木卫二快艇探测计划（Clipper misson）就将得益于此。

木卫二并没有很靠近木星，它是这颗气体巨星的4颗伽利略卫星中最小的一颗。但是，木卫二对天文学的影响很大，也决定了我们如何在一个更广阔的宇宙中理解自己的位置。这些因素使木卫二成为了我们所在的宇宙小角落中最重要的天体之一。1610年1月8日，伽利略·加利莱伊（Galileo Galilei）偶然发现了这颗卫星。这不只是一次令人惊喜的偶遇，它还改变了我们的星球在宇宙中起到的作用。从科学计算，到神学信仰，这颗卫星震撼了人类社会的各个方面。

好几个世纪以来，人们一直相信地球是宇宙的中心。这一颗星球是上帝最杰出的创造，它在上帝的星球画布中心旋转着。但是，长久以来亚里士多德的这个教导突然变得可疑了。如果伽利略的观察正确，如果这颗以宙斯的众多情人之一而命名为“欧罗巴”的卫星真的在围绕着木星旋转，而不是围绕着我们的天国之家旋转，那么地球可能并不是天堂的中心。由于这个主张，教会用尽其威力来压迫这位意大利物理学家，几乎毁了他的事业和生活。但是，这一主张不会这样轻易消失，反而继续为重新理解宇宙星球奠定了基础。

毫不夸张地说，在木卫二的帮助下，人们重新定义了天文学，学术界开始想要更清楚地研究木卫二和整个宇宙。1979年，当旅行者2号（Voyager 2）探测仪终于在近距离下拍到了木卫二的照片时，木卫二的魅力仍然有增无减。那是因为我们发现这颗冰冷的卫星几乎完全是光滑的。木卫二的表面没有山脉，也没有彗星影响的迹象。这个结冰的地壳表面暗示着地表之下有一个液体海洋，还暗示着在我们的蓝色星球家园之外，有可能存在着生命。

在轨道上的木卫二

木卫二与其他 3 颗伽利略卫星（分别为木卫一、木卫三和木卫四）很像，都被木星潮汐锁定了，所以卫星的一个面总是对着这颗气体巨星。因此，在木卫二上的某一处看到的木星是垂直挂在头顶上的。在略微超过三天半的时间里，木卫二就可以围绕木星轨道运行一周。它的轨道半径在 670900 千米左右。

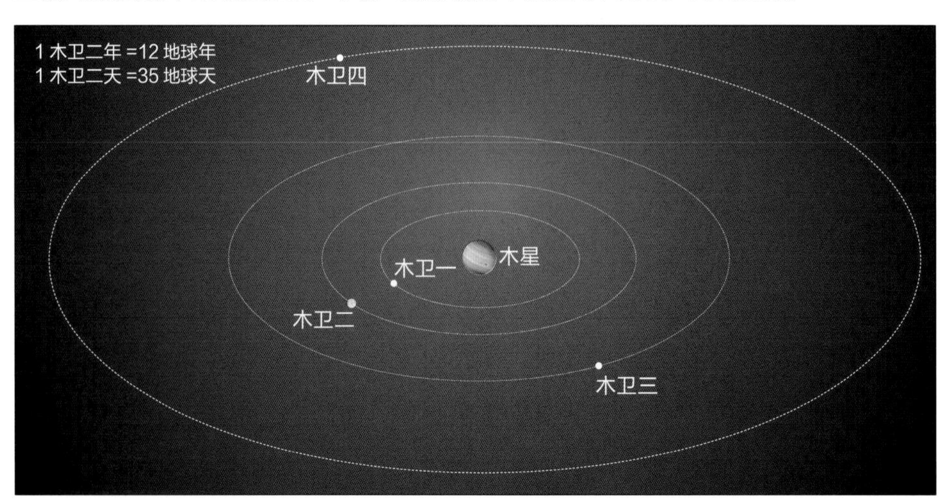

木卫二有多大？

木卫二的直径大约有 3100 千米，比地球自己的卫星要稍微小一点，但是与矮行星冥王星相比，明显更大。

木卫二离我们有多远？

作为离木星第六近的卫星，木卫二离地球有 6.28 亿千米远。考虑到这一点，飞船需要超过 600 天的时间才能到达这颗冰冷的卫星。

天气预报
−160 摄氏度

虽然我们只能够拍摄到木卫二表面大约 15% 的部分，但是关于木卫二大气层的研究显示了一些有趣的特点。这颗卫星表面的温度低得惊人，在赤道附近的温度平均为零下 160 摄氏度左右，在两极附近的温度可以直降至零下 220 摄氏度。

有关木卫二的数字

2013

这一年，哈勃空间望远镜看到了木卫二上的几股水蒸气

3100 千米

木卫二的直径，比我们的月球稍微小一点

45 亿

估算出的木卫二星球年龄，差不多和木星年龄一样大

0.64

木卫二的反射率很高，是在太阳系中反射率最高的卫星

5

迄今为止与木卫二相遇过的探测仪数量

45

木卫二快艇探测计划中，美国国家航空航天局计划飞越木卫二的次数

80 千米

覆盖木卫二表面冰层的大致厚度

我们的月球
是 如 何 形 成 的?

如果能明白我们的月球伙伴是如何形成的，
我们就有可能明白我们是如何来到这里并生存下来的。

科林·斯图尔特 著

它是我们的夜空中最明亮的东西。在历史的进程中，我们一直尊其为神祇，后来有12个美国人先后踏足其上，它也在爱情诗中变成了不朽的象征。月球是我们坚定的伙伴，是地球在毫无休止地围绕太阳轨道运行时，唯一围绕我们的卫星。但是，尽管我们已经仔细地观察了这颗星球，关于月球到底是哪里来的争论还在激烈地进行着。

一个合理的解释需要考虑到月球的大小，这可能是月球最奇怪的一个特点。它是太阳系中的第5大卫星。邻近我们的行星都要比地球大得多，但是月球周围的行星还是比它们的大多数卫星要大。事实上，如果你计算一下银河系中的卫星和它们主行星的大小比，我们的月球一定会跃居首位。人们认为太阳系中有很多较小的卫星都是行星俘获的星球，这些星体在游荡时离行星太近了，于是行星利用引力捕捉到了它们。但是，基于月球的尺寸，我们很难想象它也是因为同样的理由而最终环绕着地球运行的。

早在1879年，著名博物学家查尔斯·达尔文的儿子，也就是天文学家乔治·达尔文（George Darwin）就提出了一个新主张。他认为地球和月球曾经是

月球不是这样形成的

它是被高速旋转的地球扔下的

这个想法是什么？

很多人认为组成月球的物质曾经都是地球的一部分，这个想法流行了几十年。这个想法提到，当地球处于半熔化状态时，它会飞速旋转，月球就从地球分离了出去。很多人觉得太平洋之所以这么空旷，是因为那里的土地从地球分离了出去。达尔文用可靠而又精确的计算支持了这个想法。

为什么这个想法是错误的

到了20世纪30年代，计算表明地球必须按照一个无法想象的速率旋转，才能甩下足够多的物质来形成月球。

它是在其他地方形成的，最后被地球捕捉到了

这个想法是什么？

人们认为，我们太阳系中的很多卫星都是行星捕捉来的天体，围绕着火星运转的火卫一（Phobos）和火卫二（Deimos）就是很好的例子。对于地球来说，捕捉到月球并不是完全不可能。这样就能解释为什么地球和月球拥有不同的密度。

为什么这个想法是错误的

想要让地球捕捉到巨大的月球，两个天体都必须运行得很慢，这样反而更容易发生碰撞。而且凭借地球的引力，也不太可能有能力扣留月球这么久的时间。

它和地球同时形成

这个想法是什么？

这个想法是指在太阳系早期的时候地球和月球都由新生太阳周围的残骸组合而成。对于双星系统的观察支持了这个观点。如果两个完全不同的恒星可以由同一团星云形成，那么两颗星球在围绕着同一个恒星的轨道中一起联合形成各自的行星也是可能的。

为什么这个想法是错误的

虽然月球和地球的氧同位素量可能是一样的，但它们的密度以及含铁量都不一样。

同一个星体，而月球是由旋转的地球抛出的物质形成的。他说这将解释为什么月球每年都在朝离我们更远的方向移动。这个观点的支持者甚至指出，在横跨半个地球的太平洋上缺失的陆地就是月球的发源地。然而，科学家们后来意识到，任何能够移走如此巨大的地球物质的力量都很有可能同时将我们星球剩余的部分一起毁灭掉。

于是大家的注意力转移到了一个新的想法上。这个想法认为，在地球仍在形成的时候，有一次巨大的碰撞在45亿年前发生了。这次碰撞一定是这么久以前发生的，因为从月球带回来的石头年龄至少有这么大。天文学家们很久以来一致认为太阳系经历过一个狂暴的摇篮时代。在最终冷静下来之前，太阳系中到处是飞来飞去的大块岩石和金属。如果其中一个大约像火星这么大的物体砸中了年轻的地球，然后一些炎热的、高速旋转的残骸形成了月球，会怎么样呢？

表面上看，这个想法很有道理。我们知道，从月球表面的一些深色斑点来看，月球有些部分曾经是熔化的。月球也有一个很小的铁核，比地球的地核要小得多，密度也更小。这也符合这个观点，因为在碰撞的过程中，最轻的物质会被扔得最远，较重的物质则留在了地球上。

在阿波罗 17 号计划中，照片中宇航员哈里森·施米特（Harrison Schmitt）在收集岩石样本时，月球的尘土覆盖了他的全身

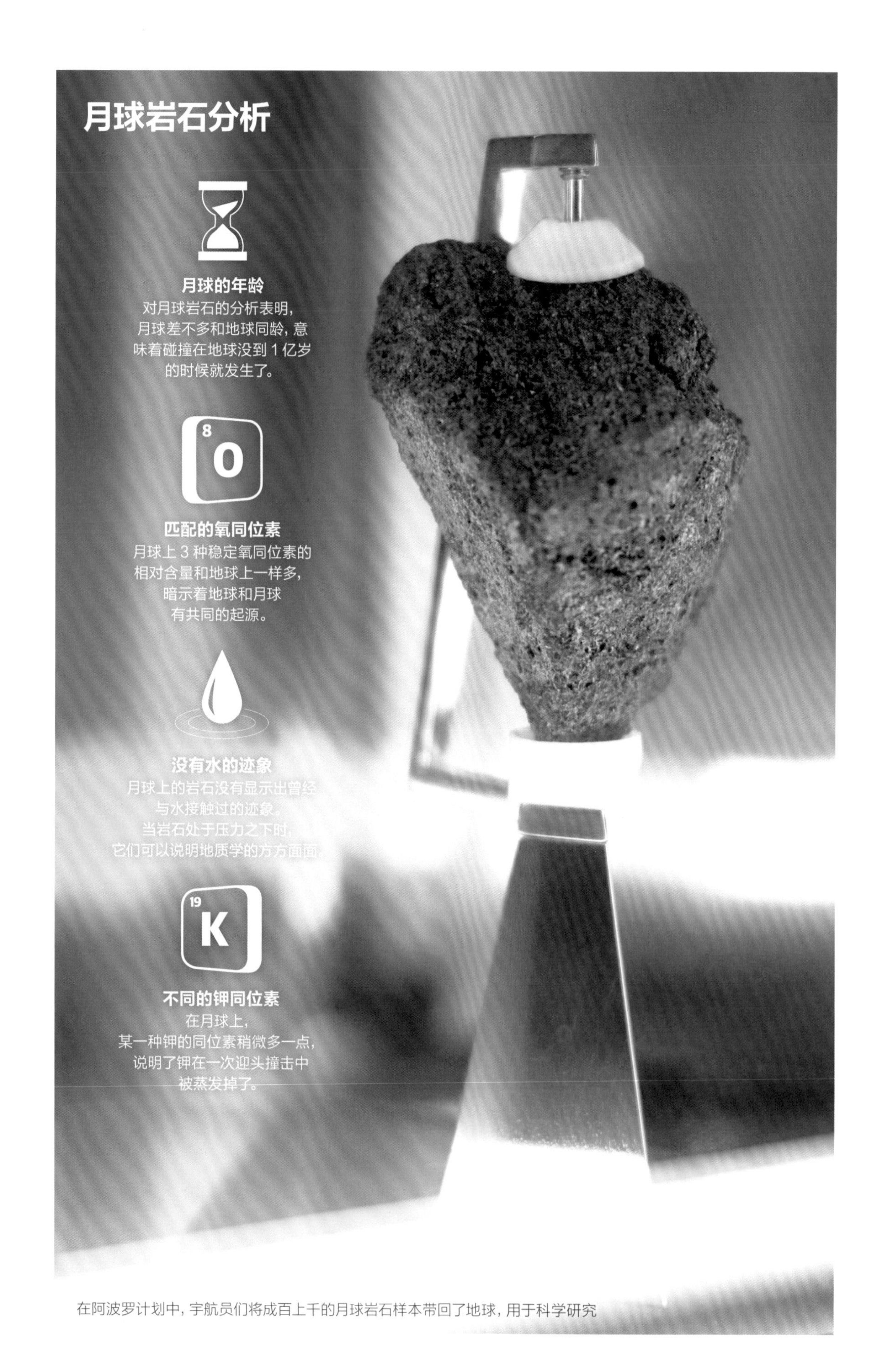

在阿波罗计划中，宇航员们将成百上千的月球岩石样本带回了地球，用于科学研究

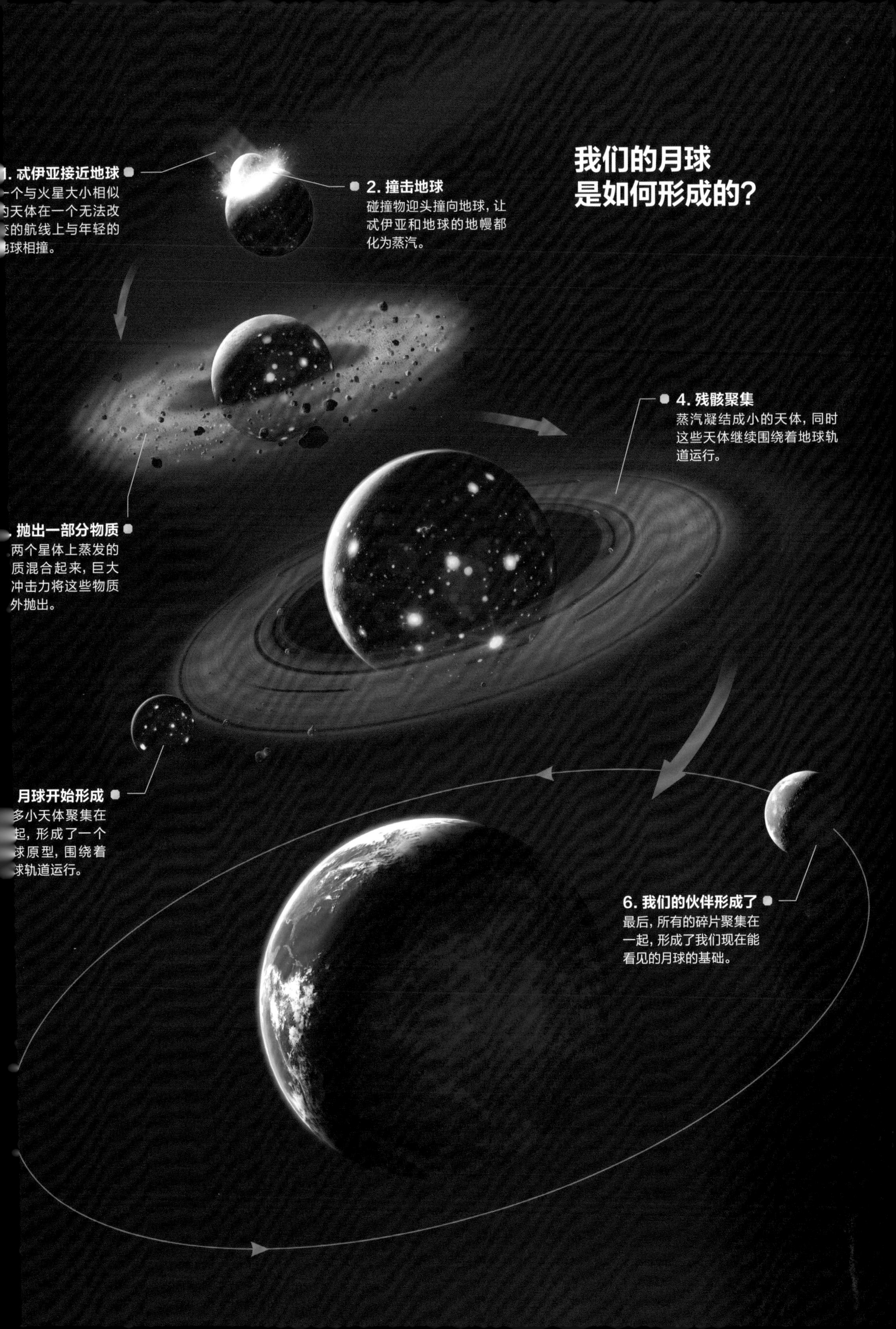
我们的月球
是如何形成的？
1. 忒伊亚接近地球
个与火星大小相似
天体在一个无法改
的航线上与年轻的
球相撞。
2. 撞击地球
碰撞物迎头撞向地球，让
忒伊亚和地球的地幔都
化为蒸汽。
抛出一部分物质
两个星体上蒸发的
质混合起来，巨大
冲击力将这些物质
外抛出。
4. 残骸聚集
蒸汽凝结成小的天体，同时
这些天体继续围绕着地球轨
道运行。
月球开始形成
多小天体聚集在
起，形成了一个
球原型，围绕着
球轨道运行。
6. 我们的伙伴形成了
最后，所有的碎片聚集在
一起，形成了我们现在能
看见的月球的基础。

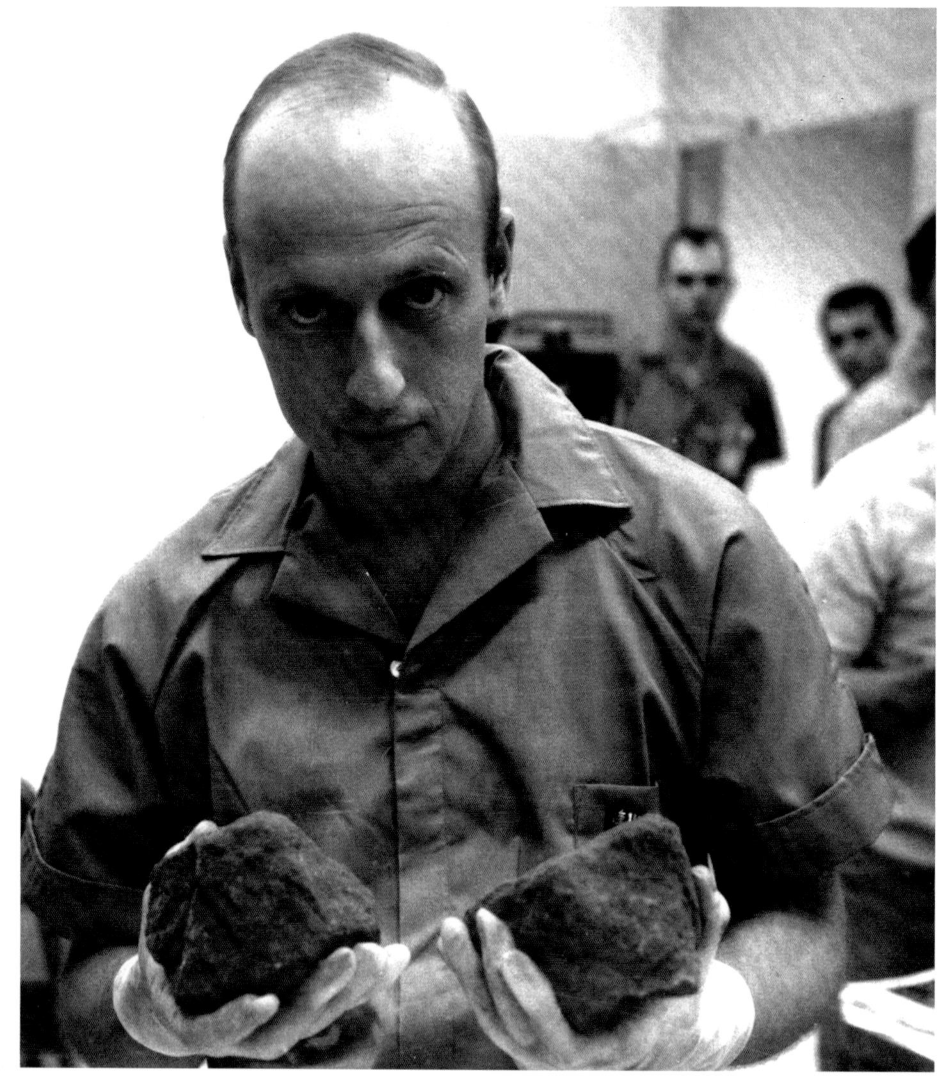

阿波罗 12 号指挥官、美国国家航空航天局宇航员查尔斯·康拉德（Charles Conrad）在回到地球上时拿着两块月球岩石

天文学家给提议中这个火星大小的碰撞物取了个名字，叫忒伊亚（Theia），也就是在希腊神话中生育了月光女神塞勒涅（Selene）的一个泰坦神。人们通过电脑建模，试图弄清为了形成现在的月亮，此次大碰撞应该有的样子。以前找到的最佳模型似乎是忒伊亚以大约45度的角度向地球袭来，以相对来说较慢的速度侧击了地球。这次撞击的残骸主要由忒伊亚的残余物形成，这些残骸再合并形成了月球。但是，科学家们近期分析了从阿波罗计划中带回地球的月球岩石，结果似乎又让之前建立的模型功亏一篑。

这一切都和同位素有关。不同化学元素的区别在于它们的原子核中出现的质子数量，比如氧永远有8个质子。多加一个质子会让你得到一个完全不同的元素（在上一个例子中，氧会变成氟）。但是同一个元素也有可能有好几个版本，每一个都有同样数量的质子，但是中子的数量将会不同。科学家们把这些拥有不同特点的相

罗伯特·吉尔鲁思(Robert Gilruth)博士(右)穿着特殊的防菌服，检查着从阿波罗 17 号计划中带回来的月球样本

同元素称为“同位素”。例如，氧有3个稳定的同位素，分别有8、9、10个中子。

在行星地质学中，一个天体上出现的每一个同位素的相对数量是一个关键的测量数据，就像一个指纹一样。“太阳系中的每一个星体都有一个独一无二的氧同位素签名。”圣路易斯华盛顿大学地球化学系的副教授王昆（Kun Wang）博士说道。而这就是问题所在。针对阿波罗样本的分析表明，月球岩石的氧同位素签名与地球的一模一样。如果在忒伊亚侧击地球时，忒伊亚击碎的部分成为形成月球的主要成分，那么月球应该有自己独特的氧同位素签名。相反，月球的氧同

王博士发现，
月球岩石中的某一种钾同位素较为充足，
比地球上的含量要多0.4%。

位素签名却与地球的相匹配。

早在2001年，科学家们就发现了这个结果，但是很多研究人员认为这个明显的相似情况只是受实验准确度影响的一个人为现象。很多人觉得，等到有一天进行更精确的分析时，我们会看到地球与月球的氧同位素签名还是会有细微的差别。但是最新研究发现，就算使用了更加准确的测量方式，两颗星球的氧同位素签名仍然是完全相同的。因此，月球并不是完全从忒伊亚而来。

现在，王博士相信其实有过一次更加剧烈的碰撞，这次碰撞熔化了地球和忒伊亚两颗星球的外层。熔化的物质混合在一起，变成了一团由这些物质组成的蒸汽

在迎头撞击之前，火星大小的忒伊亚接近了仍在熔化的地球

有关忒伊亚的数字

6000千米
忒伊亚碰撞物的宽度，差不多和火星一样大

1974
在这一年的一个学术会议上，有人第一次提出了大碰撞假说

45度
尽管新的研究提出忒伊亚与地球碰撞发生了一次迎头撞击，但是以前人们认为忒伊亚以45度侧击了地球

60~80度
在忒伊亚与地球碰撞之后，地球轴线的倾斜角度

2000
在这一年，英国地球化学家亚历克斯·哈利迪（Alex Halliday）提出了忒伊亚这个名字

43.1亿
人们认为，忒伊亚与地球碰撞形成月球是在这么多年以前发生的

云，从我们的地球延伸到了长达500个地球半径以外的地方。这团云最后凝结成了月球，这就解释了为什么现在月球和地球拥有同样的氧同位素。“一旦它们混合在一起，这两颗天体曾经的氧同位素数量就变得无关紧要了。”王博士说道。但是，想要大众接受历史上曾发生过一次更具灾难性的碰撞，仅凭一个支持的证据是不够的。这也正是王博士准备去寻找的东西。

他分析了多次阿波罗任务中带回的7个不同的月球岩石样本，也分析了地球岩石的样本，用一种比之前要精确10倍的技术，测量了钾同位素的不同含量。后来，王博士同他的同事——来自哈佛大学的斯坦·雅各布森（Stein Jacobsen），一起发表了他的测量结果。他发现月球岩石中的某一种钾同位素较为充足，比地球上的含量要多0.4%。“钾比氧要不稳定得多，意味着它更有可能在碰撞之后蒸发并四处移动。”英国剑桥大学的地球科学家海伦·威廉斯（Helen Williams）说道。因此，钾更有可能离开地球，最终留在很远的地方，混合成了月球的一部分。但是，想要让钾蒸发，碰撞一定会蒸发忒伊亚和大部分的地球表面。对于王博士来说，这个推论在各方面都标志着忒伊亚和地球曾迎面对撞，而不是侧击。

但是就算他是对的，也还有一些未完成的月球谜团需要解释，其中最需要解释的就是月球围绕地球运行的轨道为什么有一个不寻常的倾斜角度。月球应该形成了一个与地球赤道运转方向一致的轨道。然后，当月球慢慢远离我们的星球时，太阳的引力会迫使它与其他行星的轨道对齐，也就是停在“黄道”平面上。但是，现今

如果在忒伊亚侧击地球时，
忒伊亚击碎的部分成为形成月球的主要成分，
那么月球应该有自己独特的氧同位素签名。
相反，月球的氧同位素签名却与地球的相匹配。

的月球轨道与黄道形成了一个5度角。“这个夹角听上去好像没什么，但是太阳系中其他的大卫星与其行星的夹角都不到1度，所以月球真的很与众不同。”马里兰大学的天文学教授道格拉斯·汉密尔顿（Douglas Hamilton）说道。

汉密尔顿引导的一支科研队伍最近尝试解释这个奇特的现象。他们对大碰撞进行了很多次电脑模拟，每一次都使用具有细微差别的参数。与月球现在的轨道最匹配的一次模拟显示了忒伊亚的碰撞对我们星球的影响比之前模型显示的要更具灾难性。

我们仍然不确定月球最后是如何停留在围绕地球运行的轨道中的

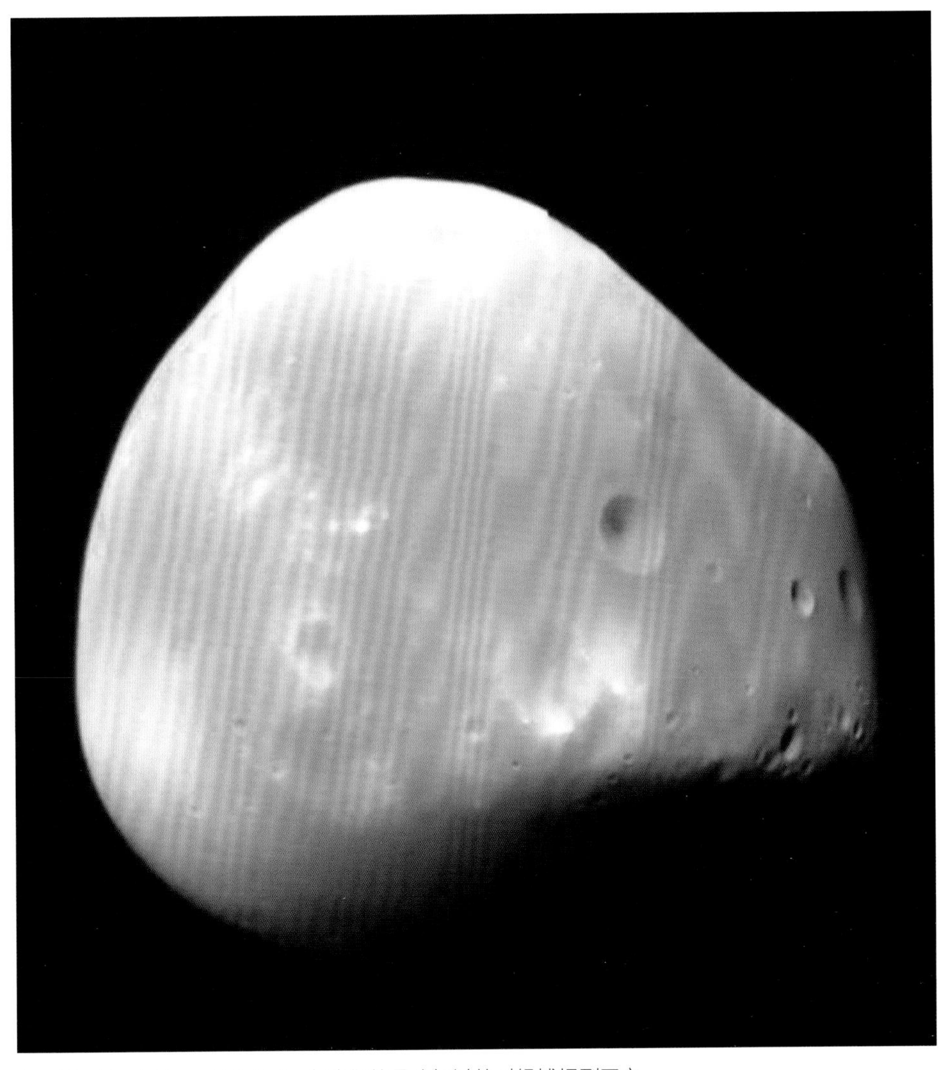

与火卫一不同的是，地球并不是在我们的月球经过的时候捕捉到了它

来自忒伊亚的全能冲击力可能令地球旋转得更快。其实，地球的旋转速度会比以前模型显示的速度要快两倍多。另外，忒伊亚可能几乎将地球撞翻至侧面，使地球的轴线与黄道的夹角在60到80度之间（今天的地球与黄道的夹角为23.4度）。这个大幅度的倾斜影响了正在从地球撤退的月球，使它的轨道与黄道的夹角为30度左右。“然后，在之后的45亿年里，月球最终与黄道的夹角变成了5度。”汉密尔顿说道。同时，地球的轴线开始伸直，返回到现在的位置。这进一步说明了我们对月球是如何形成的想法仍然在不断变化。我们到底是如何获得了一颗在倾斜轨道上运行的如此之大的卫星的呢？答案仍然是一个谜，困扰着世界各地的天文学家团队。但是，看起来我们离真相越来越近了。

发现月球的历史是天文学上关键的一步，可以帮助我们明白在更广阔的宇宙中，类似的事件有多大可能性会发生。相应地，这可能帮助我们回答一个更深远的问题：我们是不是宇宙中唯一的智慧生命。这是因为很多科学家猜想如果过去月球

宇航员蒂姆·皮克（Tim Peake）在国际空间站上看见的月落

距离地球比现在要近，而且还在不停地翻腾着地球上的海洋，那么月球有可能在地球的早期生命发展上起到了关键作用。月球的引力也使地球的轴线更加稳定，让我们有稳定而又可靠的四季。最近关于这些新研究的骚动让我们近一步认识到我们的月球是怎么来的了，也许有一天它也会帮助我们理解我们在宇宙中的位置。

**忒伊亚可能几乎将
地球撞翻至侧面，
使地球的轴线与黄道的夹角
在60到80度之间。**

月球的构成

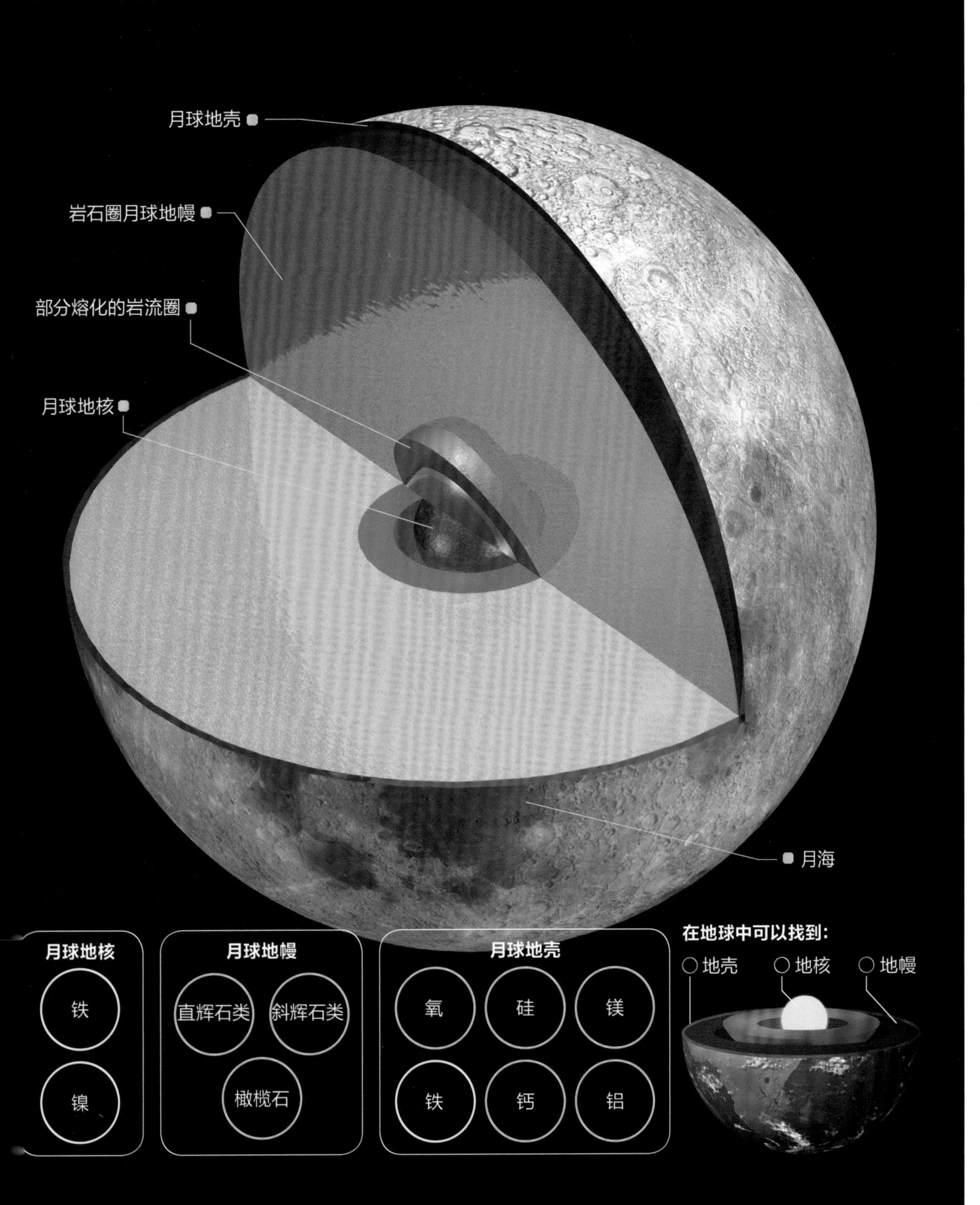

月球地壳
岩石圈月球地幔
部分熔化的岩流圈
月球地核
月海
月球地核
铁
镍
月球地幔
直辉石类
斜辉石类
橄榄石
月球地壳
氧
硅
镁
铁
钙
铝
在地球中可以找到:
地壳
地核
地幔

探索者导览

土卫六

带上你的防水装备，
我们正要带你去看看太阳系中的第二大卫星，
也是太阳系中除地球以外唯一一颗
含有水的星球。

沃尔维斯湾

帕克西撞击坑

海特佩特区

如何到达那里

1. 离开地球大气层

想要开始漫长的旅途，前往土星和土卫六，你必须先突破我们的大气层。为了做到这点，你需要一个具有强大推进力的火箭，比如力大如其名的泰坦4号火箭，它将卡西尼－惠更斯号送入了太空。

2. 远征开始

现在你脱离了地球引力的束缚，踏上了去往土卫星的旅途。如果飞船需要执行一些近天体探测任务，航行的时间会有所不同，从1.5年到6年不等。

3. 受到引力辅助

根据飞船的大小，有些飞船可能需要一点辅助力量。这些辅助力量来源于飞船在旅途中经过的行星产生的引力。地球和金星都可以通过弹弓效应给飞船增加额外的速度。

4. 木星和土星

想要到达土卫六，你必须经过太阳系中最引人注目的一些景象。除了飞经雄伟的木星，你也会近距离经过土星。

5. 到达土卫六

在利用土星进行又一次的引力助推之后，将会进入围绕土卫六运行的轨道中。我们终于可以开始土卫六的探险之旅了。

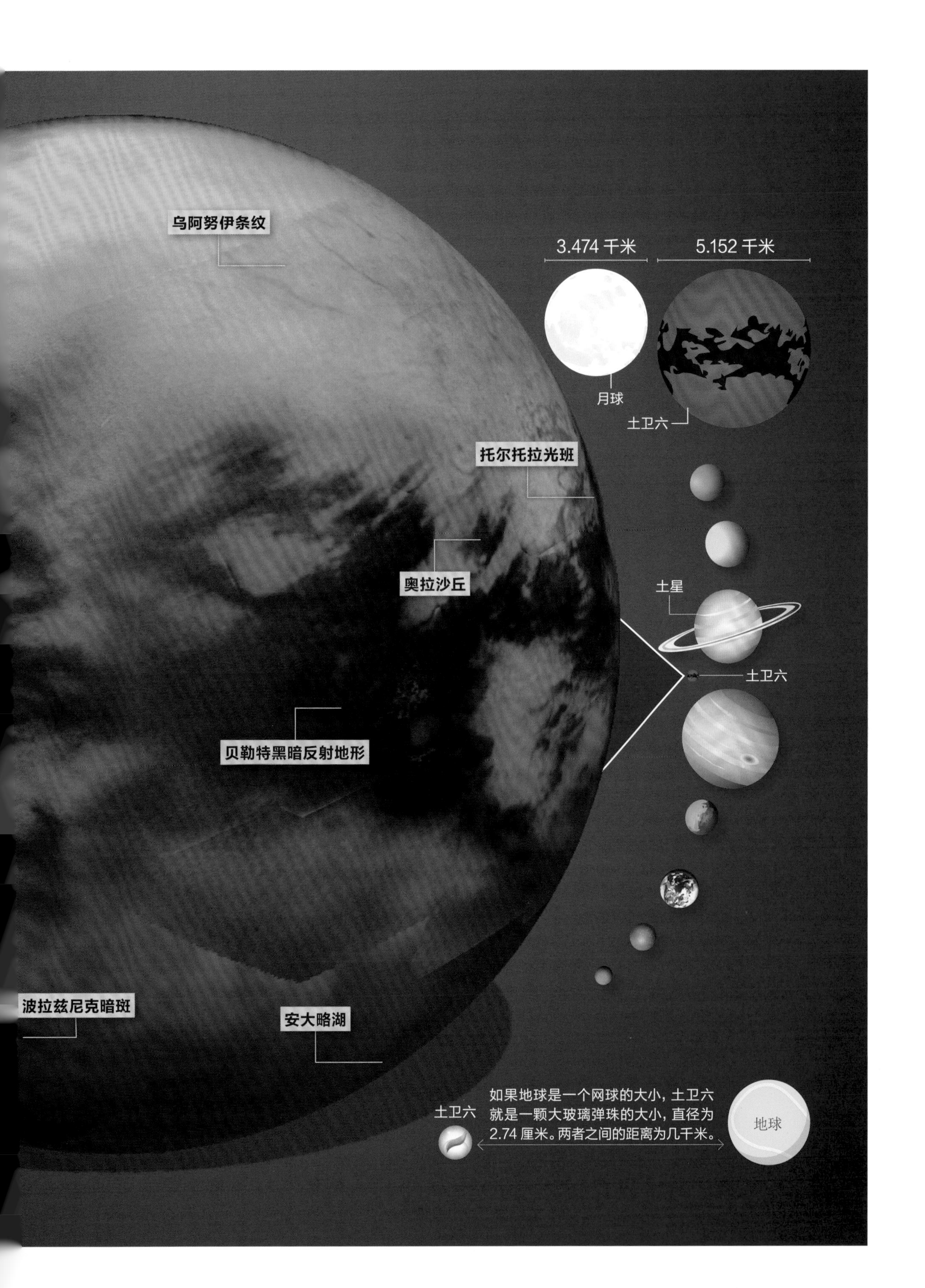
乌阿努伊条纹
3.474 千米
5.152 千米
月球
土卫六
托尔托拉光斑
奥拉沙丘
土星
土卫六
贝勒特黑暗反射地形
波拉兹尼克暗斑
安大略湖
土卫六
如果地球是一个网球的大小，土卫六
就是一颗大玻璃弹珠的大小，直径为
2.74 厘米。两者之间的距离为几千米。
地球

我们不常看到一颗卫星比它围绕的行星还要引人注目，不过话说回来，土卫六（又称泰坦星，Titan）也不是一颗普通的卫星。土卫六锁定在土星环椭圆形的怀抱中。几个世纪以来，它一直是天文学中最大的谜团之一。直到太空时代，人们才开始揭开它长久以来蒙上的层层面纱。通过先锋 11 号、旅行者 1 号和卡西尼－惠更斯号收集来的数据，我们开始慢慢解开这些谜团。土卫六向我们展示了在我们自己的大气层之外，存在着一些如此美妙的地形特征。

这颗卫星以其大面积的湖泊著称，这些湖泊由冰冻的水和冰组成。如果你知道土卫六表面的温度长期低至 179 摄氏度，你就不会为它拥有的冰冻湖泊而感到惊讶了。土卫六还有一个浓厚的、富有甲烷的大气层，却完全没有磁场，这两点也是土卫六值得骄傲的地方。它是我们太阳系中迷人的一个角落。自从 17 世纪发现了土卫六以来，它一直俘获着我们的想象力。

克里斯蒂安·惠更斯（Christiann Huygens）是一名荷兰的天文学家。伽利略在 1610 年发现了木星的 4 颗最大的卫星，而这一发现给惠更斯带来了灵感，他成为了第一个发现土卫六的人。他的兄弟小康斯坦丁·惠更斯（Constantijn Huygens Jr）是一名诗人，也是一位社会名流，还是一名工程师。兄弟俩创造了自己的望远镜，并用这台望远镜来寻找夜空中的某一个神秘天体。当惠更斯在 1655 年发现土卫六时，他们的努力得到了回报。然而，土卫六最初的名字就叫作

美国国家航空航天局的卡西尼号飞船拍摄的土卫六和土星的彩色画面

土星卫星（拉丁语为“Saturni Luna”，英译为“Saturn moon”）或者土卫六（Saturn VI）。直到 1847 年，土卫六才获得了这个来自希腊神话的名字——泰坦。

泰坦神是希腊众神的祖先，作为一个体积如此庞大的星球，泰坦星（土卫六）不负其名。作为太阳系中第二大的卫星（打败土卫六的是木卫星加尼美得），土卫六的直径比我们的月球要大 50%。它的重量更令人震惊，比月球要重 80%。实际上，它大得如此惊人，甚至可以掩食我们目前知道的最小的行星——水星。它的确称得上是一个真正的巨人[1]。

土卫六上不容错过的景致

尽管在过去的 40 年里，不少人造探测仪的侦查已经让人类熟知土卫六，但是 2004 年卡西尼－惠更斯号的登陆才让人类真正开始看到这颗土星卫星的真面目。在最近 12 年里，卡西尼轨道飞行器和惠更斯着陆器（现在它们正在这颗卫星的平原和平地上漫游）记录了土卫六数不胜数的地形特征，描绘了一颗拥有传奇历史的卫星。

土卫六的表面大多由冰和固体材料构成，就其年轻的地质年龄而言（它的年龄大约在 1 亿到 10 亿岁之间），地势相对平坦。但是，它的表面充满了不容小觑的特征。其中，最大的特点就是它的反射区，大面积的亮物质和暗物质交相辉映，使得地形的明暗对比十分鲜明。较暗区域并不是处于阴影之下，而是由一种暗物质构成，人们认为这种暗物质就是早期海洋的残余物质。“上都”（Xanadu）是面积最大的亮区之一，它平坦、多冰的表面反射出了一整片明亮区域，相当于一个澳大利亚的大小。

土卫六也拥有许许多多的大型碳氢化合物海洋以及甲烷湖泊，其中最大的海洋或湖泊都在这颗卫星的两极区域。位于土卫六南极的安大略湖是人类在此发现的第一个甲烷湖泊。它由甲烷、乙烷和丙烷的混合物构成。无论是位于土卫六北极上最大液态海洋（被称为“maria”，意指海洋）的丽姬亚海，还是小型湖泊（被称为“lacūs”），它们的成分都大同小异。这些湖泊和海洋之所以能保存至今，主要归功于土卫六的寒冷气候以及空中厚重的甲烷大气层。

作为一颗被土星引力紧紧抓在其环内的卫星，你应该不难猜到土卫六表面布满了大小、形态各异的撞击坑。虽然以地质学的标准来看，大多数撞击坑的历史并不悠久，但其中的很多撞击坑都让人不禁屏息凝视。门尔瓦是土卫六上最大的撞击坑，它巨大的双环冲击盆地有 440 千米宽。也有一些撞击坑看上去和凸起的山脊差不多，比如宽 90 千米的瓜泊尼多撞击坑。科学家们发现，风吹来的岩屑不断填充这类撞击坑，使它们快要消失在土卫六表面了。

1 在英文中“巨人”同“泰坦”同为“titan”一词。——译者注

土卫六有多大？

作为太阳系中的第二大卫星，土卫六的半径有 2576 千米，令人惊叹。它大约是我们月球大小的 1.5 倍。

土卫六离我们有多远？

作为围绕土星轨道运行的一颗自然形成的卫星，土卫六离地球的平均距离大约为 14 亿千米，是地球与太阳之间距离的 10 倍。

天气预报

零下179摄氏度

尽管地球和土卫六离太阳的距离不同（而且，它们的大气层温度也大相径庭），科学家们相信土卫六的天气系统其实与我们的地球极其相似。不过，土卫六上下的大多是甲烷雨，而且可能是冰火山的存在促成了土卫六上的下雨天。

在轨道上的土卫六

土卫六就像我们的月球以及太阳系中其他很多围绕着较大行星运行的自然卫星一样，旋转周期和轨道周期完全一致。土卫六每15天22小时围绕土星运行一周。有趣的是，在同步旋转的影响下，土星也用潮汐锁定了土卫六。因此，土卫六永远是以同一面面对着拥有行星环的土星，就像月球永远以同一面面对我们一样。

1 土卫六天 =15.9 地球天
1 土卫六年 =15.9 地球天

与我们的月球和其他巨型行星的卫星一样，土卫六的一天就是它的一年。

有关土卫六的数字

117 迄今为止，人们已经在土卫六大气层中发现的分子数量

1 土卫六只有一个地下海洋，它几乎覆盖了土卫六的每寸土地

125 人类目前为止组织过的飞越土卫六的次数

-179°C 土卫六上的平均表面温度

1.55x 相较地球，土卫六表面出现的压力大小

5152千米 这颗土卫星的直径

43% 雷达已经制成了土卫六地图的百分比

门尔瓦撞击坑

作为土卫六表面撞击坑中最大的一个坑，门尔瓦是一个直径为 440 千米的双环冲击盆地。经估计，它有 2.8 千米深。

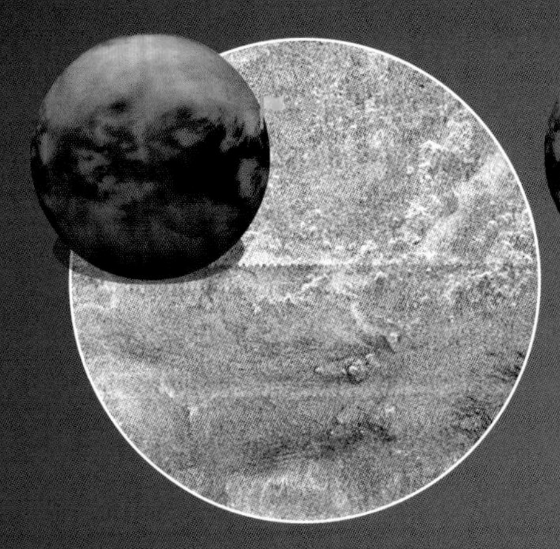

阿迪立亮区

阿迪立是土卫六上最大且最亮的反射区（亮区）之一。它的名称来自于波利尼西亚神话中的伊甸园。

埃利伐加尔河网

埃利伐加尔河网是一个巨大的河槽网络。它位于门尔瓦撞击坑区域附近，并在土卫六表面留下了印痕。

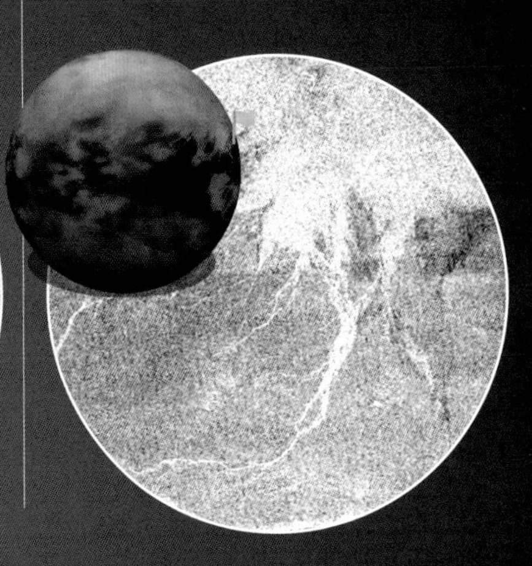

香格里拉暗区

香格里拉是土卫六表面最大的黑暗反射区（暗区）之一。人们认为它所处的位置其实是一片干涸已久的大海。

围绕天王星的
新卫星

这个冰雪巨人是很多卫星的家，
它们组成了一个复杂的团体。
而且，我们好像在它周围又发现了更多的卫星。

贾尔斯·斯帕罗 著

在太阳系冰冷的深处有两颗神秘的蓝绿色巨星，它们就是外行星天王星和海王星。这两颗行星的直径都是地球的 4 倍左右。直到望远镜的时代来临，我们才发现这两颗昏暗的星球。而且，只有一个太空探测器拜访过这两颗星球，那就是勇敢的旅行者 2 号，它在 1986 年飞越了天王星，然后在 1989 年飞越了海王星。旅行者 2 号拍摄的天王星图片展示了一颗青绿色星球，看上去惊人地宁静，完全没有巨大的内行星上常见的那些引人注目的云层特征。

虽然天王星（目前看来）平淡得有点令人失望，但它的卫星系统可完全不是这样的。在旅行者 2 号飞越天王星之前，我们就已经知道 5 颗相对较大的天王星卫星了，按照它们与天王星的距离排列，分别是天卫五（Miranda，米兰达）、天卫一（Ariel，艾瑞尔）、天卫二（Umbriel，恩布里尔）、天卫三（Titania，泰坦尼亚）和天卫四（Oberon，奥伯伦）。但是，太空探测仪靠近天王星时拍到的照片显示，还有很多较小的卫星在天卫五的轨道内侧运行。现在我们知道这个紧凑的子系统里至少包含了 15 颗不同的卫星，是太阳系中最拥挤的地区。因此，虽然我们对这些卫星的物理属性所知甚少，但也难怪有些天文学家会觉得这些卫星引人入胜，难以抗拒。

尽管旅行者 2 号取得了惊人的成就，但是探测器处于天王星系统里的时间还是十分短暂，所以探测结果无疑还是十分有限。旅行者 2 号的航线设计是为了观察已知的卫星，所以它的照相机只是恰好拍到了一个新发现的内卫星，而其他的卫星在照片中只是针尖般大小的一粒粒光点。这颗新发现的卫星是直径 162 千米的天卫十五（Puck，普克）。在某种程度上，它实际上是（目前已知的）最大的一颗内卫星。从旅行者 2 号飞越时拍到的照片来看，天卫十五也是最初发现的那些卫星中最靠外的一个。另外，当科学家们反复考量探测器拍来的照片时，他们发现这些内卫星与之前已知的“经典”卫星相比，有一些极不寻常的属性。

美国国家航空航天局艾姆斯研究中心（Ames Research Center）的杰克·利绍尔（Jack Lissauer）博士自 20 世纪 90 年代起就一直在研究天王星系统，他向我们解释道：“天王星的行星环很暗，不会反光，然而那些经典的卫星都有更明亮的表面。这些较小的内卫星都比经典卫星要暗，但是比天王星的行星环要亮得多。这意味着它们确实很暗，但又不像木炭那么暗。”

我们之后会再来谈谈这个亮度的区别。然而，利绍尔博士对天王星系统第一次研究的一部分让我们注意到另一个问题。“在 20 世纪 90 年代，当我们只知道这些小内卫星的其中 10 个时，我与我的同事马丁·邓肯（Martin Duncan）进

旅行者2号靠近天王星时拍到的照片显示，还有很多较小的行星在天卫五的轨道内侧运行。

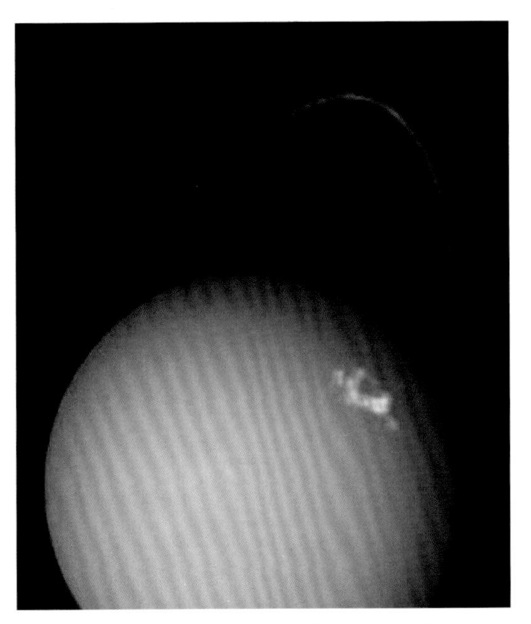

与引人注目的土星不同，天王星的行星环既昏暗，又不会反光。这为行星周围大量的微小内侧卫星提供了完美的庇护所

旅行者 2 号拍摄的这张照片展示了在滤镜下的天王星行星环。这张照片显示了它们的不同化学成分。α 环和 β 环形成了浅绿色的一对环

行了一个研究。我们研究的结果显示，这些卫星的轨道离得非常近，导致它们的引力场会相互干扰。在几百万年之后，它们会开始交叉。”这个问题看上去好像只关乎这个星系的未来，但是如果深入思考一下，你就会发现这个发现也对星系的过去提出了疑问。

人们认为，天王星就像其他行星一样，差不多有 45 亿岁。而且，天王星的内卫星和经典卫星都应该在行星形成后不久就形成了。因此，如果内卫星一直以来就在这些轨道上运行，它们很早以前就应该已经遭遇过灾难性的近距离接触了（不是完全毁灭了卫星，就是彻底将卫星从它们的轨道上驱赶了出去）。这个事实迫使研究人员接受一个无法逃避的结论：“要么是我们对质量的估算有误，卫星其实没有这么密集，因此，它们的引力对其邻近卫星的影响要小得多；要么是这个系统十分年轻，可能只有几百万岁。”

在 2003 年，问题变得更糟糕了。利绍尔博士与地外文明搜寻协会（SETI Institute）的马克 · 肖沃尔特（Mark Showalter）在天王星周围的拥挤空间中又发现了几颗卫星。“2003 年，马克和我观察了哈勃望远镜拍的深空影像，试图辨别天王星的行星环背后的故事。”利绍尔博士回忆道，“马克对那些哈勃的照片使用了一些很棒的图片处理技术，发现了两颗新卫星和两个新环。这些环是很薄的尘环，两个环的颜色也不同。一旦知道这些环的存在，我们就可以在地面上用凯克望远镜（Keck telescope）轻易地发现其中的一个环，而另一个环却很难看到，很有可能是因为它们粒子的大小不同。”

新发现的两颗卫星分别是天卫二十七（Cupid，丘比特）和天卫二十六（Mab，马布），它们使这个星系变得更加复杂了。几年前，来自亚利桑那大学的埃里克·卡尔科施卡（Erich Karkoschka）在旅行者2号飞越天王星的图片中发现了另一颗可能存在的卫星，这颗卫星叫作天卫二十五（Perdita，珀迪塔），而哈勃望远镜拍摄的这些图片也证明了它的存在。对了，天王星所有卫星的名字都来自莎士比亚戏剧中的人物或是18世纪讽刺作家亚历山大·蒲柏（Alexander Pope）的《夺发记》一诗。

现在，天王星星系变得比以前更加拥挤，而这正是应该深入观察这些卫星引力相互作用的时候。肖沃尔特在地外文明搜寻协会的同事罗伯特·弗伦奇（Robert French）接下了这个任务。“这个研究其实是从我研究生做的一个课题演变而来的，那时候我正在攻读天文学硕士学位。”弗伦奇回忆道，“要想用电脑模拟这样一个包含了大量不同种类的低质量卫星系统，需要漫长的时间。但是，你可以通过一种

德国出生的业余天文学家威廉·赫歇尔（William Herschel）因在1781年发现天王星而成名。在1787年，他又发现了天卫三和天卫四

旅行者 2 号是如何找到天王星隐藏的小卫星的

通过重新分析旅行者 2 号的无线电科学子系统（Radio Science Subsystem，简称 RSS）产生的数据，科学家们发现了新的小卫星。

旅行者2号的飞行路线

飞船以每秒 16 千米的速度从天王星后面飞越了这颗行星，在每一个天王星环后面经过了两次。

狭窄的环

天王星的大多数环都非常薄。α 环和 β 环只有几千米厚，尽管它们的半径有 45000 千米左右。

信号穿越行星环

当无线电科学子系统的无线电波穿过这些行星环时，环中物质的大小和密度都会影响无线电波的力量。

旅行者号天线

旅行者 2 号携带了 S 波段（2295 兆赫）和 X 波段（8415 兆赫）无线电发射器。飞船使用了 3.7 米的高增益天线来将发射器的信号发射至地球。

扰乱波

小卫星的轨道就位于 α 环和 β 环外面一点点，它产生的引力会干扰环的粒子流，使粒子流不再是一个完美的圆形路线，而是变成了波浪形。

在地球上侦测

美国国家航空航天局的深空网络（Deep Space Network）会接收这些无线电信号，侦测到的密度变化会以波谷和波峰的形式出现。

恩布里尔（天卫二）
直径：1172 千米
距天王星的距离：266000 千米

天王星的卫星

天王星的众多卫星形成了有明显区别的三组：拥挤的内侧系统、5 颗经典卫星和 9 颗外侧的“不规则”卫星。这些不规则卫星是由被捕捉的小行星和彗星组成的，它们在遥远而异常的轨道上围绕着行星运行。

—— 环
······ 卫星轨道

天卫一（艾瑞尔）
直径：1158 千米
距天王星的距离：199900 千米

天卫五（米兰达）
直径：472 千米
距天王星的距离：129900 千米

天卫二十六（马布）
直径：近 25 千米
距天王星的距离：97740 千米

天卫十五（普克）
直径：近 154 千米
距天王星的距离：86000 千米

天卫二十五（珀迪塔）
直径：近 30 千米
距天王星的距离：76420 千米

天卫十四（贝琳达）
直径：近 66 千米
距天王星的距离：75300 千米

天卫十二（波西娅）
直径：近 108 千米
距天王星的距离：66100 千米

天卫二十七（丘比特）
直径：近 18 千米
距天王星的距离：74390 千

天卫十一（朱丽叶）
直径：近 62 千米
距天王星的距离：61800 千米

天卫十三（罗斯兰）
直径：近 84 千米
距天王星的距离：6440

天卫十（苔丝德蒙娜）
直径：近 54 千米
距天王星的距离：62700 千米

未命名2016小卫星
直径：4~14 千米
距天王星的距离：44820 千米（在 α 环外 100 千米）

未命名2016小卫星
直径：4~14 千米
距天王星的距离：45760 千米（在 β 环外 100 千米）

天卫九（克雷茜达）
直径：近 54 千米
距天王星的距离：69600 千米

天卫八（比安卡）
直径：近 42 千米
距天王星的距离：59200 千米

天卫七（奥菲利亚）
直径：近 30 千米
距天王星的距离：53800 千米

天卫六（科迪莉亚）
直径：近 26 千米
距天王星的距离：49800 千米

这些新卫星是什么样的？

到目前为止，天文学家只能将这些小卫星与在土星环中间的轨道上运行的类似星体作比较，猜测这些小卫星的样子。

- 由松散的冰块构成
- 低质量、低密度
- 内部有大块空心
- 黑暗的表面
- 直径可能在4~14千米之间

外侧卫星

（图中未显示）

天卫三
直径：1580千米
距天王星的距离：436300千米

天卫四
直径：1524千米
距天王星的距离：583400千米

天卫二十二
直径：近22千米
距天王星的距离：418万千米

天卫十六
直径：近72千米
距天王星的距离：723万千米

天卫二十
直径：近32千米
距天王星的距离：800万千米

天卫二十一
直径：近18千米
距天王星的距离：810万千米

天卫十七
直径：近165千米
距天王星的距离：1218万千米

天卫二十三
直径：近20千米
距天王星的距离：1435万千米

天卫二十八
直径：近50千米
距天王星的距离：1626万千米

天卫十九
直径：近48千米
距天王星的距离：1742万千米

天卫二十四
直径：近20千米
距天王星的距离：2090万千米

数学方法来钻空子，即同时增加所有卫星的质量，这样就会放大所有可能发生的相互作用。”

“利绍尔博士以及马丁·邓肯的研究结果显示，如果你用了这种方法，再看一下两颗卫星的轨道需要多长时间才会互相交叉，那你就可以反过来估算，依照实际质量，它们的轨道需要多长时间才会真正交叉。但是，在1997年他们写那篇论文时，我们只发现了其中10个内卫星。”

“我写论文时，又加入了另外3颗卫星。而且，我们也对它们的轨道有了更精确的了解。计算显示，我们的基本结论仍然不变。而且，那颗新卫星丘比特尤其捣蛋，毫无秩序。这颗卫星最有可能先和别的卫星的轨道交叉。到时候，别的卫星会毁灭它，或是将它从轨道中驱逐出去。相比其他卫星，这件事应该会先发生在它身上。

“我们花了大部分时间观察丘比特和天卫十四（Belinda，贝琳达）交叉的可能性。贝琳达比丘比特大得多，而且就在丘比特旁边，我们发现它们的轨道将于1000到1000万年之后交叉。只有当它们的质量在我们估算范围的最大值时，它们的轨道才有可能在较短的时间内交叉。因此，实际上来说，应该要至少10万年以后才会发生交叉。我们也观察了天卫九（Cressida，克雷茜达）和天卫十（Desdemona，苔丝德蒙娜），发现它们将会在100万到1000万年以后交叉。”

如果这些卫星的碰撞发生得如此频繁（以天文尺度来说），那么弗伦奇会如何解释现存的这些卫星呢？“从根本上来说，我们觉得这可能是一个循环系统。在相对较短的周期内，一对卫星的轨道会交叉，发生碰撞，制造出一团团的残骸。这些残骸散发出去，形成临时的环。”弗伦奇说道，“它们离天王星的距离足够远（超过这颗行星所谓的洛希极限，也就是引力大小会阻止行星形成的地方），所以它们不会以环的形式存在很长时间。相反，这些环中物质会渐渐聚集或者合并共生，形成新的卫星。经过几百万年之后，它们会再次发生碰撞，这个循环也会周而复始。”

有一些十分吸引人的证据能够支持这个想法：“现在，在洛希极限之外，存在两个环，也就是利绍尔博士和肖尔沃特在2003年发现的环，人们把这两个环命名为缪环和纽环（mu and nu rings）。缪环围绕着小卫星马布的轨道，就像围绕着土卫星恩赛勒达斯（Enceladus）轨道的E环一样。这个环可能是因为微小陨石的撞击，由卫星表面抛射出去的物质形成的。然而，纽环在天卫十二和天卫十之间，

> 一对卫星的轨道会交叉，发生碰撞，制造出一团团的残骸。这些残骸散发出去，形成临时的环。
>
> 罗伯特·弗伦奇，地外文明搜寻协会

但它又不应该出现在那里。

“我们认为它可能是早期碰撞产生的残余物。我们正好在它还没有重新合并的时候捕捉到了它。当然，我们发现了在其混乱的轨道上运行的丘比特。它们其实是一颗不应该在那里的卫星和一个不应该在那里的环，所以我们觉得这就是很好的证据，证明我们正好在某一个时间点上捕捉到了这个处于共生和毁灭循环中的系统。”

这个复杂的生命循环可能可以帮助我们解释，为什么可以在不同的天王星卫星上看到这么有趣的亮度变化，因为一个天体的明暗程度常常和它的年龄有关。天文学家通常假设太阳系外侧的卫星是由岩石和水冰混合而成的。负载着复杂碳基化学物质的微小陨石和彗星的尘埃慢慢累积，让这些卫星的表面随着时间的推移越来越暗。如果天王星内侧的卫星每隔一段时间就会碎裂，然后重新合体，让它们内部的新鲜水冰重新暴露在表面，那就可以解释为什么它们看上去比环要亮，但是又比那些没有接触到这么多尘埃的外侧卫星要暗。

最近，又有人疑似发现了两颗新的“小卫星”，在位于狭窄星环之间的轨道上运行。这一发现可能让天王星系统变得更加扑朔迷离。爱达荷大学罗布·钱奇亚（Rob Chancia）和马修·赫德曼（Matthew Hedman）重新查看了旅行者 2

按比例展示天王星和它最大的 6 颗卫星。从左至右分别为天卫十五、天卫五、天卫一、天卫二、天卫三和天卫四

1977年8月20日，旅行者2号发射，用来研究太阳系中的外行星

美国国家航空航天局的杰克·利绍尔博士与别人共同发现了两颗天王星卫星和环，他也对天王星系统的进化进行了研究

在1986年旅行者2号飞越天王星时，天王星的南极正在经历夏天，但是北极处于永久的黑暗之中。它的卫星也经历着极端的季节

号无线电科学实验收集的数据。这个实验通过星环将电波信号发射回地球。微小的信号变化就能透露星环的一个狭窄切片之中的精细结构。

“星环是引力干扰的一个很敏感的指标。”弗伦奇评论道，“因为个体的粒子质量都很低，周围很小的质量就可以对这些粒子产生巨大影响，例如在一个星环内或星环附近的轨道运行的小卫星。在土星的星环里，在好几处地方我们看不到那些小卫星本身，却可以看到它们在星环物质上的作用。”

钱奇亚和赫德曼发现两个天王星星环中的碎片量会发生周期性变化，然后计算出了可以引起这种效果的天体需要的大小及位置。他们在旅行者 2 号拍摄的照片中寻找这些天体，但是并没有找到。然而，他们提出的小卫星非常小，且非常昏暗，直径在 4 到 14 千米之间。相片中的噪点会盖过这样的小卫星，观测这种卫星甚至需要超越哈勃望远镜的观测能力。最终，想要深入了解这些吸引人的卫星，我们需要专门去这个遥远的行星执行一次任务。现在甚至都还没有创造出这个任务，而且，我们可能要到 2040 年左右才能到达天王星。然而，美国国家航空航天局的利绍尔和地外文明搜寻协会的肖沃尔特都认为这个努力一定不会白费。

“我觉得执行一项去天王星的任务会十分吸引人。”利绍尔评论道，“我们已经经过一次天王星了，那还是用二十世纪六七十年代的科技完成的任务。从那以后，我们已经通过开普勒（美国国家航空航天局的一颗用来搜寻行星的人造卫星，利绍尔也参与了这项任务）发现了其他大小近似于天王星和海王星的行星。这些行星比木星大小的行星更常见，但是我们对它们的卫星的了解却比对木卫星的少得多。”利绍尔继续说道：“当我们将飞船送去一颗遥远的行星时，原本只是零星光芒的星

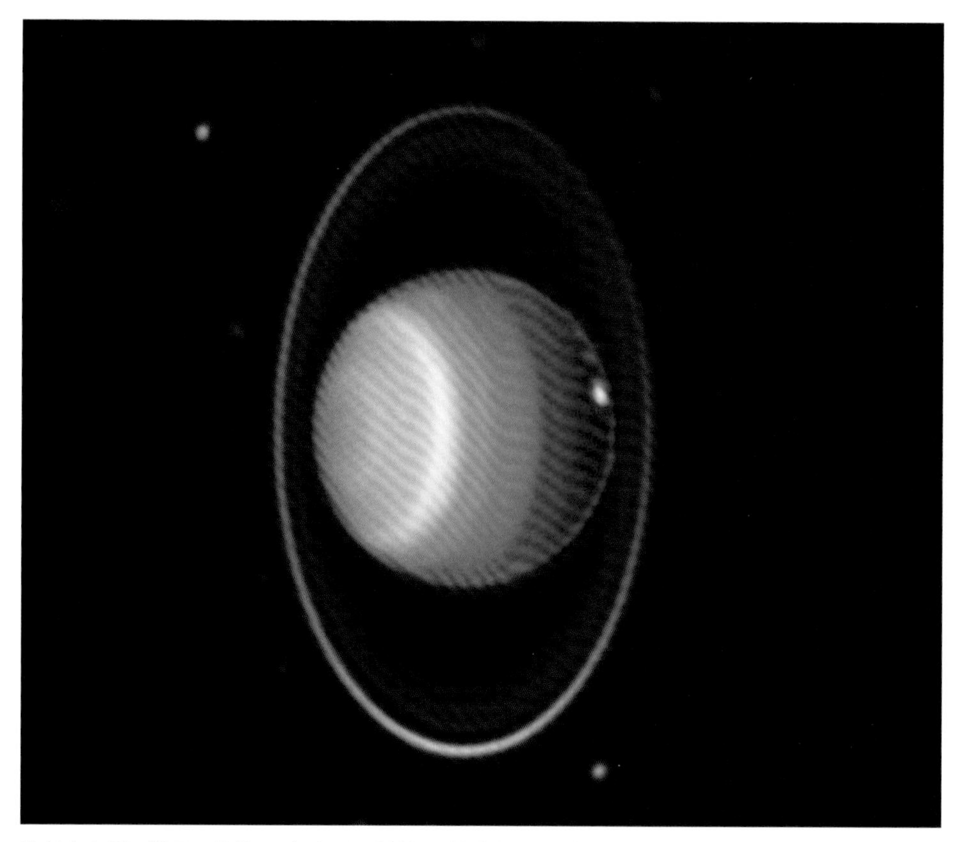

旅行者 2 号飞越天王星的 12 年之后，哈勃望远镜拍摄的这张图片捕捉到了天王星大气层中的暴风雨

当我们将飞船送去一颗遥远的行星时，原本只是零星光芒的星体变成了一个又一个新的世界。

杰克·利绍尔博士，美国国家航空航天局

体变成了一个又一个新的世界。通过土星的卫星和卡西尼号计划，我们见识到了这一点。执行一次去天王星的任务也会有类似的效果。”

“每一张来自隶属于美国国家航空航天局飞越冥王星计划的新视野号（New Horizons）的图片，都会逼我们改写教科书。”弗伦奇回想道，“我不能保证天王星的卫星会像冥王星一样有趣，但是我们拥有的信息太少了。大多数信息都是那些较大卫星的局部低分辨率照片。除了一些小的光点以外，我们没有任何较小卫星的照片。我不能预测我们会发现什么，但是从对太阳系的探索历史来看，每当你根据有限的数据提出一些理论，然后去执行任务、观察更多的数据时，你就会发现你以为你知道的一切都是错的。”

生命从彗星而来吗？

它们在我们的太阳系中冲进来又冲出去。从现有的证据来看，它们可能还随身携带了生命。

科林·斯图尔特 著

在行星之间的空隙里，像城镇那么大的雪球安静地在太阳系周围翻滚。曾几何时，大型星球还没有开始围绕太阳旋转。这些彗星便是那个年代留下的遗迹，它们在地球周围巡逻了46亿年。可以描绘我们的太阳系在那么多年以前是什么样的线索就藏在这些彗星的冰层里。同时，这些冰层里还藏着一些“破绽”，透露了我们的行星家族是如何形成的。然而，这些彗星带给我们的最大奖赏应该是让我们能够知道太阳系最突出的一个特点——生命，是从何而来的。这些冻脚士兵围绕着太阳行军的过程中，是否起到了一定的作用，将生物送到了第三方行星呢？

让我们把话说清楚。生命首先在彗星上存在，并作为一个有生命的整体被带到这里来的想法（这个想法叫作“有生源说”）仍然在主流科学的边缘地带徘徊。只有少数研究人员觉得这个想法有一定的可信度，而大多数人看到这个想法时，都会不客气地嘲笑一番。但是，一个没有这么极端的理论正在获得一些支持：彗星让我们早期的地球充满了一些必要元素，这些元素让未来的生命可以在地球温暖而又富于营养的环境中发展。在这件事上，彗星起到了不可或缺的作用。

也许，存在大量的水资源是地球能够蕴育生命的最重要因素。而且，我们离太阳的距离正好适度，不近也不远。正因如此，水才能以液体的形式大量存在。然而，在激烈的碰撞后刚刚诞生的早期地球一定会过热，任何水分子都难逃蒸发之灾。

“形成月球的那次碰撞可能也会去除掉所有的海洋和大气层。”瑞士伯尔尼大学的卡特林·阿尔特韦格（Kathrin Altwegg）说道。如今我们生活在一个湿润的行星上，这个事实暗示着肯定有更多的水在地球形成了一段时间之后才来到地球表面。而且，人们认为地球在5亿年的时间里发展出了海洋，但生命却是在近8亿年的时间里突然出现的。考虑到这两点，水一定是在地球形成之后不久就来到地球的，而且是大量涌入的。

因此，天文学家自然而然地将注意力转移到了已知宇宙中水含量很高的的星体：彗星。人们经常把彗星和“脏雪球”作比较，这些小星体在离太阳很远的地方形成，引力将尘埃颗粒和冰聚集成了一个个有几千米直径大的天体。在太阳系还年轻的时候，很多彗星坠向了行星和它们的卫星。

通过观察彗星，科学家们可以判断它们失去的同伴是不是地球上大部分水的来源。“但得经过1000万次彗星撞击才能提供足够的水分。”阿尔特韦格解释道。早在1986年，这个想法就遇到了另一个障碍。

水以两种主要形式出现。一种是我们在地球上习以为常的普通水，而另一种

如今我们生活在一个湿润的行星上，
这个事实暗示着肯定有更多的水在地球
形成了一段时间之后才来到地球表面。

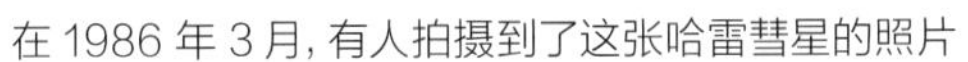
在 1986 年 3 月，有人拍摄到了这张哈雷彗星的照片

1705 年，英格兰天文学家埃德蒙·哈雷（Edmund Halley）精确计算出了哈雷彗星的轨道

是更罕见的“重水”。两者的差别在于，重水中的两个氢原子（水的化学式是 H_2O）各自拥有一个额外的粒子，这个粒子叫作中子。科学家们可以轻易地测量出地球海洋中的普通水与重水的比例。如果彗星的确将那些水带来了这里，那么生存至今的那些没有撞击到行星或者卫星的彗星应该也会显示一个类似的比例。

于是，在 1986 年，欧洲空间局发送了乔托号（Giotto）探测器，探测哈雷彗星。我们一辈子只能见到哈雷彗星拜访太阳系内侧一次。在哈雷彗星的这次旅途中，乔托号悄悄地接近了它。他们发现重水在这颗彗星上的含量是地球上的两倍。在 1999 年，我们对另一个著名的彗星，海尔·博普彗星（Comet Hale-Bopp），进行了望远镜分析，结果也表明彗星上重水的比例比地球上的明显要高。

然而，在 2011 年，天文学家用赫歇尔空间天文台（Herschel Space Observatory）近距离观察了哈特利 2 号彗星（Comet Hartley 2）。在那里，他们发现的重水含量和地球上的恰好匹配。但是，我们还没有等到最终的结论。

随后，欧洲空间局著名的罗塞塔号探测器（Rosetta probe）出现了。它带着菲莱着陆器（Philae lander），踏上了去往 67P/ 丘留莫夫 - 格拉西缅科彗星的 10 年长征。在 2014 年 11 月 12 日，全世界都在观看菲莱创造的新历史，它让人类第一次登陆了一颗彗星。与此同时，罗塞塔号从轨道上研究了这颗古老的，外形像一只小黄鸭的冰堆彗星。罗塞塔上用来分析离子和中子的轨道光谱仪（ROSINA instrument）发回的数据佐证了对哈雷彗星以及海尔·博普彗星的发现。“67P 上的重水比例是地球上的 3 倍。”罗塞塔轨道器光谱仪的首席科学家卡特林·阿尔特韦格说道。

因此，看上去彗星不可能是唯一负责将水运来我们的星球的物质。“彗星上重水的平均含量肯定比地球上的要高。”阿尔特韦格评论道。这个发现让彗星不可能成为地球水资源的主要来源。然而，还有两个主要的备选解释。第一个解释是地球上大部分的水是由小行星带来的。第二个解释则是随着时间的推移，地球本身从行星深处补充了表面的水分。“对我来说，这个解释比彗星或者小行星撞击的解释更有道理，因为你会需要很多次撞击（才能获得这么多水）。”阿尔特韦格解释道。

即使彗星可能没有给地球带来大部分赐予我们生命的水，罗塞塔号获得的其他结果也表明，这些冰山可能起到了另一个至关重要的作用。阿尔特韦格和她的团队仔细查看了彗星的彗发，也就是充满尘埃的物质云团。当太阳给 67P 彗星升温时，这个云团会紧紧裹住彗星。他们在云团缩在里面的部分里找到了甘氨酸，它是氨基酸最简单的分子版本。人们常常把氨基酸称为生命的基石，因为在地球上，它们能互相结合，形成蛋白质，也就是我们的细胞的原动力。美国国家航空航天局的星尘

号完成任务，将怀尔德 2 号彗星（Wild 2）上的尘埃带回了地球，在这些尘埃里我们也曾找到过甘氨酸，但是一些研究人员声称，我们可能只是在分析过程中污染了样本。罗塞塔号的发现是第一次在彗星上发现了无可争议的甘氨酸。

罗塞塔团队也在 67P 彗星上找到了其他对生命很重要的化学物质，包括磷和甲醛，这两个物质都在脱氧核糖核酸的形成中起到了重要作用。在哈雷彗星、哈特利 2 号彗星和海尔 · 博普彗星上已经找到过其他已知的对建造氨基酸很重要的分子了，但是罗塞塔号又更进了一步。“我们在彗星上找到的分子种类从 28 种进步到了 60 种，是以前的两倍多。”阿尔特韦格说道。但是这些分子最后是如何落到那里的呢？

帝国理工学院的太空生物学家齐塔 · 马丁斯（Zita Martins）认为她可能找到了答案：这些物质是在其他宇宙碎片击中彗星时制造出来的。马丁斯和她的同事们，

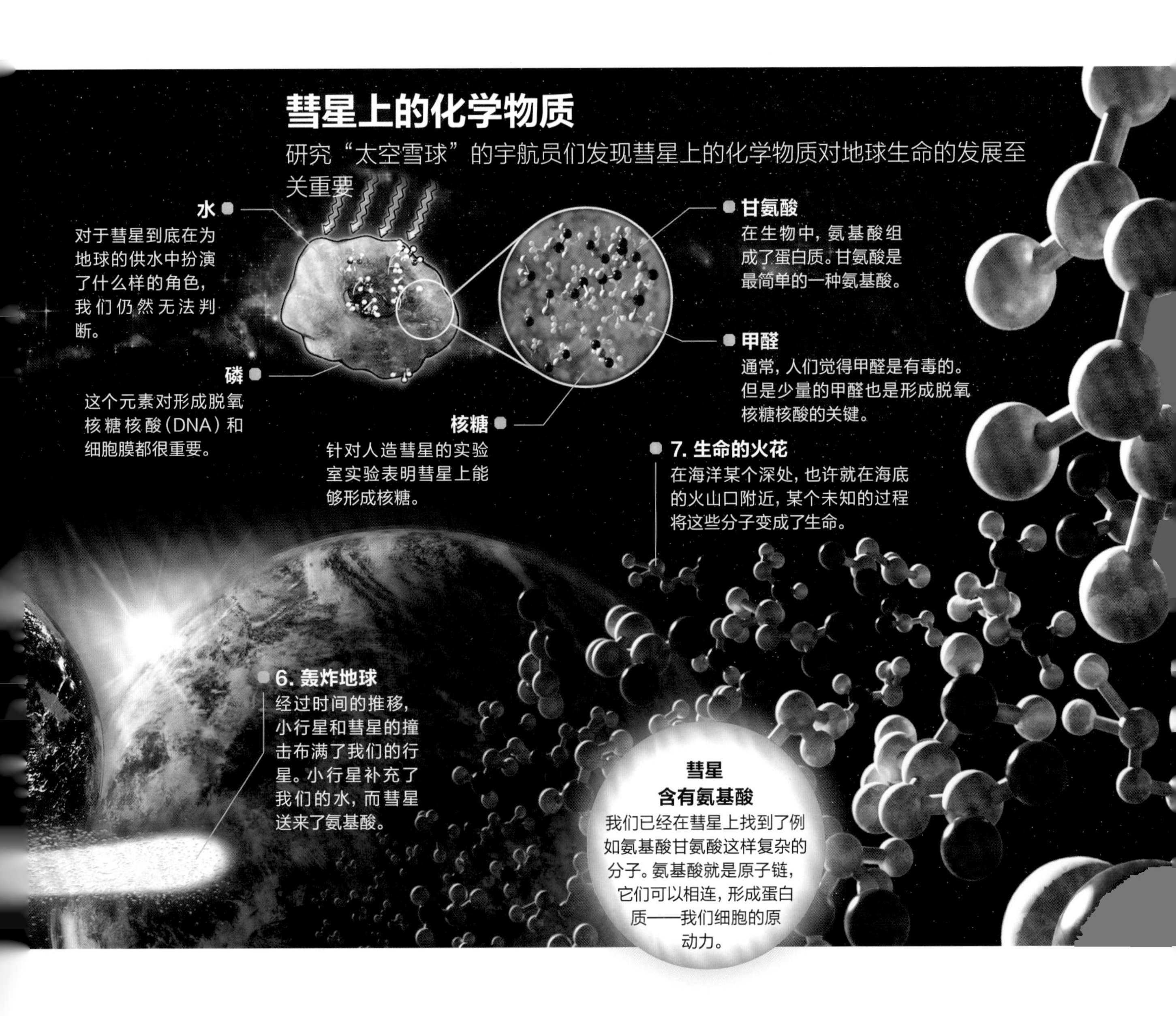

彗星上重水的平均含量
肯定比地球上的要高。
卡特林・阿尔特韦格，伯尔尼大学

以及肯特大学的马克・伯切尔（Mark Burchell），一起创造了不同冰块的混合物，这些混合物和在彗星上找到的很类似。然后，她用一杆气枪向这些冰块以每秒 7 千米的速度发射钢铁子弹，来模拟碎片击中彗星的情况。“我们花了 3 年的时间才做出正确的冰块混合物。”伯切尔说道，“但是在撞击之后，冰块会含有像甘氨酸那样的氨基酸。”他们把这种效应称为“冲击合成”。

在另一个实验室研究中，位于法国的尼斯化学学会的科研团队也用不同冰块的混合物仿制了人造彗星。他们将水冰、甲醇冰和氨冰降温至零下 200 摄氏度，然后再将紫外线射向混合物，用来模拟新生恒星产生的光线。然后，他们将冰块混合物加热至室温，模仿彗星后来接近太阳时的情况。他们发现在这个过程中形成了好几种复杂的分子，最令人激动的就是核糖的形成，而核糖可以帮助形成核糖核酸（脱氧核糖核酸的简易版本）。然而，我们必须强调， 迄今为止我们仍然没有在一颗真正的彗星上找到过核糖。

如果氨基酸和糖真的是这样在宇宙中创造出来的，而且又有很多卫星大量地落在我们地球上，那么彗星有可能也将氨基酸和糖带来了地球。这个想法中令人激动的一点就是，我们的星球不是唯一一个在初期阶段经历过彗星轰炸的地方。其他的行星和它们的卫星也经历过彗星轰炸。因此，任何可能让这些分子与水混合的地方都值得我们探索，尤其是围绕着木星和土星轨道飞行的那些结冰并带有液体海洋的卫星。

“那些卫星有一个严重的问题。它们围绕着巨型行星的轨道运行，而那些巨型行星可能会扫除（阻碍）大多数彗星碰撞。”英国圣安德鲁斯大学的太空生物学家邓肯・福根（Duncan Forgan）说道，“但是，想要创造生命，只要发生了足够多的撞击就可以了，而这个‘足够多’并不一定是（频率上）很多次。”这使木卫星木卫二以及土卫星恩赛勒达斯成为了我们未来开展无人探索之旅时最想去的几个目的地。

不过，不是所有的太空生物学家都同意彗星撞击对生命从无到有的过程起到了关键性的作用。英国西敏大学的刘易斯・达特内尔（Lewis Dartnell）认为氨基酸可能一直存在于地球上，甚至早在彗星撞击之前就存在了。“如果化学反应一直在宇宙间进行，那么我们几乎可以肯定地说，化学反应早在诸如地球、火星等行星的初生海洋里就已经开始进行了。”他说道。比如说，甘氨酸可能存在于早期的气体云和尘埃中，它们坍塌以后形成了太阳和行星。如果是那样的话，无论彗星有没有

位于荷兰的欧洲太空研究与技术中心（ESTEC）测试中心里，科学家们正在建造赫歇尔望远镜的低温恒温真空舱

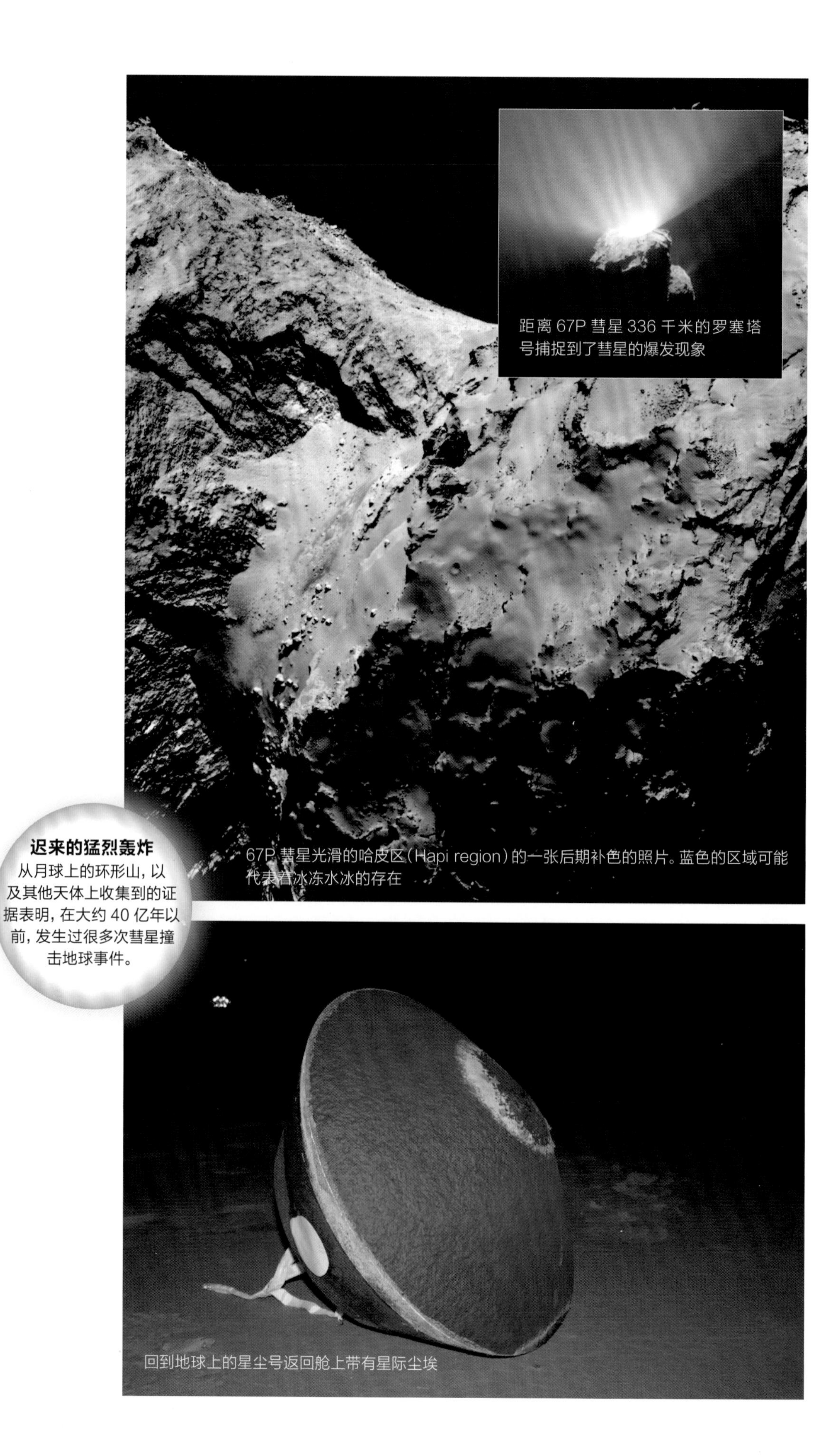

距离 67P 彗星 336 千米的罗塞塔号捕捉到了彗星的爆发现象

67P 彗星光滑的哈皮区（Hapi region）的一张后期补色的照片。蓝色的区域可能代表着冰冻水冰的存在

迟来的猛烈轰炸

从月球上的环形山，以及其他天体上收集到的证据表明，在大约 40 亿年以前，发生过很多次彗星撞击地球事件。

回到地球上的星尘号返回舱上带有星际尘埃

人们认为，大量的彗星连续撞击了早期的地球

带有两条明显彗尾的海尔-博普彗星图片，这些彗尾是由太阳风和抛入太空的砂砾产生的

轰炸地球，甘氨酸都已经融入了地球。射电天文学家尝试侦测存在于我们星系其他地方的类似气体云中的甘氨酸，但是侦测的结果不一。有的天文学家声称发现了甘氨酸，但是有的天文学家质疑这种发现。

由于这张图片仍旧很模糊，它只能告诉我们地球生命的起源是一个复杂的故事，有很多起承转合。然而，我们的脚步是缓慢而坚定的，我们开始拼凑出一个故事，讲述我们的星球是如何开始成为生命体的家园的。在了解地球生命起源的过程中，我们也能更明白在所有星球中找到其他生命形式的可能性。因为如果彗星的确对地球复杂的化学属性作出了巨大的贡献，那么彗星可能现在也在改变着其他的新行星，为一个崭新的外星生命形式在星球上扎根而做足了准备。

任何可能让这些分子与水混合的地方都值得我们探索。

寻找线索：通往彗星的任务

通过亲身接近彗星，我们更了解它们的作用了

有一些彗星含有类似的水

至少有一颗彗星上重水的比例与地球海洋中的类似。如果彗星带来了水、氨基酸和核糖，那么它们就能形成一个创造生命的配方。

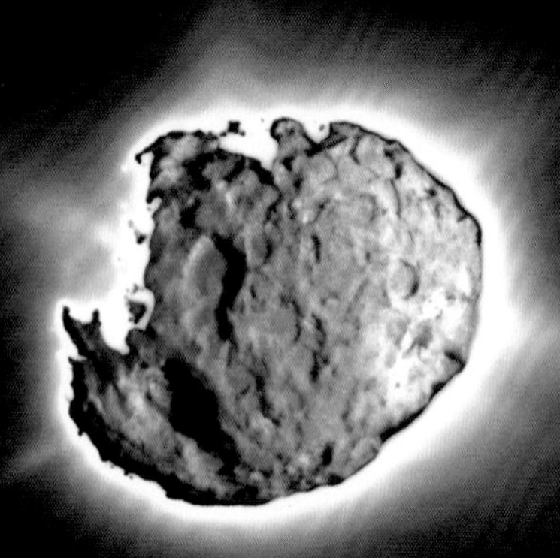

星尘号

美国国家航空航天局执行的这个大胆的任务是为了将怀尔德2号彗星的样本带回地球而发射的。星尘号在1999年2月发射，与它的猎物在2004年会合，并在2006年成功地将样本带回了家。初步分析发现，它含有氨基酸甘氨酸，尽管有些研究人员认为这次分析可能污染了样本（虽然用来操作这项实验的无尘室要比医院的手术室干净100倍）。

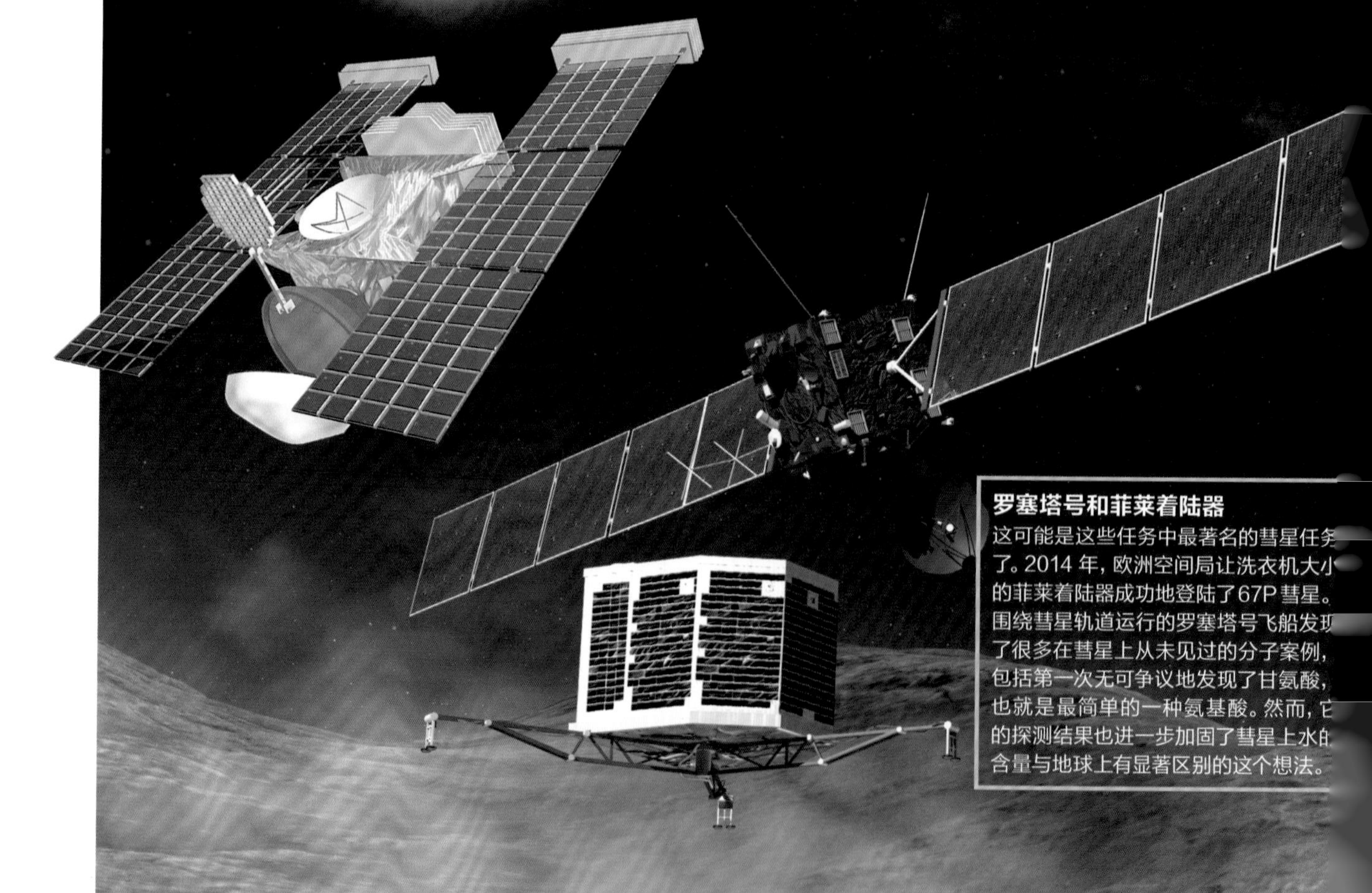

罗塞塔号和菲莱着陆器

这可能是这些任务中最著名的彗星任务了。2014 年，欧洲空间局让洗衣机大小的菲莱着陆器成功地登陆了67P 彗星。围绕彗星轨道运行的罗塞塔号飞船发现了很多在彗星上从未见过的分子案例，包括第一次无可争议地发现了甘氨酸，也就是最简单的一种氨基酸。然而，它的探测结果也进一步加固了彗星上水的含量与地球上有显著区别的这个想法。

赫歇尔空间望远镜

赫歇尔空间望远镜是用红外线观测的，曾经近距离凝视着哈特利 2 号彗星。它发现这颗彗星上的重水比例与地球海洋里的重水比例相似。人们认为，这颗彗星与其他已研究过的卫星相比，是在太阳系较远的地方形成的。因此，这可能表示那些周期很长的彗星才是我们地球上水的来源。

乔托号

为了近距离研究著名的哈雷彗星，1986 年，欧洲空间局启动了此项任务。这颗彗星大约每 76 年才会围绕太阳轨道旋转一次，因此这是我们一辈子只有一次的机会。任务发现的关键结果之一就是哈雷彗星上所谓的重水比例要高于地球海洋中的比例。这意味着像哈雷这样的彗星并非像有些天文学家所说，是地球水分的主要来源。

第三章 宇宙深处

超巨星宇宙谜团以及我们的银河邻居

任何去往仙女座星系的任务
都将要依赖超乎想象的
先进科技。

参宿四
巨引源

早就应该爆炸的超巨星
参宿四

几个世纪以来，这颗红超巨星的谜团一直困扰着天文学家，现在我们离解决这些谜团更进一步了吗？

利比·普卢默（Libby Plummer）著

利用数字化巡天 2 号（Digitized Sky Survey 2）拍摄的照片，制作出了这张参宿四的合成图

几个世纪以前就有人第一次观测到了参宿四。接着，从《银河系漫游指南》到《银翼杀手》，一部部经典科幻片又将参宿四的形象深深地印刻在人们心中。然而，令人意外的是，我们对这颗红橙色恒星的了解仍然很模糊。这颗红色的超巨星已经步入迟暮之年，它是猎户座中第二亮的恒星，标志着猎人的右肩。红超巨星是我们已知恒星中最大的一种，而参宿四是其中离地球最近的一颗，离地球差不多 600 光年远。尽管这颗恒星强烈的亮光让人们几个世纪以来都不断地在观测它，但是它神秘的表现仍然让科学家们捉摸不透。

最近的一个研究记录了一个奇怪的发现。研究表明，这颗恒星旋转的速度比我们之前想象的要快得多。而且，它甚至可能在大约 10 万年以前就吞噬了一颗伴星[1]。这两件事都十分古怪，因为通常当一颗恒星成长为超巨星时，它的转速会减慢，

1 伴星：通常指双星或聚星中较难观测到的子星。——编者注

它比任何一颗真实可信的恒星旋转得都要快150倍。它只是在旋转，做着自己的事。

而这个研究发现参宿四实际上旋转得比预期要快得多。

“我们不能解释参宿四的旋转。”得克萨斯大学奥斯汀分校的杰·克雷格·惠勒(J Craig Wheeler)说道，“它比任何一颗真实可信的恒星旋转得都要快150倍。它只是在旋转，做着自己的事。”

这个令人困惑的高转速让研究人员开始推测，参宿四在刚刚诞生的时候，可能曾经有过一颗伴星。研究人员估计，参宿四可能曾拥有与我们的太阳相似的质量，这样才能解释其现在每秒15千米的旋转速度。考虑到这一点，惠勒说：“烧完其中心的氢时，参宿四的核心会收缩，而外层没有燃烧的氢将剧烈扩张。我们觉得正是这次扩张吞没了它的伴星。”然后，这颗伴星将会把围绕参宿四轨道运转的势能传递给这颗红超巨星的外壳，加速它的旋转。

但是，参宿四真的可能吞噬了另一颗恒星吗？“真的可能。”参与美国国家航空航天局系外行星探索计划(Exoplanet Exploration Program)的科学家埃里克·马马杰克(Eric Mamajek)解释道，“大部分高质量恒星都有伴星。因此，当恒星成长成一颗超巨星时，不难想象它会吞噬邻近的伴星。”

马马杰克在美国国家航空航天局的喷气推进实验室工作，他补充道：“相较预测的数据来看，这颗星好像旋转得太快了。当恒星变得很大时，它们的旋转速度应该减慢，就像一个旋转的滑冰运动员会伸开双臂来减慢滑冰速度。”

然而，这颗红超巨星不只是表现出令人心生疑惑的转速。参宿四好像也在向宇宙中喷射大量的气体。它的大气层上层比预期的要冷得多。既然这么冷，它就不应该还有能量来对抗引力，将气体喷射进宇宙中。科罗拉多大学波尔得分校的天体物理学家格雷厄姆·哈珀(Graham Harper)希望解释到底发生了什么。哈珀坦言，他和他的团队将使用美国国家航空航天局改装的波音747号飞机，也就是同温层红外线天文台“索菲亚”(Stratospheric Observatory for Infrared Astronomy，简称SOFIA)，让飞机飞向12497米的高空，收集关于这颗令人极度费解的恒星的更多信息。

关于参宿四的惊人发现还有很多，这个发现只是其中最新的一个。很多天文学家都曾站出来展示他们的研究结果。2013年拍摄的一张照片显示了这颗寒冷的红超巨星上的神秘热点。捕捉到这张图片的是伊-莫林望远镜阵列(e-MERLIN)，这是一个射电望远镜阵列，包括了位于英国柴郡卓瑞尔河岸天文台(Jodrell Bank)的洛弗尔望远镜(Lovell telescope)。这张照片展示了恒星的大气层向外延伸至恒星可见表面的 5 倍大小。射电波断拍摄的照片也揭露了恒星大气层外层的两个“热点”。这些热点的温度有 4000~5000 开尔文[1]，比恒星射电波表面的 1200 开尔文还要高得多。最后，照片还显示了在更远的地方，有一个冷冻气体形成的微弱弧线。

英国曼彻斯特大学的安妮塔·理查兹（Anita Richards）博士说道，虽然这些热点最后没有我们最初想的那么热，但是它们肯定在那里。理查兹博士领导了这项研究，并解释了这些热点的重要性。她说道：“总的来说，恒星都有很多斑点。伽利略发现了太阳黑子，它们的宽度通常是太阳宽度的 1% 左右。在可见光下，参宿四的实际直径是太阳的 1000 倍。”

“在无线电波长下，我们可以看见一个较冷的（大气）层。这个层延展得更大，相当于一个天王星轨道的大小。我们找到了 7 个点，这些点比表面温度（刚刚超过 2000 开尔文）要热或冷 5%~10%。这些点在时间尺度上只差几个月，而且它们的大小也是恒星直径的 5%~10%。”

1 开尔文为热力学温标，0 开尔文 =-272.15 摄氏度。

一颗奇怪的超巨星

从任何角度看，参宿四都没有照它应该做的做

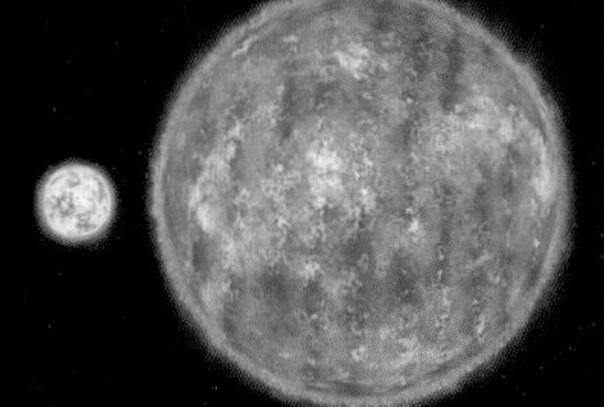

它旋转得比人们曾经以为的还要快

通常，当恒星扩张，形成超巨星时，它的旋转速度会变慢，就像一个旋转的滑冰运动员会伸开双臂来减慢滑冰速度。然而，我们无法理解的是，参宿四转得要比预期快 150 倍。

参宿四可能吞噬了一颗伴星

为了了解令人困惑的旋转速度，研究人员猜测，由于参宿四的核心燃尽了它的氢储备，这颗超巨星可能在 10 万年前吞噬了邻近的一颗巨星。

它早就应该爆炸了

参宿四已经准备好爆炸了。然而，很难确定它究竟会在什么时候爆炸。当它真的开始爆炸时，我们在白天就可以从地球上看到这颗红色的超巨星，而且之后的几个星期都能看到它。

它的大气层上层比预计的要冷得多

尽管参宿四的大气层上层比预计的要冷得多，它还是向太空中喷射了大量的气体。它的大气层那么冷，应该没法向外发射气体，但是不知道通过什么办法它还是能这么做。

参宿四有多大?

参宿四
土星
水星
地球
金星
火星
木星

它有多远?

参宿四是离地球最近的一颗超巨星，离我们差不多有 624 光年远

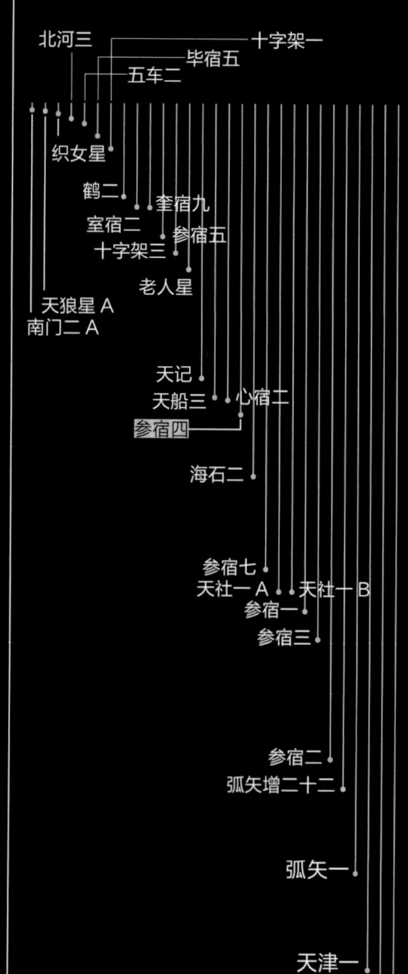

参宿四将如何爆炸

据预测，这颗巨星将会在约 10 万年后爆炸，成为壮丽的超新星

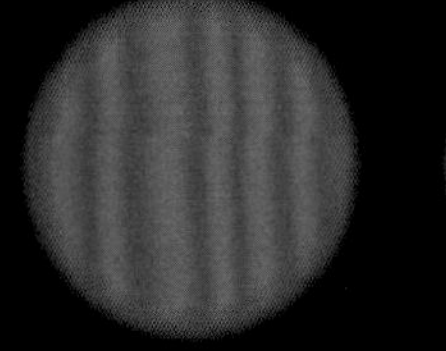

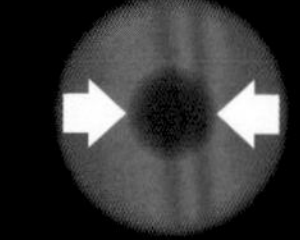

1. 逐渐减少气体供应

当恒星的核心发生变化的时候，超新星就会发生。因为参宿四如此巨大，它已经耗尽了自身供应的氢气。

2. 充满重元素的核心

然后，恒星会在核心产生越来越重的元素，包括镍和铁。最后，核心会变得过重，无法承受自己的引力。

3. 燃料缺乏导致坍塌

最终，核心会用完所有的燃料，在自己的重力下坍塌。没有人知道这件事具体会在什么时候发生，但应该是距今至少 10 万年的未来。

4. 恒星的死亡

在向内坍塌之后，恒星会反弹，产生一场壮丽的爆炸。这种爆炸叫作超新星。在爆炸过程中，恒星会射出大量的物质，差不多相当于一个太阳的大小。

这些发现很重要，因为它们能告诉我们，像参宿四这样的超巨星是通过何种过程将物质遗失在宇宙中的，而我们对这个过程了解得并不多。“它们可以产生风，累积起来的风量大概是地球每年排风的总质量。这些风会以气体（例如氢分子、一氧化碳和水蒸气）和微小尘埃颗粒的形式存在，并形成了外部的无线电波表面。”理查兹说道。

“一旦形成这些，尘埃接受的辐射压能驱动风。但是，物质是如何从恒星表面被驱逐出去的呢？”研究人员希望继续用各种各样的波长监测参宿四，探测恒星大气层的各个层次，试图明白这个过程究竟是如何运作的。

参宿四是第一颗我们测量过大小的恒星。另一个针对参宿四的研究也同样令人不解，这个研究告诉我们参宿四可能在缩小。加州大学伯克利分校的研究人员使用了位于南加州威尔逊山顶端的红外线空间干涉仪（Infrared Spatial Interferometer，简称 ISI），发现在过去的 15 年中，这颗恒星的直径缩小了超过 15%。已故的查尔斯·汤斯（Charles Townes）也是研究人员之一。他是加州大学伯克利分校的物理学名誉教授，并因发明了激光和微波激射器而在 1964 年和其他物理学家共同获得了诺贝尔物理学奖。

虽然我们还不能完全解释参宿四明显的缩小现象，共同参与研究的研究人员爱德华·威什纳（Edward Wishnow）推测，恒星表面的对流体可能影响了测量。这些对流体可能太大了，导致它们向外膨胀。在这项研究的 8 年后，专家们还认为这颗红超巨星真的在缩小吗？“参宿四肯定在变化。”理查兹说道，“在 5~6 厘米的波长下，从 1970 年第一次测量到本世纪开头几年的测量，它看上去变暗了将近一半。但是这个趋势又在我们（2012 年至 2015 年）的测量中消失了，它恢复了原来的亮度。这些变化可能是由于恒星的温度或大小的变化，也有可能与两者都有关系。”

理查兹补充道：“直接测量直径更困难。在过去的几十年中，从尽可能准确的观测来看，没有确凿的证据表明它在长期缩小。”

美国国家航空航天局的埃里克·马马杰克解释道，恒星半径的变化可能可以解释“缩小”的情况。“接近生命终点的恒星会经历一些循环，就算这个‘终点’指的是几十万年甚至几百万年以后。在这些循环里，它们的半径会扩张后再收缩。这是因为当燃料用完时，恒星的核心会收缩、加热，然后开始新一轮的核燃烧，在这个过程中，核燃烧在恒星内部发生演变，引起了收缩。”他说道。

尽管参宿四充满了令人费解的谜团，很多过程我们都还没有完全明白，但是参

在可见光下，
参宿四的实际直径是太阳的1000倍。

测量参宿四的索菲亚号是一架改装过的波音 747 号飞机，它带着一架反射望远镜

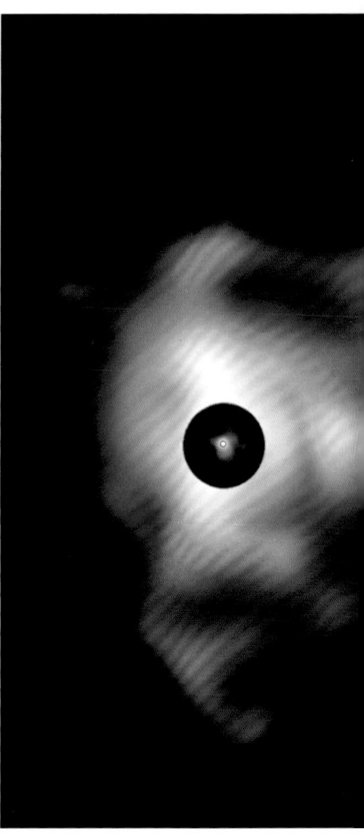
欧洲南方天文台的甚大望远镜（Ve
Telescope，简称 VLT）拍摄的照片
四周围壮观的“彩虹”星云

宿四已经到了生命的终点，虽然它可能还是会比我们所有人都长寿。没有人能够确定参宿四究竟会在什么时间灭亡，但人们普遍认为这颗恒星会在大约 10 万年甚至可能更久以后壮丽地爆炸。

“它应该像一颗 IIP 型超新星（核心坍塌的超新星）一样爆炸，最后留下的残余是一颗中子星。”马马杰克说道，“这通常是大多数超过八个太阳质量的恒星最后的结局。拥有最高质量的恒星会留下黑洞，但是参宿四可能没有那么巨大，所以无法形成黑洞。”

科学家们估算了参宿四还需要多久才会耗尽核聚变需要的燃料供应，答案是 10 万年左右。燃料用完后，辐射压将不会再支撑着恒星的内层。对于一个像参宿四这么巨大的恒星来说，到那个时候它的核心主要由比碳重的元素组成，所以核心会在其自身的引力下坍塌，产生巨大的压力，而能让电子和质子合并，形成中子。“这样在一瞬间释放的压力差不多是太阳在 80 亿年间释放的全部压力，这就是超新星。”理查兹解释道。

克雷格·惠勒认同道：“我们可以很有自信地说，一颗像参宿四这么重的恒星最终在内部会形成一个铁核，在它坍塌以后，将形成一颗中子星，引发爆炸。”我们在自己的星系中可以用肉眼观察到的最近发生的一颗超新星就是 SN1605。它

2013 年 7 月索菲亚项目的第一阶段，机组人员在监测飞机在南半球天空中的飞行路线

是在距我们两万光年左右的位置爆炸的，而参宿四离我们要近得多，只有 600 光年左右的距离。这意味着在地球上我们应该可以很清楚地看到这场爆炸。

据预测，这颗超新星会在消失前的几个月里像一轮上弦月一样明亮。因此，如果谁能活到那个时候的话，是可以从地球上看到这颗超新星的。当然，更有可能观测到它的是我们的后代。那这颗超新星会不会给我们或者我们的后代带来伤害呢？“不太会。”克雷格 · 惠勒解释道。“参宿四距离我们足够远。它的爆炸会看上去

你会在夜晚和白天的天空中
看到一道明亮的光。
在接下来的几周到几个月中，
你都可以看见它。

埃里克·马马杰克，美国国家航空航天局

很壮丽，但是应该不太能以任何具体的方式伤害到我们。10 万年以后，我们说不定也会与我们的机器融为一体了，不会像现在那么容易受到伤害。”他预测道。

虽然参宿四可能不会对我们造成影响，但是我们还面临着其他巨型恒星爆炸的危险吗？“根据基本估算，如果一颗超新星能伤害到我们，它距离我们不应超过 10 光年。它伤害我们的方法可能是破坏我们的电离层。”惠勒说道，“我们对在这个距离范围内或者超过这个距离的恒星已经作了很好的统计。没有一颗恒星会危害到我们。”

赫歇尔空间天文台的一张图片展现了这颗红超巨星的星风

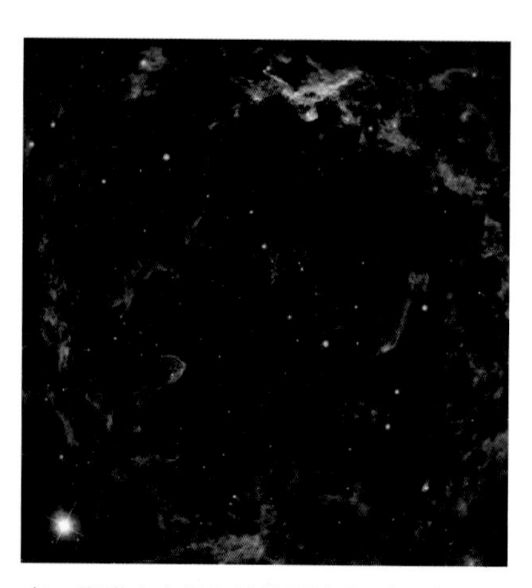

在一张猎户座的红外线照片中，左下角的蓝点就是参宿四。这张照片显示了参宿四的巨大热量

参宿四是猎户座中第二亮的恒星。它就在猎人的右肩上，可以用肉眼观测到（图中左侧）

在众多太空望远镜中，
欧洲空间局的赫歇尔红外空间望远镜拍到了
参宿四的照片

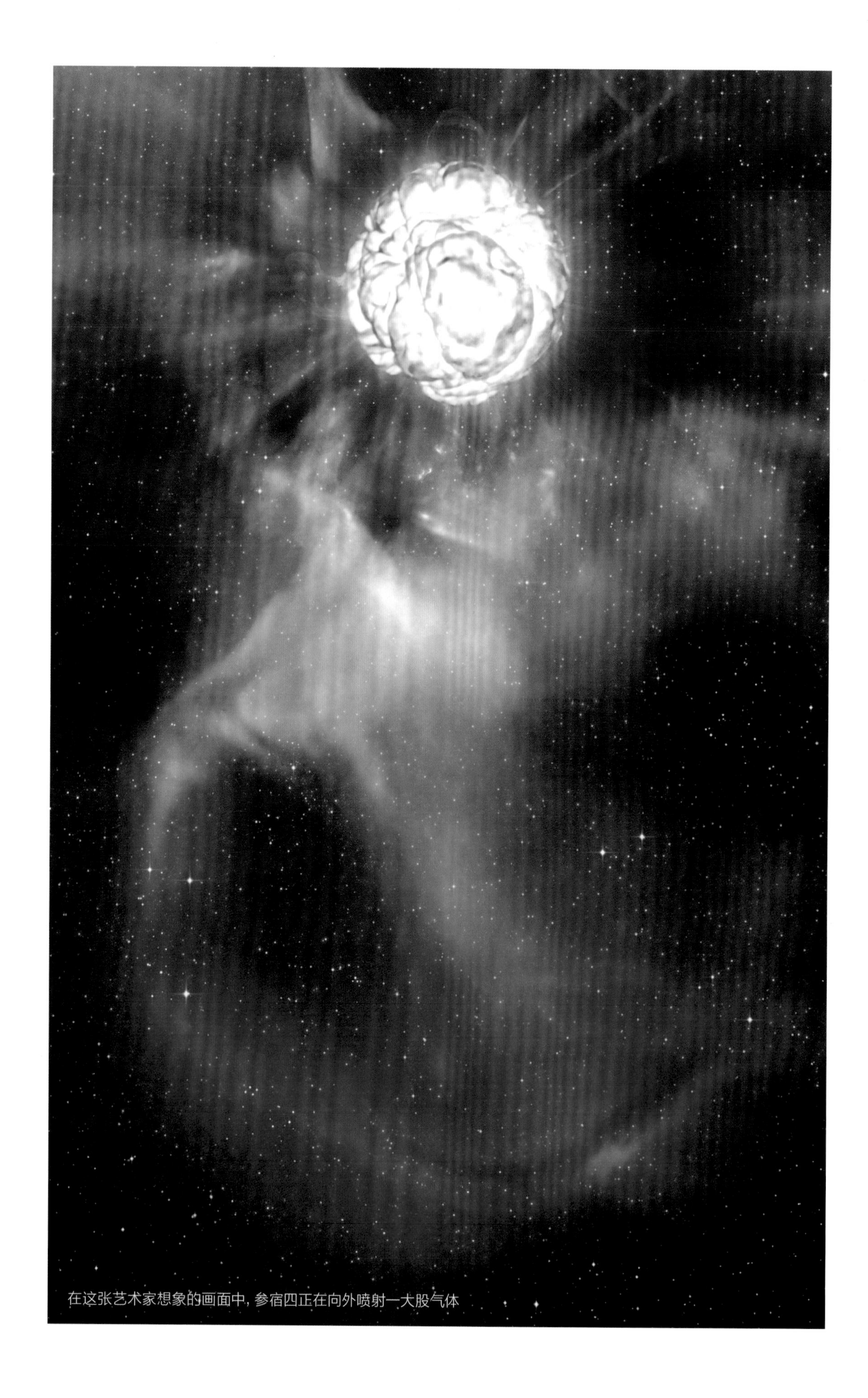

在这张艺术家想象的画面中，参宿四正在向外喷射一大股气体

吞噬了伴星的恒星

为了解释这颗超巨星的高转速，有一个理论认为，它曾经吞噬过一颗伴星。

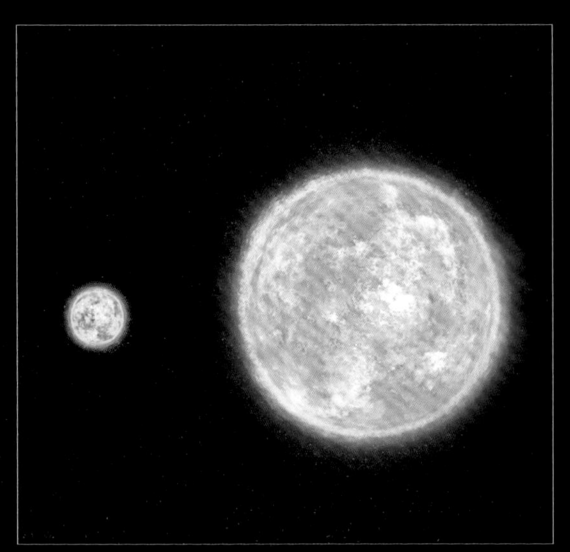

1 附近的一颗较小伴星

为了解释参宿四异常快的旋转速度，研究人员认为在它刚刚诞生时，可能有一颗伴星。这颗伴星的质量大概和我们的太阳差不多。

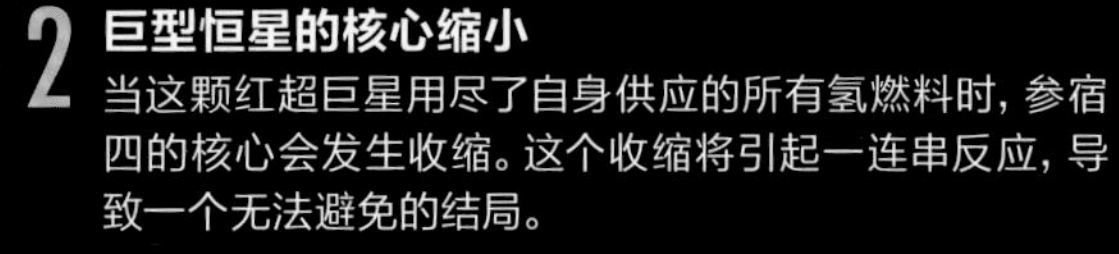

2 巨型恒星的核心缩小

当这颗红超巨星用尽了自身供应的所有氢燃料时，参宿四的核心会发生收缩。这个收缩将引起一连串反应，导致一个无法避免的结局。

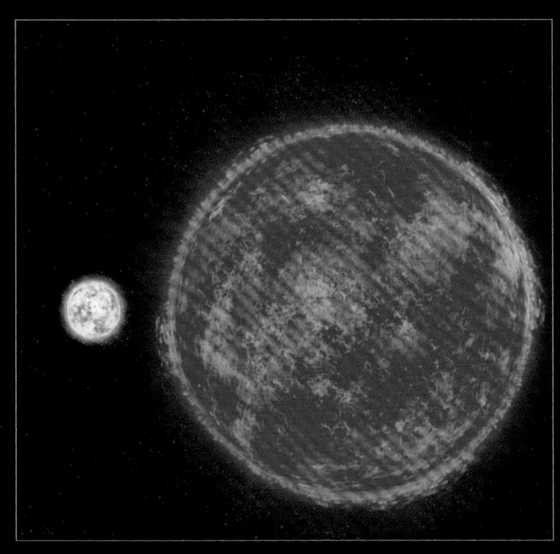

3 这颗红超巨星的扩张

在参宿四的核心收缩之后，外壳没有燃烧的氢就会剧烈扩张，这颗巨型恒星就会向外膨胀，接近它的伴星。

4 彻底吞噬伴星

参宿四扩张时，完全吸收了围绕这颗红超巨星轨道运行的伴星。伴星轨道的势能向参宿四的外壳转移，加速了它的旋转。

它正在把我们拉入神秘的时空巨引源

宇宙中这个令人费解的区域
正在将我们的银河系迅速地拉向一个
我们急需“破解”的地方。

乔纳森·欧卡拉汉（Jonathan O'Callaghan）著

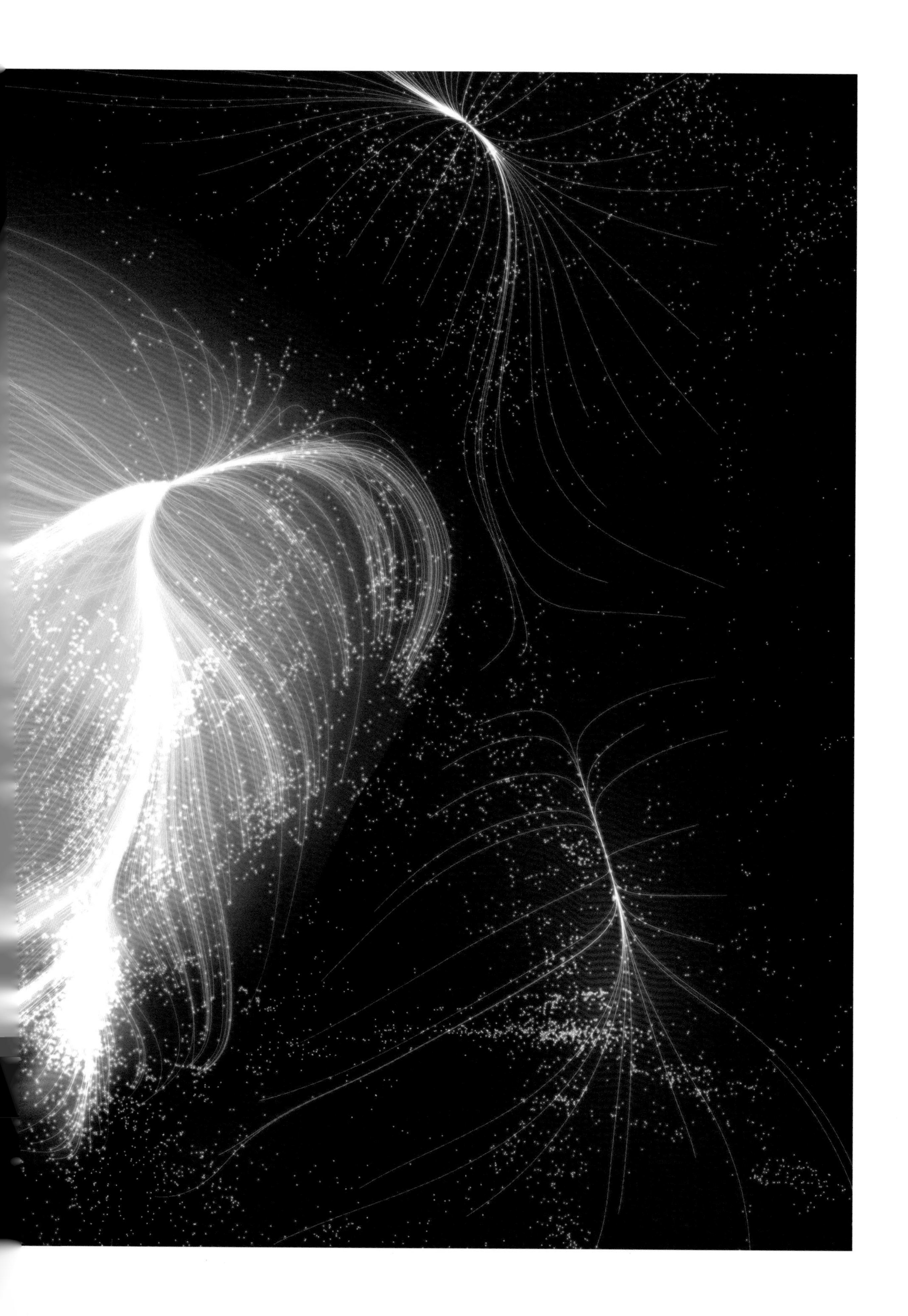

20 多年前，一支由 7 名天文学家组成的科研团队发现了宇宙中一个巨大而神秘的区域，这个区域正在将我们的星系以及上千个其他的星系向它拉拢。天文学家们把这个区域称为巨引源。直至今日，我们对巨引源的了解仍然很少，但是我们终于要迎来一个重大突破了。

想要明白巨引源是什么，首先要知道我们的宇宙不是平的。从引力角度来看，宇宙是高低不平的。由于物质分布不规则，有些地方的引力要比其他地方的高。我们可以从宇宙微波背景（cosmic microwave background，简称 CMB）辐射中找到证据。当我们的宇宙在 138 亿年前诞生时，它经历了迅速膨胀，也就是宇宙大爆炸。在大爆炸发生 38 万多年后，剩余的热量就是宇宙微波背景辐射。

现在我们知道，由于一个叫作暗能量的神秘力量，宇宙其实在以一个越来越快的速度扩张。根据我们的宇宙学理论，所有的星系都应该正在互相远离。但是巨引源的发现表明，还有一些更奇妙的事在大规模地发生。有些星系成团存在，成为星系团或者超星系团。而巨引源表明，当引力施展它的魔法时，很多这样的星系团都在参与一支优美的舞蹈。这又和一个叫作宇宙暗流的概念有关，也就是说在我们所处的宇宙中，星系和星系团存在一致的移动方式。

“宇宙中自然存在着高低不平的现象。理论认为，巨引源是许许多多大规模结

桑德拉·穆尔·费伯（Sandra Moore Faber）教授最出名的就是她关于巨引源的研究

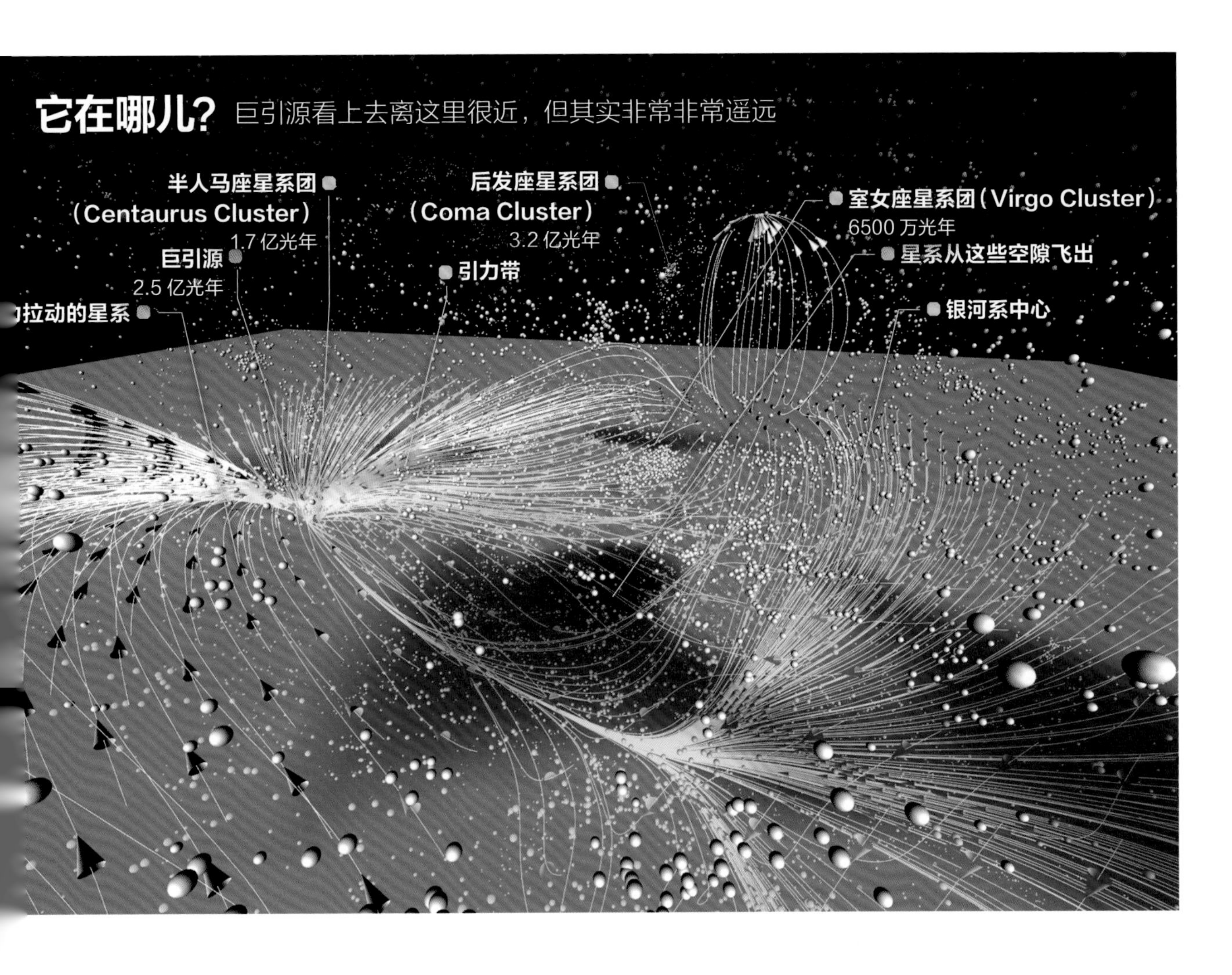

高低不平现象
反映了从天空一边到另一边
受到的引力是不平衡的。
利斯特 · 斯特夫利 – 史密斯

构的总和。而研究为这个理论提供了很多支持。”西澳大学的利斯特 · 斯特夫利 – 史密斯（Lister Staveley-Smith）教授谈道，“在几亿光年的尺度下，宇宙有一个结构。而自然存在的高低不平现象只是反映了从天空一边到另一边受到的引力是不平衡的。”

巨引源正在以每小时 2200 万千米的速度将我们的银河系拉向它。它离我们的银河系平面大约有 2.5 亿光年远。然而，由于宇宙的加速扩张，我们将永远无法到达那里。我们和巨引源之间的空间在不断扩张。因此，当巨引源在某个方向上给我们一个加速度时，它将永远离我们越来越远。与之相反的是仙女座星系，我们将会在 40 亿年后与它发生碰撞。

来自华盛顿哥伦比亚特区卡内基科学研究所的阿兰 · 德雷斯勒（Alan

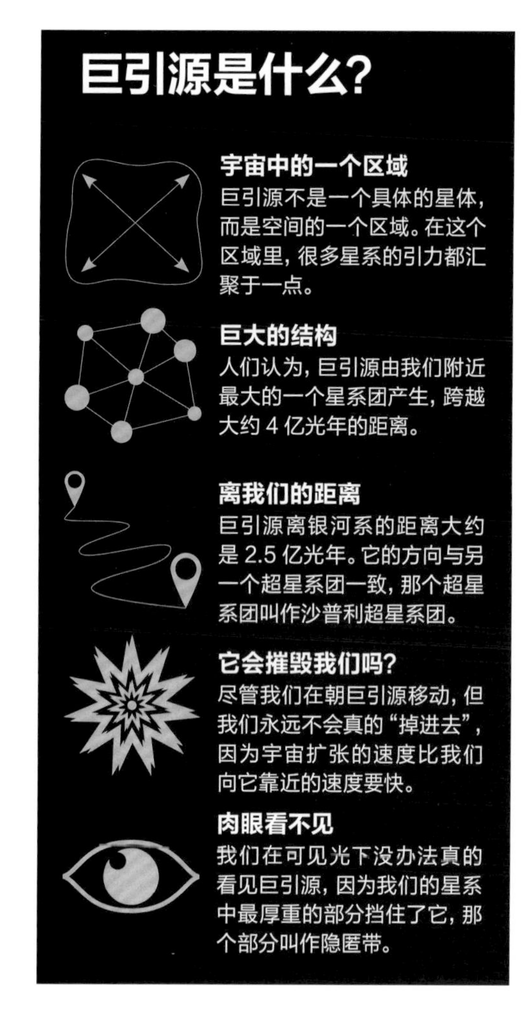

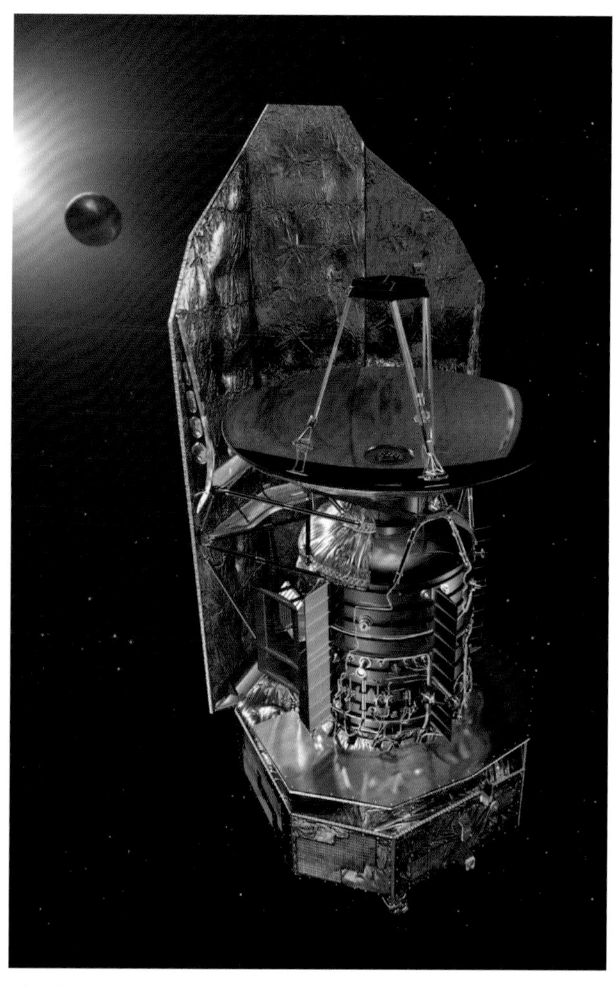

科学家们使用空间天文台来指明巨引源的具体位置

巨引源只不过是最新产生的一个点，
而我们这块宇宙中的星系
都在向着那个点坍塌。
保罗·萨特

Dressler）是在 20 世纪 80 年代准确地指出巨引源具体位置的 7 位天文学家之一。他们当时都在加利福尼亚大学圣克鲁兹分校工作，德雷斯勒将他们 7 个人戏称为“七武士”。他解释道：“在一次记者发布会上，我挥动着双手，试图描述这个空间的体积。然后，那个名字就突然冒出来了。”

在 1986 年的那场新闻发布会上，德雷斯勒和他的团队展示了他们的研究成果。他们使用了世界各地的望远镜以及在轨道中运行的欧洲空间局的赫歇尔空间望远镜，测量了成千个地球附近星系的红移[1]，以此确定它们的移动速度。当一个天体

1 红移：指物体的电磁辐射由于某种原因波长增加的现象，在可见光波段，表现为光谱的谱线朝红端移动了一段距离，即波长变长、频率降低。红移的现象目前多用于天体的移动及规律的预测上。

向我们靠近或者远离我们时，红移可以帮助我们测量它的光是如何移动到电磁光谱的一端的。

他们发现有一个距银河系 2.5 亿光年远的看不见的结构，这个结构正在将我们的星系和很多附近的其他星系往它那边拉，并给了这些星系一个速度，我们称之为本动速度。在可见光下，我们看不见这个区域，因为从我们的参照点来看，它正好对着我们星系中星体和尘埃最厚重的那个部分，这个部分又叫作隐匿带。因此，想要研究巨引源，就必须依靠先进仪器发射出的 X 射线。

基于这些发现，人们认为巨引源非常巨大，是个横跨 4 亿光年的高密度星系集团。这让它成为银河系附近最大的一个星系，它也是在已知的宇宙中最大的星系集团之一。在靠近它中心的地方，聚集着上千个星系，这个地方叫作矩尺座星系团（Norma Cluster）。

然而，巨引源与特大质量黑洞不同，它并不是一个单一的结构。它其实是附近大量星系集团的质量中心，这些星系的引力交会于这一点上。“我们不应该把巨引源当做一样‘东西’，它其实是一个‘地方’。”俄亥俄州立大学的保罗·萨特（Paul Sutter）强调，“巨引源只不过是最新产生的一个点，而我们这块宇宙中的星系都在向着那个点坍塌。”

这个地区的引力之大令人震惊。理论上来说，它包含的质量比一万个银河系的质量之和还要大。然而，可能不只是它自己在产生引力。最近的研究表明，在宇宙的另一边，可能有一个“巨斥源”，在那个区域中，没有大量的星系。由于这里几乎没有引力，我们的星系和很多其他星系其实是受到了往更密集区域的一个“推力”，也就是推向了巨引源所在方向。“很明显在相反方向上，你会受到一个推力，因为那里什么都没有。”德雷斯勒说道，“但是‘巨斥源’的推力比‘巨引源’的拉力要小。”

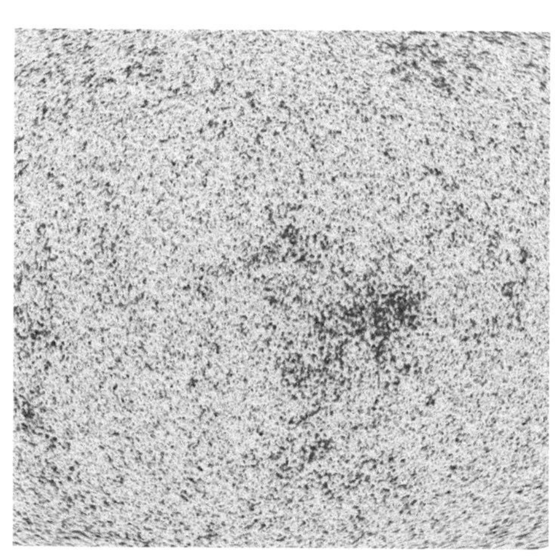

由于物质分布不规则，我们的宇宙会自然产生高低不平的现象

这是哈勃望远镜拍到的宇宙中的一片区域，人们认为巨引源就在那里

我们也开始拼凑，在我们宇宙的中间到底发生了什么。我们的星系位于本星系群（Local Group），在一大群星系的边缘，那群星系叫作室女超星系团（Virgo Supercluster）。而这些星系都能连接到一张更大的星系和星系群网络中，那个网络叫作拉尼亚凯亚超星系团（Laniakea）。人们认为，巨引源可能在拉尼亚凯亚的中心，驱动这些巨大的星体笨重地移动。

然而，这个理论也不是无可争议的。在巨引源的更远处，好像还有一个更大的结构，叫作沙普利超星系团。它可能会将巨引源压缩至十分之一甚至更小。有些人认为，沙普利超星系团更有可能是引起我们星系本动速度的罪魁祸首。

“可以说，沙普利比巨引源还要更有趣。”美国缅因州科尔比学院的戴尔·科采夫斯基说，“他们在发现巨引源的时候还不知道，当观测天空中的投射时，比巨引源大得多的沙普利几乎就在它的正后方。我们现在认为，本星系的移动有一部分是因为沙普利的引力，尽管它比巨引源要远 3 倍。”

这场争论仍然没有休止，研究也在热烈展开。当我们采访德雷斯勒时，他正在准备去智利开展新的观测，希望能更接近谜底。“15 年来没有人要来和我谈巨引

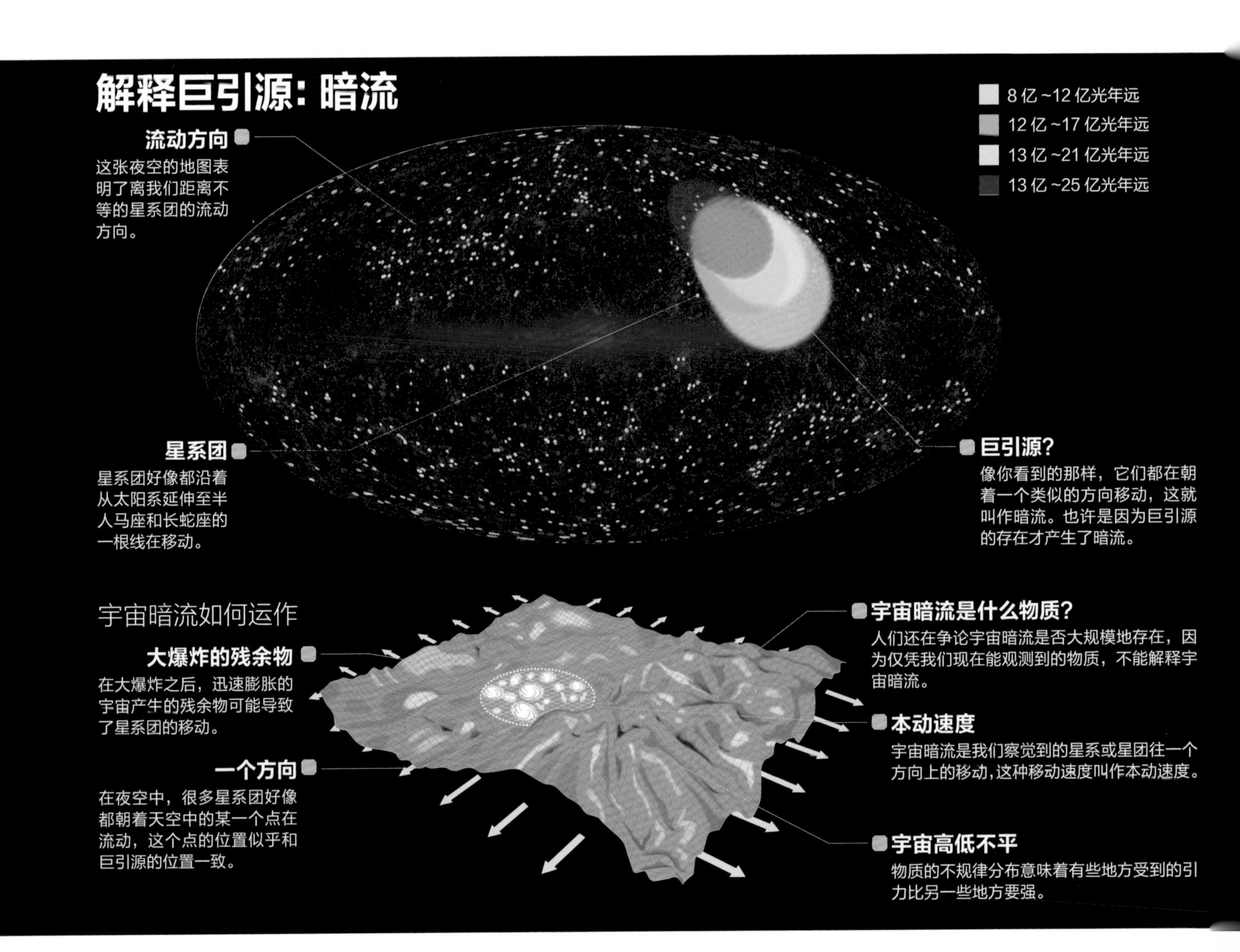

离我们 3 亿光年远的后发座星系团好像正在经历宇宙暗流

源的事，我觉得很惊讶。”他说道，“我现在又在研究它。我正在忙这忙那的，准备去智利观测巨引源。这也是件很奇怪的事，因为我已经很久很久没有研究这个问题了。”

斯特夫利 - 史密斯也正在做一项关于巨引源的新研究。“我们正在继续做关于巨引源的研究。”他说道，“我觉得我们在未来几年里会知道巨引源究竟是什么情况，因为调查正在进行，其中几个在澳大利亚。一个是大班巡天调查（Taipan），这是用英国施密特望远镜开展的光学调查。还有一个新的射电调查刚刚开始，是 SKA 探路者（SKA Pathfinder）。我觉得这两个调查都能完全解开这个谜团。”

这还不是关于巨引源的所有研究。欧洲建造的伊洛西塔（eROSITA）望远镜计划在俄罗斯的斯佩克特伦琴伽马（SRG）卫星上发射。这架望远镜对一系列的 X 射线光子都很敏感，它将展开最深入的一次巡天 X 射线调查，是我们以前从来没有做过的。如果这项调查做得足够深入，我们便可以一劳永逸，在地图上标出巨

你会受到一个推力，
因为那里什么都没有。
但是巨斥源的推力比巨引源的拉力要小。

阿兰 · 德雷斯勒

不管有没有巨引源，我们的星系和仙女座星系会在 40 亿年后发生碰撞

澳大利亚 SKA 阵探路者（Australian SKA Pathfinder，简称 ASKAP）望远镜在发现更多信息上起到了关键作用

引源的位置，并弄清楚那里究竟有什么，将这场辩论画上一个句号。

巨引源不是一个你会在天文学新闻中经常听见的名字，尤其是当“可能适宜居住的卫星”和“引力波”这类标题抢占了新闻头条的时候。但是，它也同样以自己的方式吸引着很多人。如果所有事情按计划进行的话，我们应该在不远的将来就能彻底明白到底是什么在驱动着我们的银河系和其他很多星系的移动了。

尽管不同波段的探测器我们已经应有尽有，但是在我们的视野中，银河系的中心挡住了来自巨引源的大部分辐射。

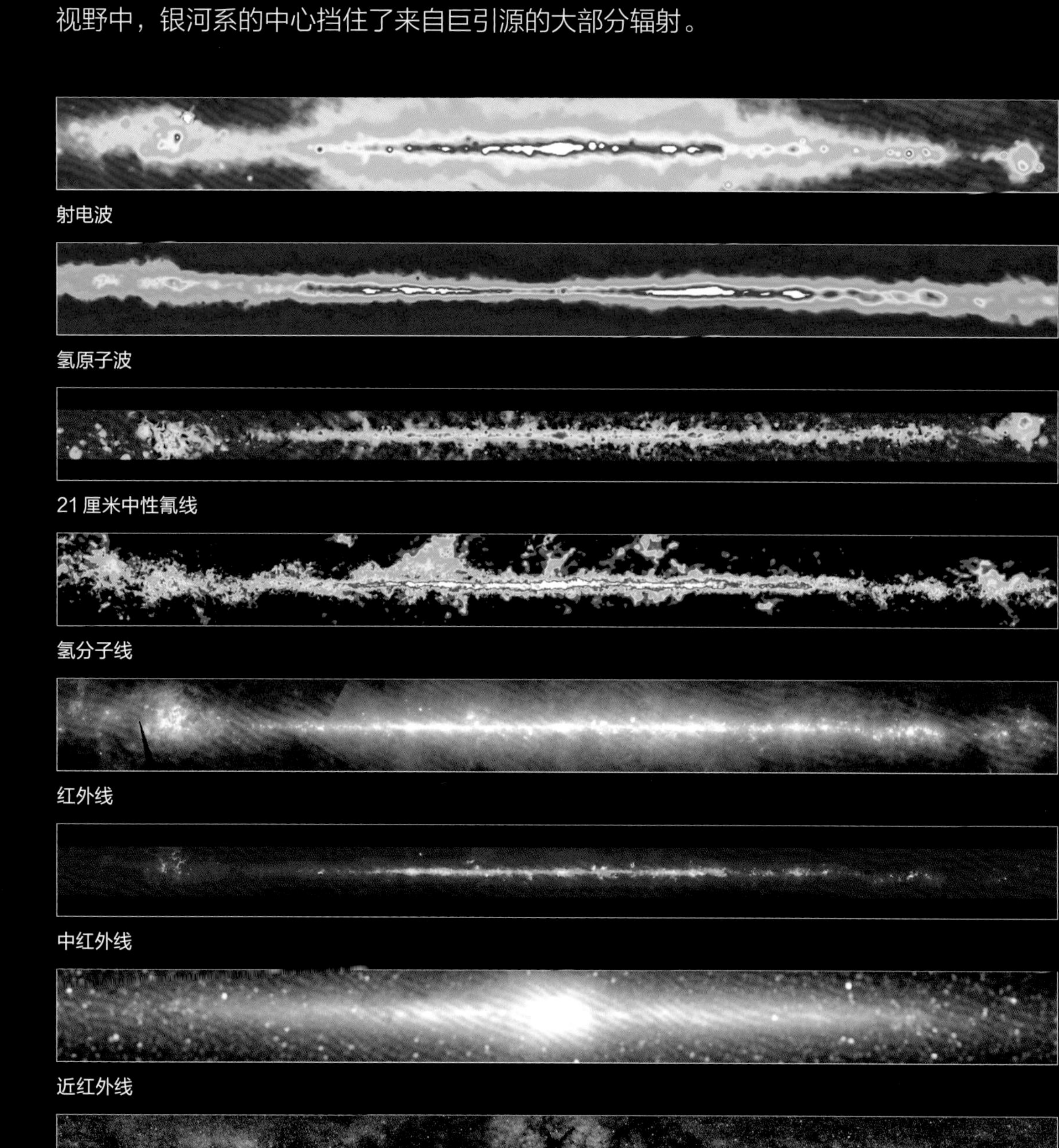

射电波

氢原子波

21 厘米中性氰线

氢分子线

红外线

中红外线

近红外线

可见光

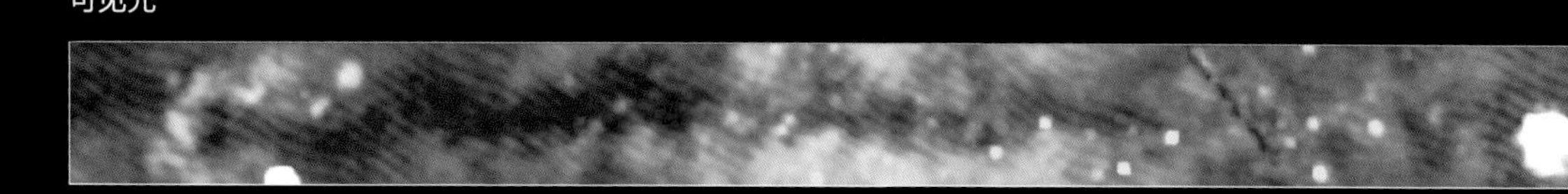

X 射线

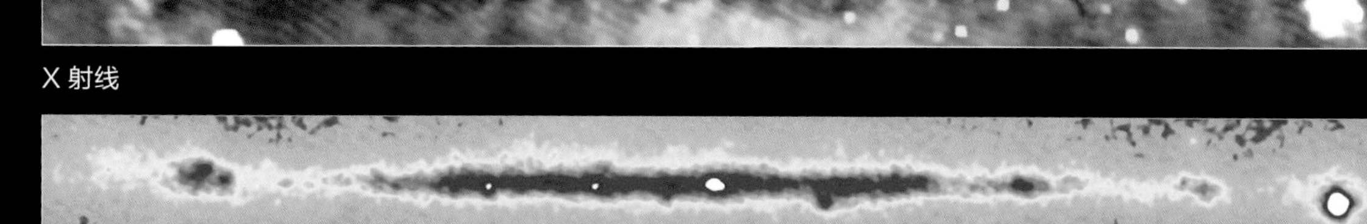

伽玛射线

探 索 者 导 览

仙女座星系

离我们自己的星系最近的一个主要星系是一个复杂的螺旋体，它包含了多至一万亿颗星。

如何到达那里？

3. 时间膨胀
当飞船接近光速，穿越星系间的空间时，奇妙的广义相对论效应开始控制飞船。从地球的角度看，飞船和宇航员们经历的时间会减慢至“龟速”。

2. 终极弹弓效应
在旅途的大部分时间里，宇航员们都会处于人工冬眠的状态。为了达到接近光速的速度，飞船必须依靠先进的推进系统，还要经过很多行星、恒星和黑洞来进行一系列的弹弓效应，以便加快速度。

4. 通往未来的捷径
在超过250万年后，飞船到达仙女座，宇航员们复活。由于时间膨胀，飞船和宇航员们可能“只”衰老了几千岁。

5. 可以探索的空间
这里有1万亿颗星可供选择时，通往仙女座的飞船任务面临的主要问题是挑选先去哪颗星！

1. 离开地球
任何去往仙女座的任务都要依赖无法想象的先进技术，但这个任务仍然会从在地球轨道中组装一架飞船开始。

拥有特大质量黑洞的核心

M32卫星星系

SN1885超新星的大概

NGC206星云

仙女座有多大?

仙女座的直径大约为 22 万光年，是银河系直径的两倍

如果仙女座的大小相当于一艘泰坦尼克号，那么太阳系就会像其甲板上的一粒沙那么小

太阳系

泰坦尼克号

仙女座有多远?

仙女座的中心离地球有250万光年远，当中横跨了一个由星系间空间构成的巨大鸿沟。但是，星系的引力非常巨大，仅仅 200 多万光年后，你就会与仙女座最外面的星体相遇了。

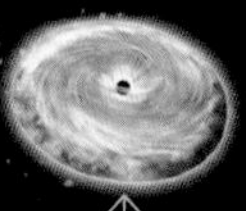

仙女座核心

250 万光年

地球

人们认为，仙女座星系拥有双核结构

本星系群

仙女座星系坐落在本星系群中一个星系密集部分的核心，而银河系标志着另一个核心。仙女座星系和银河系的引力共同主宰着一个类似杠铃形状的空间区域，这个区域大约有 1000 万光年宽。在这个区域的边缘部分，它与附近的星系群融为一体，形成了拉尼亚凯亚超星系团的一小部分。

仙女座

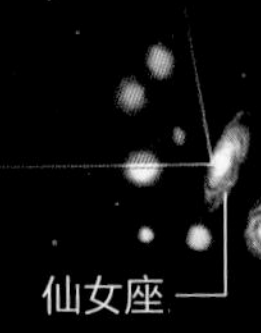

银河系

M110卫星星系

仙女座星系是在地球上肉眼可见的最遥远的天体，它也因此而得名。这一团星体离我们非常遥远，它的光线需要花 250 万年的时间才能到达我们这里。然而，这一团天体又如此巨大、如此明亮，我们用双眼就能看得见它的核心。它看上去就像一点模糊的光，像一颗星星一样。从古代，我们就知道这个星系的存在了。它的名字来源于它所在的星座仙女座（Andromeda，古希腊神话中的一位公主），我们经常就直接称之为仙女座。它的另一个名字是梅西耶 31，或者 M31。这是为了纪念法国天文学家夏尔·梅西耶（Charles Messier）制作的著名天文列表，他在其中整理了天空中的深空天体[1]（non-stellar objects）。

M31 是本星系群中最大的一员，直径约有 22 万光年；它拥有 1 万亿颗恒星，其拥有恒星的数量是银河系恒星数量的 2.5 倍，而银河系中的恒星估计为 4000 亿颗。就像银河系一样，它是一个螺旋星系。从地球看过去，有一根长长的棒状物穿过了它的中心（尽管这个棒状物在可见光下不会轻易被看到，是通过红外线调查才得以发现的）。在一定距离外看过去，它最显著的特征是深色的尘埃带。这些尘埃带穿过星系明亮中心焦点的前方，一圈一圈地把自己围绕起来。因为从我们的角度看，由于仙女座倾斜的角度恰好很小，我们很难探索星系螺旋臂的具体结构。科学家们研究了尘埃带和恒星形成以后富含氢的地区，这些研究让大多数天文学家得出了仙女座有两个主螺旋臂的结论。它们从棒状物的两端出现，互相裹挟对方的路线，然后分解成一个散开的恒星光环，离仙女座的中心大约有 5 万光年远。

仙女座中不容错过的景致

尽管仙女座星系离我们太过遥远，无法精确地绘制那里的地图，但是它的一些关键特征就算在 250 万光年的距离外也非常明显。M31 对其周围发出了很强大的引力作用，将很多较小的星系都拉入了它的轨道。其中最显著的就是叫作 M32 和 M110 的卫星星系，它们都是很不寻常的矮椭圆星系。这些星系在仅仅几千光年距离范围的区域内，包含着好几百万颗星，形成了很紧凑的球型。人们认为，这些围绕着 M31 轨道运行的伙伴会干扰 M31 延伸盘里气体、尘埃和恒星的轨道，在螺旋型的星系中创造出扭曲的形状。

仙女座的大多数伴星系都比这两个矮椭圆星系要更暗、更小一些，但是有一个可能的例外。三角座星系（Triangulum Galaxy，也称作 M33）是本星系群中第三大的螺旋星系，比银河系或 M31 都要小得多，距仙女座仅有 75 万光年远。天文学家仍然无法确定这个较小的星系是否受困于轨道之中，但是在 2012 年，科学家们发现了这两个螺旋星系曾经近距离相遇的证据。因为两者之间仍然有一

1 深空天体指的是天空中除太阳系天体和恒星以外的天体。梅西耶编写的天文列表叫作《梅西耶星团星云表》。

个氢气桥连接着。在几十亿年前，当两个星系擦肩而过时，产生了这些氢气。

如今，星系中最明亮的一个特征就是一个清楚的星团，人们将其标注为 NGC 206。这个星团富含高质量、短寿命的蓝色恒星，也就是所谓的“OB 星协”（OB association）。这种星协是一个松散的星团。这个星团是从一团星云中诞生的，但是它的年龄很大，足以甩掉这团星云，现在处于渐渐瓦解的过程中。然而，在 1885 年，我们又见证了一颗位于仙女座，离我们最近的银河系外超新星。由于超新星十分明亮，尽管它离我们非常遥远，我们还是能用肉眼短暂地看见这次罕见的恒星爆炸。这颗超新星后来叫作“仙女座 S 星”（S Andromedae）。可惜的是，因为它发生的地点离明亮的中心焦点太过接近，我们后来无法找到仙女座 S 星的残留。不过，仙女座中一定有另一颗恒星会在某一天爆炸，带来一场壮丽的视觉体验。

仙女座中心的星系核球是我们要介绍的最后一个亮点。在几十亿颗老化的红色和黄色恒星之间，有一个位于中心的特大质量黑洞。在离它的中心 1000 光年的范围内，有至少 7 个黑洞加入了这个特大质量黑洞。

双核

哈勃空间望远镜的照片表明，仙女座有奇妙的“双核”。一个由年轻的蓝色恒星组成的密集星团围绕着仙女座中间的黑洞。很多较年老的红色恒星组成了一个更大的光环，而这些蓝色恒星就是光环中的一部分。

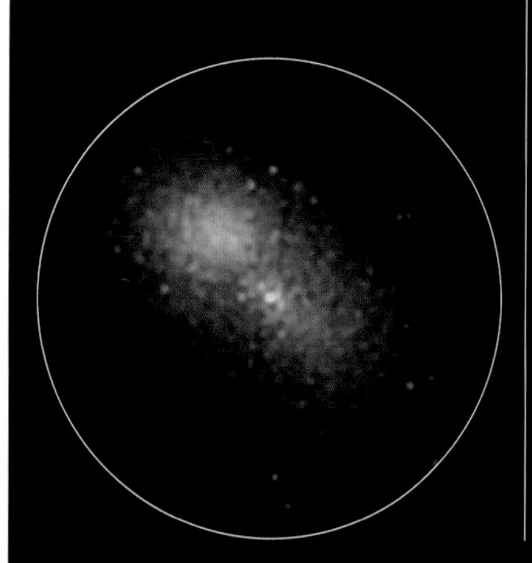

NGC 206星云

这个明亮的 OB 星协包含着大约在 5000 万年前形成的恒星，其中包括不稳定的造父变星（Cepheid variables）。这颗造父变星闪烁的光让天文学家得以测量我们与仙女座星系之间的距离。

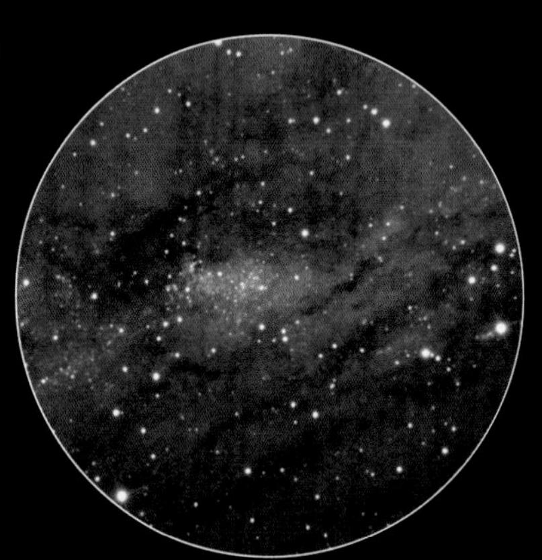

马亚尔2号

马亚尔 2 号是绕着 M31 的球状星团中最大的一个，也是整个本星系群中最明亮的星团。马亚尔 2 号大到令天文学家怀疑它可能是另一个星系存活下来的核心部分，而仙女座星系的引力可能驱走了这个星系中其他的恒星。

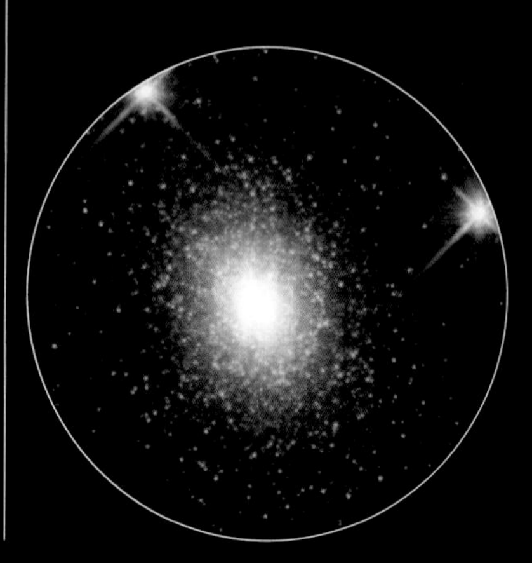

延伸的光环

一个由恒星和球状星团组成的光环围绕着仙女座，它延伸的长度比围绕着我们银河系的光环要远得多，大约离仙女座的核心有 50 万光年的距离。

仙女座的命运

尽管就日常的标准看来，250 万光年是一个很远很远的距离，但是相对银河系和仙女座星系的大小而言，它其实是个很小的数字。正因如此，两个星系的引力正在拉近它们之间的距离，最终两个星系会发生碰撞。40 亿年后，M31 和银河系会相遇，共同开始一个过程，最终它们将融合为一个整体。

仙女座和银河系正在以每小时40 万千米的速度互相靠近

有关仙女座的数字

3.16°

仙女座的真实直径比 6 个满月还要宽！

260 亿

估计出的 M31 太阳光度。尽管它拥有的恒星比银河系要多 2.5 倍，但它只比银河系明亮 25%

0.4

按照太阳质量估算出的每年仙女座星系中恒星形成速度。是银河系中恒星形成速度的十分之一左右

2 亿年

大概的旋转周期（尽管不同的区域以不同的速度移动）

400000 千米 / 时

M31 和银河系互相靠近的速度

100 亿年

仙女座一开始是由几个较小原星系碰撞形成的，自那时起经过的时间

33

至今为止发现的围绕仙女座星系旋转的卫星星系数量

第四章 太空科学

关于宇宙如何运作，我们了解到的具体细节

激光干涉引力波天文台的实验发现了两个黑洞一起螺旋转动时产生的波，它在时空中发出的辐射产生了涟漪。

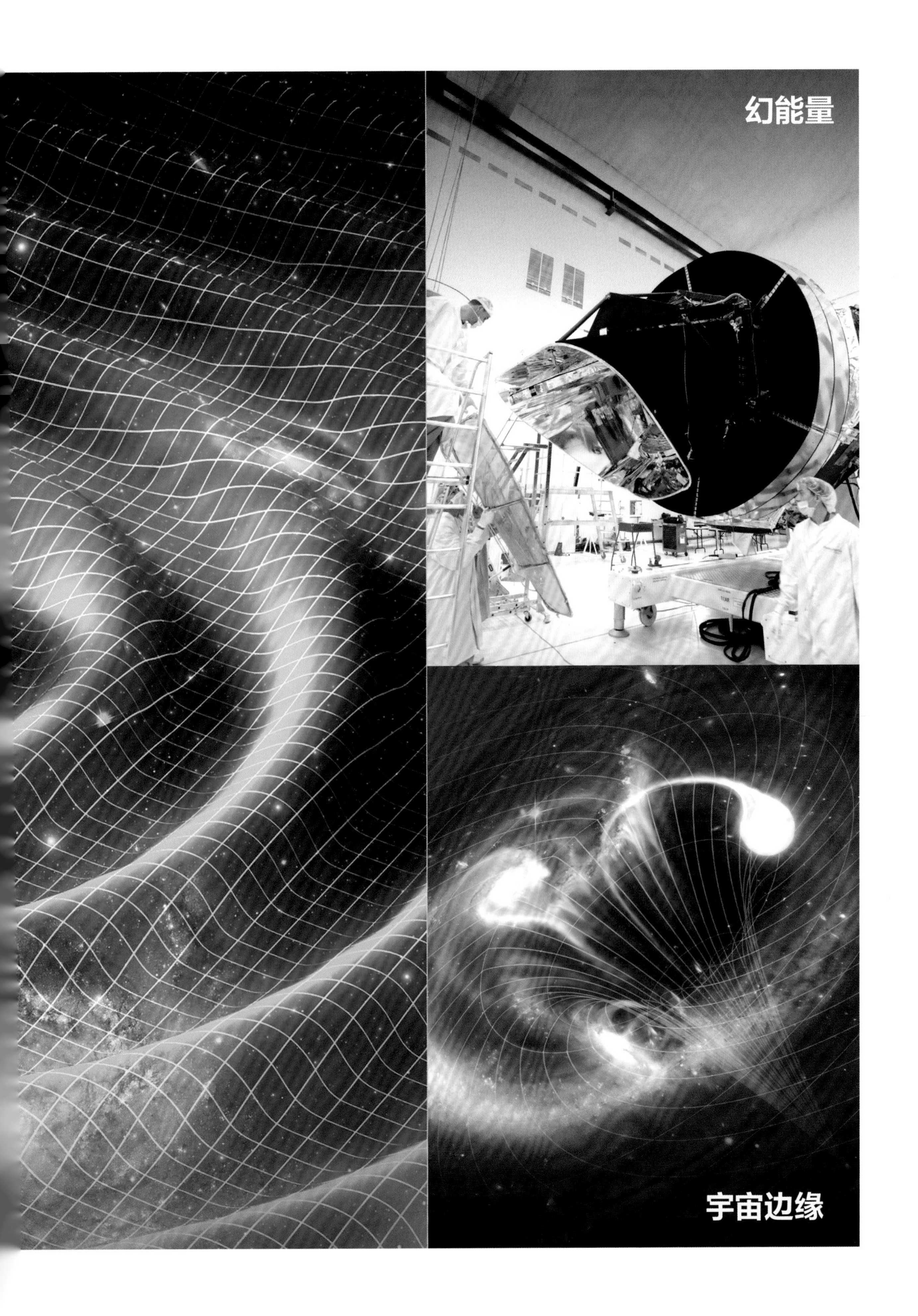
幻能量
宇宙边缘

关于时空

你需要知道的10件事

关于宇宙构造的小抄

科林·斯图尔特 著

就在100多年以前，物理学家阿尔伯特·爱因斯坦（Albert Einstein）发表了一个万众瞩目的想法，彻底改变了很多如何理解我们存在的日常观念。当我们过着日复一日的生活时，我们觉得空间和时间是分离的。我们可以相对自由地在空间中移动，你可以上车，登上飞机，或者跳上一枚发往外太空的火箭。但是，我们在时间中的移动好像受到诸多限制，我们好像只能往前走。改变我们穿越时间的速度好像是科幻片里才有的事。

然而，阿尔伯特·爱因斯坦发表的狭义和广义相对论提出了颠覆性的想法。根据这些想法，空间和时间亲密地交织在同一结构中，这个结构遍及整个宇宙，爱因斯坦把它称为时空。我们即将会看到，这个独一无二的结合是如何造成了一些意义深远而又令人不安的后果的。

阿尔伯特·爱因斯坦

1879年3月，阿尔伯特·爱因斯坦出生于德国。他阐释了广义相对论，它与量子力学成为了现代物理学的两大支柱。在流行文化中，爱因斯塔最出名的一个原因就是他那个举世闻名的等式：$E=mc^2$。而另一个原因就是由于他对理论物理的杰出贡献，他在1921年获得了诺贝尔物理学奖。

爱因斯坦的广义相对论是1916年发表的。广义相对论解释了加速会扭曲时间和空间的形状。换一句话来说，空间和时间在接近一个高质量物体时会发生弯曲。他的其他重要的理论包括：物理定律在任何地方都保持不变，以及光速是恒定的。

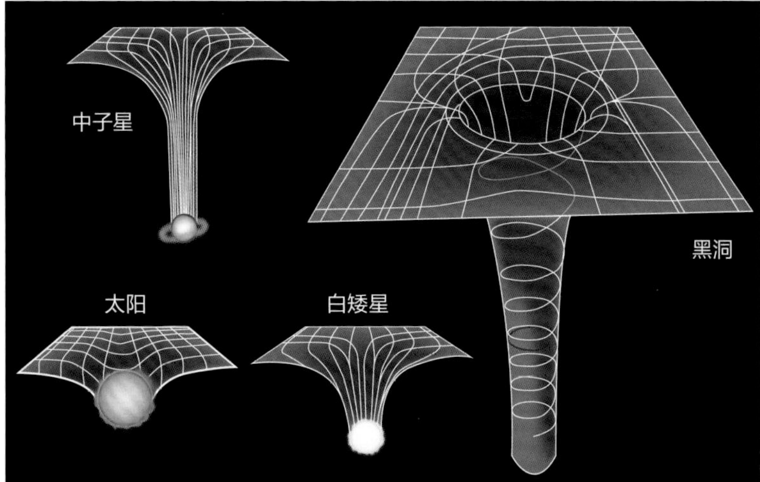

1. 物体越重，时空弯曲得越多

在艾萨克·牛顿（Isaac Newton）描绘的引力中，地球和其他行星之所以围绕太阳轨道运行，是因为我们的恒星释放出引力，将围绕它旋转的星球拉向自己。但是爱因斯坦的想法有点不同。他说像太阳这样的高质量物体会弯曲它们周围的时空结构。

人们经常用到的一个比喻是把宇宙比作一张四角都被紧紧拉住的床单。如果你将一个保龄球放在床单中间，代表太阳，那床单的中间会下沉。然后，你可以在下沉部分的边缘滚动一个网球，那网球就会绕着那个较大的球，即保龄球的轨道旋转，就像地球围绕着太阳旋转一样。物体的质量越大，时空扭曲的程度越高。物理学家将中间下沉的部分称为“引力势阱”。引力势阱越深，就要以越快的速度运行才能从中逃逸出去。

对于地球来说，这个逃逸速度是每秒钟 11 千米左右。但是那些像黑洞一样极紧凑、质量极高的物体是如此巨大，以至于你必须用比光速还要快的速度才能爬出引力势阱。然而，我们将看到，超越光速是不可能的。在黑洞周围的时空扭曲得太厉害，导致所有的路线都会把你带回黑洞。

2. 宇宙的形状

开放的宇宙
在开放的宇宙中，宇宙没有界限，会永远扩张，因为没有足够的质量可以将扩张减速至停止。

封闭的宇宙
在封闭的宇宙中，宇宙拥有的质量比引起宇宙扩张的质量要大。在这个情况下，宇宙不是无限的，但是也没有终点。

扁平的宇宙
拥有的质量正好可以使宇宙停止扩张，但是这只会在无限的未来发生。宇宙会永远地扩张下去。

空间可能组成了宇宙的结构，但是宇宙的整体形状是什么样的呢？有三种可能性，物理学家将它们称为开放式、封闭式和扁平式。一个开放的宇宙形状类似于一个马鞍，一个封闭的宇宙就像地球表面一样，而一个扁平的宇宙就像一张纸。辨别它们的一个办法是去测量三个星体之间的角度。在学校，我们会学到，三角形的三个角之和是 180 度，但是这句话只有三角形在一张纸上的时候才是正确的。例如，在地球表面的三个城市之间画一个三角形，它们之间的夹角之和会超过 180 度。如果在一个马鞍形上画三角形，它的夹角之和会小于 180 度。

当天文学家用这种方法去测量时，他们获得的答案是 180 度。所以我们的宇宙看上去好像是扁平的。但是，这可能并不是完整的答案。如果你自己困在地球的一个小城镇里，你可能觉得地球也是平的，因为你在很小的距离范围内不会意识到地面的弯曲。同理，我们本地的宇宙可能看上去是平的，但是更宽阔的宇宙可能并不是这样。

3. 时空会随着宇宙中的事件而发生皱褶

爱因斯坦的理论产生的重要结论之一就是宇宙中的激烈事件将引起时空结构的扭曲。如果把时空想象成一个池塘的表面，然后两个黑洞在宇宙之间的某处发生了碰撞。如果广义相对论是正确的，这个巨大的碰撞会在“池塘”表面发出涟漪，也就是“引力波”。最近，美国的高新激光干涉引力波天文台实验（Advanced LIGO experiment）第一次发现了两个黑洞碰撞产生的引力波，更进一步地支持了爱因斯坦的想法。

探测器包含两个相互垂直、长达 4 千米的轨道。研究人员沿着每个轨道发射激光，然后激光会在轨道末端的镜子中弹回。如果所有条件都是相等的话，两束激光应该会同时返回起点，因为它们的轨道长度是一样的。然而，如果引力波经过了探测器，那么探测器中的空间就会暂时扭曲，将会导致其中一个轨道的长度会产生微小的变化。这意味着激光返回起点的时间也会有微小的差异。

捕捉引力波

激光干涉引力波天文台的实验发现了两个黑洞一起螺旋转动时产生的波，它在时空中发出的辐射产生了涟漪，也叫作引力波。激光干涉引力波天文台探测器之一位于华盛顿州汉福德区，而另一个位于路易斯安纳州利文斯顿区。这些引力波的波长差不多等于两个探测器之间的距离。

光速

引力波以光速在空间中穿行，将空间在一个方向上拉长，在另一个方向上压缩。

弹跳的光

光在激光干涉引力波天文台干涉仪 4 千米长的双臂上弹来弹去。当其中的一个波让双臂的长度不等时，光会从“暗接口”中漏出，泄露引力波的存在。

黑洞中的时空

黑洞的中心是什么？这个问题非常吸引人，但也很难解答。爱因斯坦的广义相对论中的定律表明，黑洞会将所有掉进去的物质挤压到一个无限小、密度无限高的点，这个点叫作奇点。在这里，所有的空间和时间都结束了。但是，这不太可能是一个准确的描述，因为它忽略了量子物理学的规则。

所以，我们真正需要的是一个能与广义相对论结合起来的量子物理理论。但当物理学家试着将两个理论结合时，所有的等式都不成立了。唯一能让等式成功运作的条件就是假设宇宙有十一个维度，而不是我们传统意义上说的四维时空。如果十一维真的存在，这些额外的维度一定蜷曲得十分微小，才能一直不被发现。

4. 时空结构与宇宙一起扩张

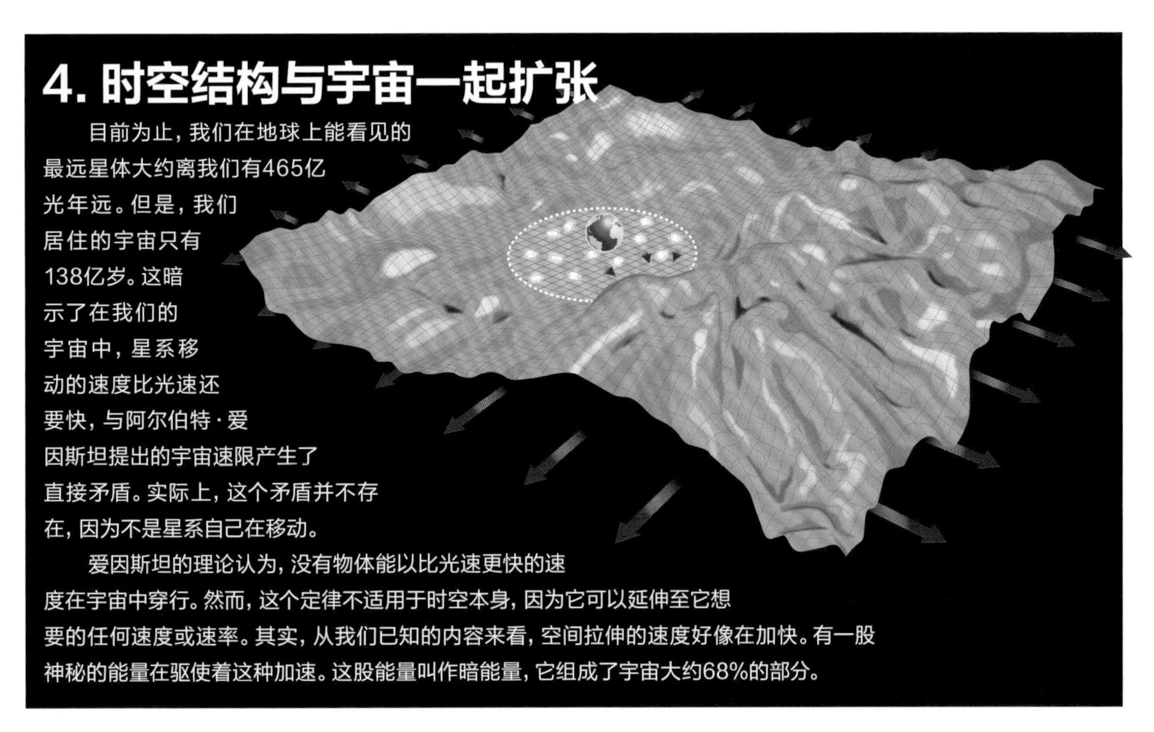

目前为止，我们在地球上能看见的最远星体大约离我们有465亿光年远。但是，我们居住的宇宙只有138亿岁。这暗示了在我们的宇宙中，星系移动的速度比光速还要快，与阿尔伯特·爱因斯坦提出的宇宙速限产生了直接矛盾。实际上，这个矛盾并不存在，因为不是星系自己在移动。

爱因斯坦的理论认为，没有物体能以比光速更快的速度在宇宙中穿行。然而，这个定律不适用于时空本身，因为它可以延伸至它想要的任何速度或速率。其实，从我们已知的内容来看，空间拉伸的速度好像在加快。有一股神秘的能量在驱使着这种加速。这股能量叫作暗能量，它组成了宇宙大约68%的部分。

5. $E=mc^2$：能量、质量与光速之间的关系

物体在移动中获得质量

爱因斯坦曾提出了一个也许是人类历史上最著名的等式：$E=mc^2$。这个等式表明，能量（energy，用E表示）和质量（mass，用m表示）是一个硬币的两面，它们是可以互换的。能量就是质量，质量就是能量，它们之间的关系就是光速（用c表示）。任何移动的物体都有物理学家所说的动能，也就是移动产生的能量。物体移动得越快，拥有的动能越多。但是爱因斯坦的等式告诉我们能量就是质量，所以能量增加的同时质量也在增加。

任何获得速度的物体也在获得质量，包括人类。一个在不动的时候质量为70千克的人，在一架以每小时900千米的速度飞行的飞机上，质量会增加一点点，变成70.00000000002434千克。然而，粒子加速器中的亚原子就在以这种速度运动，粒子物理学家经常需要和它们打交道，例如欧洲核子研究组织（CERN）。所以，你会常常听到物理学家说到一个粒子的“静止质量”，也就是当它停止运动时拥有的质量。

所以物质不能以比光速更快的速度移动

当一个物体运动得更快时，它的质量也会增加。但是如果这个物体变得更重，就需要更多的能量来让它运动得更快。想象一下当你背着一个背包在匀速奔跑。如果你加速，你的包里就会放进更多的石头。那么，你必须花更大的力气才能再次加速。如果你继续加速，你的包里又会放进更多的石头。最终，这个物体会变得如此之重，以至于需要无限量的能量才能加速。这个截止点就是光速。这也是为什么任何具有质量的物体都不能以光速移动。

爱因斯坦将光的粒子称为光子。光子可以以光速移动，因为它们没有质量。即便如此，严格地说，一个带有质量的物体也是可能以超过光速的速度移动的，但是它必须一直以来都移动得这么快。它不可能起初移动得比光速慢，然后慢慢加速到比光速快。这种假想中可以超越光速的粒子叫作超光速粒子。

参照系

爱因斯坦不是引入相对论的第一人。在17世纪，伽利略·伽利莱说过，我们不可能开展一项实验，来区分静止不动和匀速运动。我们大多数人也在一辆车里或者一列火车上经历过相似的场景。当你觉得你在移动，但是后来你意识到是另一辆车在移动。但是如果你不能看见外面的话，你就不能判断你是否在移动。

如果你处于静止不动或者匀速运动的状态，你就是在一个“惯性参照系”里，这也是在爱因斯坦的相对论中起到关键作用的一个概念。他得到的关于时间膨胀和长度收缩的启示来自于两个很简单的初始命题。第一，光速对所有观测者来说都是相同的。第二，物理定律在所有的惯性参照系中都是相同的。

6. 时间膨胀：缓慢移动的钟

回到 1905 年，爱因斯坦预言道，移动的钟相较于那些静止的钟来说走得更慢（或者以更慢的速度运动）。但是这和钟的机械原理没有任何关系，受影响的是事件本身。想象有一对双胞胎，名叫爱丽丝和鲍勃。爱丽丝跳上了一艘火箭，以 95% 的光速环游太空，而鲍勃留在了地球上。他们各自都觉得时间在正常地流逝，但是当爱丽丝返回地球时，她将意识到她现在比她的兄弟要年轻很多。因为相对于她的兄弟而言，爱丽丝经过的时间较短。这完全是因为她运动的速度比他要快。我们在日常生活中不会意识到这件事的唯一原因是因为我们从来没有以足够快的速度运动过。

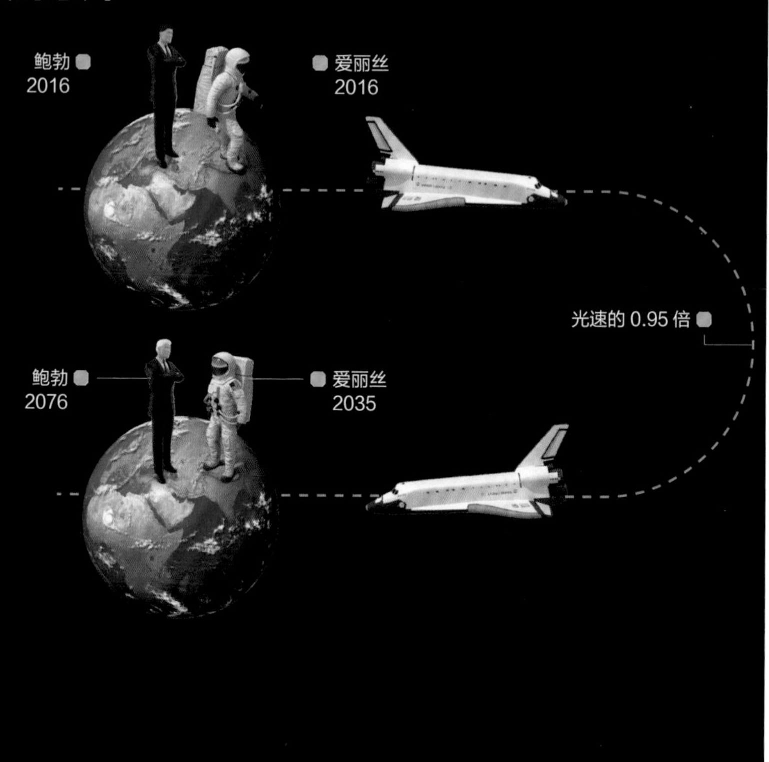

但是这个叫作时间膨胀的效应在我们的日常生活中确实起到了根本作用。就拿围绕着地球轨道运行的全球定位系统卫星飞船来说吧。通过与我们的设备交换时间信号，卫星让我们可以在地球表面找到自己所在的位置。但是那些卫星正在围绕着地球快速飞行，比地面上的钟表移动的速度要快得多。如果这个系统不考虑到时间膨胀现象，那么整个系统很快就会变得毫无作用。

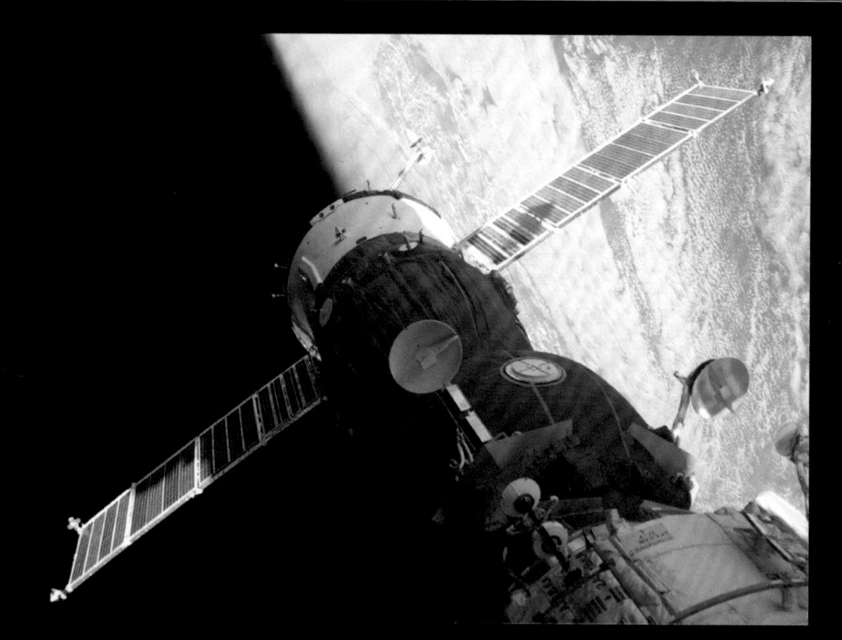

时间膨胀意味着在国际空间站上，时间走得比较慢。每过6个月，国际空间站上的钟就会比地球上的慢0.007秒，需要经过重新调整，才能修补时空弯曲造成的时间差。根据理论，时间膨胀最终能提供一种让我们穿越到未来的方法。然而，就像我们现在看到的，凭借我们现在的科技，尤其是考虑到我们现在能够到达的速度，除了需要偶尔重置国际空间站和其他卫星上的钟以外，产生的时间差可以忽略不计。我们目前还没有办法对时间膨胀现象开展实际运用。

我们在日常生活中不会意识到这件事的唯一原因是因为我们从来没有以足够快的速度运动过。

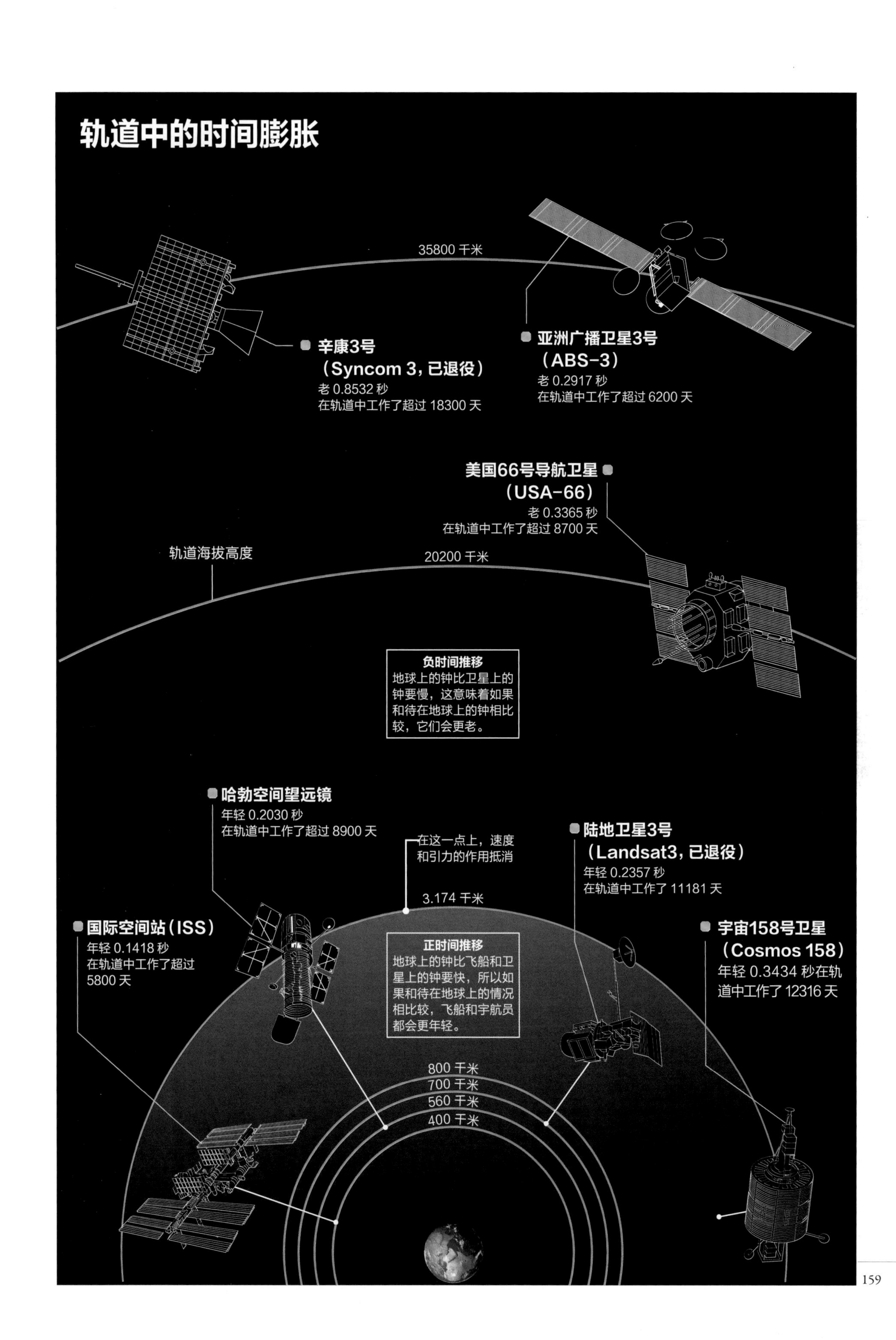
轨道中的时间膨胀
35800 千米
辛康3号
（Syncom 3，已退役）
老 0.8532 秒
在轨道中工作了超过 18300 天
亚洲广播卫星3号
（ABS-3）
老 0.2917 秒
在轨道中工作了超过 6200 天
美国66号导航卫星
（USA-66）
老 0.3365 秒
在轨道中工作了超过 8700 天
轨道海拔高度
20200 千米
负时间推移
地球上的钟比卫星上的钟要慢，这意味着如果和待在地球上的钟相比较，它们会更老。
哈勃空间望远镜
年轻 0.2030 秒
在轨道中工作了超过 8900 天
在这一点上，速度和引力的作用抵消
3.174 千米
陆地卫星3号
（Landsat3，已退役）
年轻 0.2357 秒
在轨道中工作了 11181 天
国际空间站（ISS）
年轻 0.1418 秒
在轨道中工作了超过 5800 天
正时间推移
地球上的钟比飞船和卫星上的钟要快，所以如果和待在地球上的情况相比较，飞船和宇航员都会更年轻。
宇宙158号卫星
（Cosmos 158）
年轻 0.3434 秒在轨道中工作了 12316 天
800 千米
700 千米
560 千米
400 千米

7. 移动的物体看上去更短

与时间膨胀相关的一个现象就是长度收缩。如果相对于静止的观测者来说，一个物体在高速移动，那么它沿着移动方向看上去的长度会比静止不动时要短。需要重申的是，在日常生活中，我们不会注意到这个效应，因为只有当物体的速度非常快时，这个效应才会比较明显。一个静止时长度为200米的物体如果以光速的10%移动，静止的观测者测量出的长度会是199米。

如果将长度收缩和时间膨胀合并，就能帮助解释关于μ介子的谜团。渺子（muon）是一种亚粒子，在地球大气层的上层会产生这种粒子。这些粒子很快就分裂成其他粒子，理论上讲极少有渺子可以到达地面。然而，很多实验发现，很多渺子可以完成到达地球表面的旅途。

从我们站在地球表面的角度看，渺子经历了时间膨胀。于是，它经历的时间没有我们想的那么多，没有时间分裂成其他粒子。从渺子的角度看，离地面的距离收缩了，所以它可以在分裂前，利用很短的时间到达离它不远的地球表面。

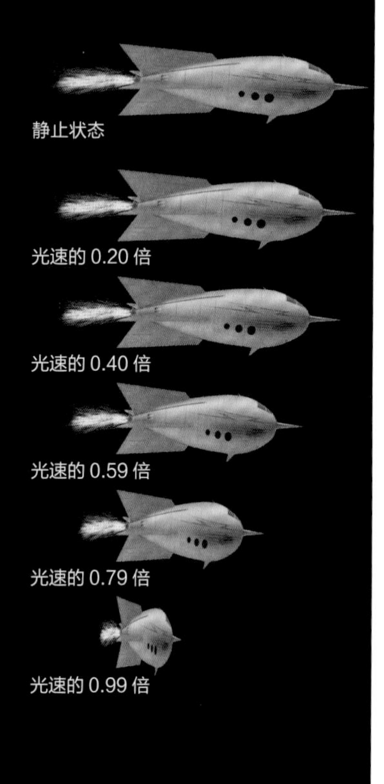

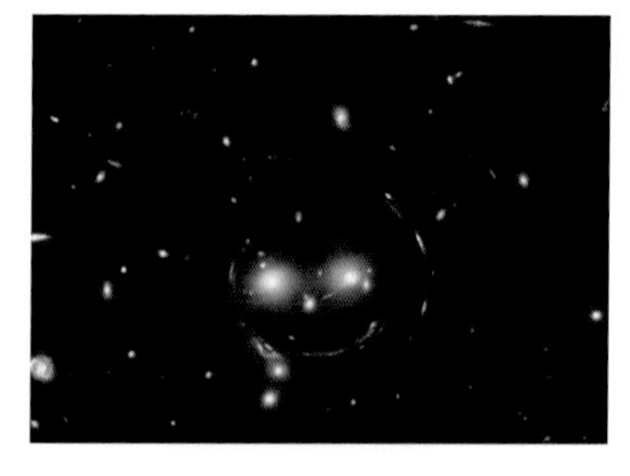

8. 引力可以使光弯曲

爱因斯坦描绘的弯曲时空解释了尽管光是无质量的，高质量的物体还是可以使光弯曲。一束光会根据它所穿越的时空当地的曲度来移动。其实，验证光的弯曲是一项很重要的测试，帮助捍卫了爱因斯坦的想法。1919年发生的一次日食让天文学家得以看见天空中很多靠近太阳的星体。这些星体的位置和往常有些许不同，因为太阳弯曲了它们的光线。

牛顿和爱因斯坦的理论都预测到了这一点，但是他们对光弯曲的程度有不同的见解。1919年的日食照片显示出爱因斯坦是正确的，并为他的想法提供了辩护。一个星系团甚至可以使一束从遥远的星体传来的光弯曲成一个弧形，形成光弧或者爱因斯坦环。

9. 量子泡沫

爱因斯坦的广义相对论很擅长解释大尺度的时间问题，例如为什么行星能围绕着恒星旋转。然而，小尺度下的时空，例如比原子还要小得多的时空，又会怎么样呢？根据量子物理的定律，微小的亚原子粒子可能会突然出现，只要它们可以很快地再次消失。由于它们的暂时性，它们又叫作虚粒子，但是我们也知道任何带有质量的物体会在时空结构中弯曲。

很多物理学家认为，在最小的尺度上，由于这些虚粒子稍纵即逝的存在，导致时空带有颗粒状的性质。科学家将其称为量子泡沫，但是他们还没有找到过实验证据，来证明量子泡沫的存在。

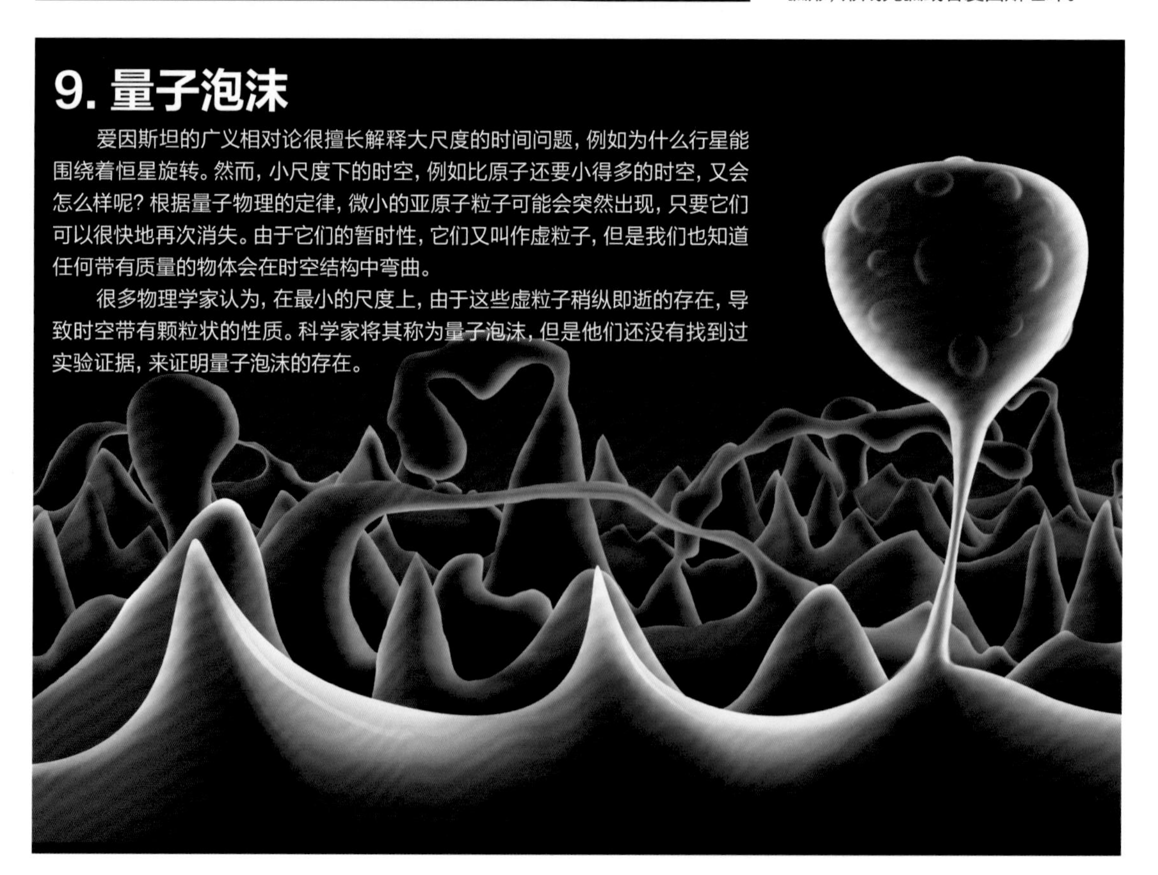

10. 参照系拖拽现象

宇宙中，很少有高质量的物体可以完全静止不动。它们经常像太阳或地球一样，在那里旋转。当星体旋转的时候，它也将周围的时空拉向了自己，这个效应叫作“参照系拖拽”。爱因斯坦的广义相对论第一次预言了这个效应的存在。然而到了2004年，当天文学家展示了两架围绕地球旋转的飞船都将轨道移动了两米时，才证实了这个效应。2011年，美国国家航空航天局的引力探测器B（Gravity Probe B）提供了一次更精确的测量。

在一个旋转的黑洞附近，这个效应可能会更加显著。天文学家常常将这种黑洞叫作克尔黑洞（Kerr black hole）。监测银河系中心黑洞周围的恒星轨道也能为参照系拖拽提供额外的证据。有些在其他星系里的黑洞尤其活跃，吞噬着物质，并喷射出一股股的辐射。新的望远镜将很快能研究这些辐射股的基本性质，并可能找到更多正在发生参照系拖拽的证据。

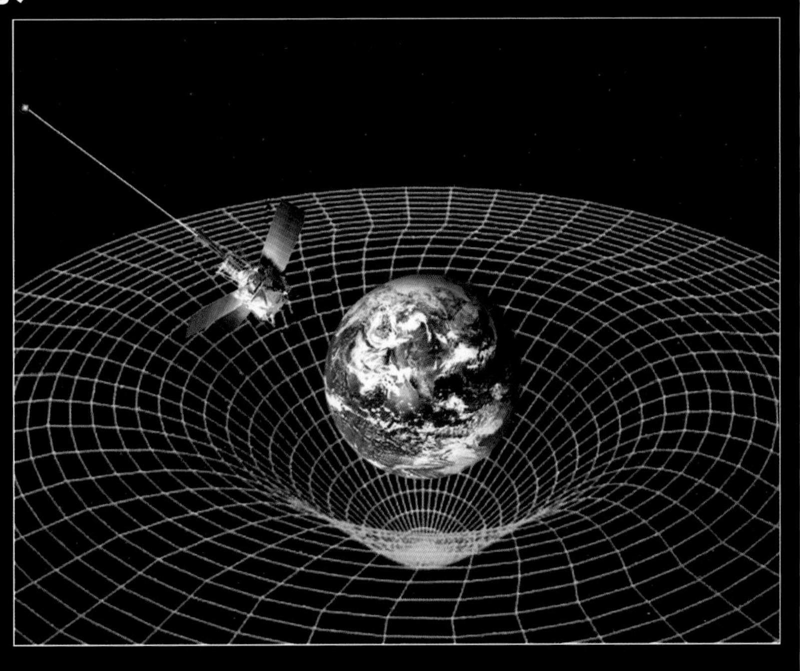

实验

回到2004年，美国国家航空航天局的引力探测器B卫星经过发射，进入地球轨道，测试了广义相对论的两个预言。这颗卫星经过训练，会瞄准指引星飞马座IM（IM Pegasi，指引星），这是飞马座中的一个双星系统。卫星会保持与极轨道对齐，意味着陀螺仪的旋转是不变的。当这些设备经历时空扭曲时，它们的轴线会倾斜，从而证明了爱因斯坦的广义相对论。

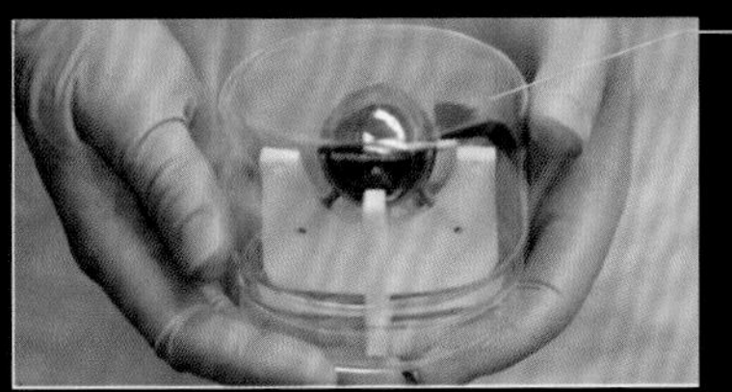

陀螺仪

这些乒乓球大小的陀螺仪小到可以放进你的手心里。为了达到最佳的精确度，这些陀螺仪是人类历史上制造得最完美的球体。

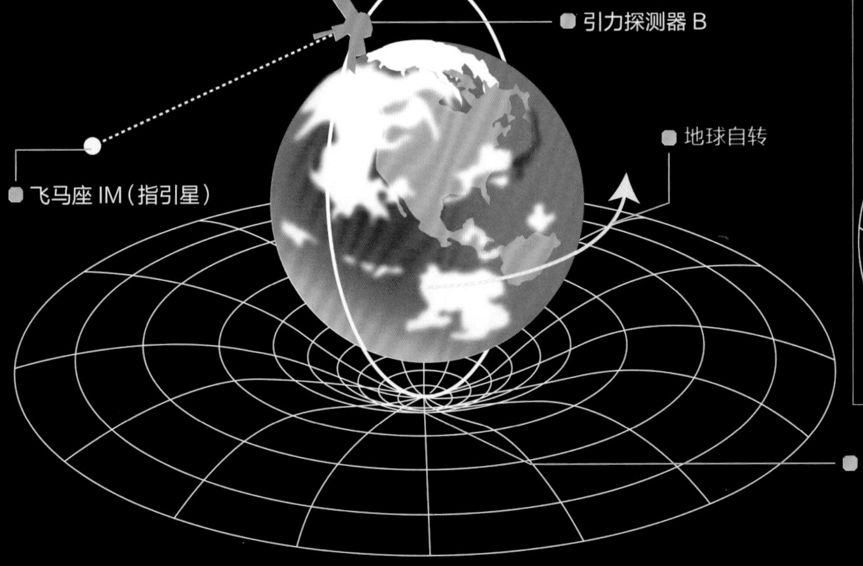

结果

参照系拖拽

根据相对论，像地球这样的大型物体会移动或者旋转。当发生这些移动或旋转的时候，它们就会拖拽周围的时空。引力探测器 B 确认了这一点。

时空扭曲

每年，陀螺仪的角度会改变0.0018度，这是由于地球的引力扭曲了宇宙的构造。这又证实了广义相对论的另一个预言——测地线效应。

解释幻能量

以及宇宙的黑暗面

明白“不可知”的宇宙可能会让一些主宰时空的重要理论发生重大变化

保罗·科博恩（Paul Cockburn）著

我们活在一个精确宇宙学的时代。当我们使用越来越精准的仪器和日渐复杂的数据处理系统来继续观测和研究我们周围的宇宙时，研究的结果总是出人意料。有些结果甚至称得上是很离奇的。其中最著名的发现可能就是我们逐渐意识到我们在宇宙中可以看见的一切物体，包括尘云、小行星带、行星、恒星、星云和星系团在内，都根本没有足够的质量来支撑宇宙可以像我们清楚看到的这样运行。起码，根据在爱因斯坦的广义相对论的基础上发展出来的宇宙学标准模型是这样告诉我们的。早在 20 世纪 30 年代，有人第一次提出了这个问题的一个可能的解答——暗物质。它之所以叫作“暗物质”，是因为它肯定包含了一种不会发出可见光，也不会与可见光产生反应的物质（或者甚至不会和电磁波谱中的任何部分产生反应）。就这样，宇宙的黑暗面诞生了。

宇宙星体之间的距离
很有可能在98亿年后翻倍。

欧洲空间局的普朗克卫星测量了宇宙中的宇宙微波背景辐射

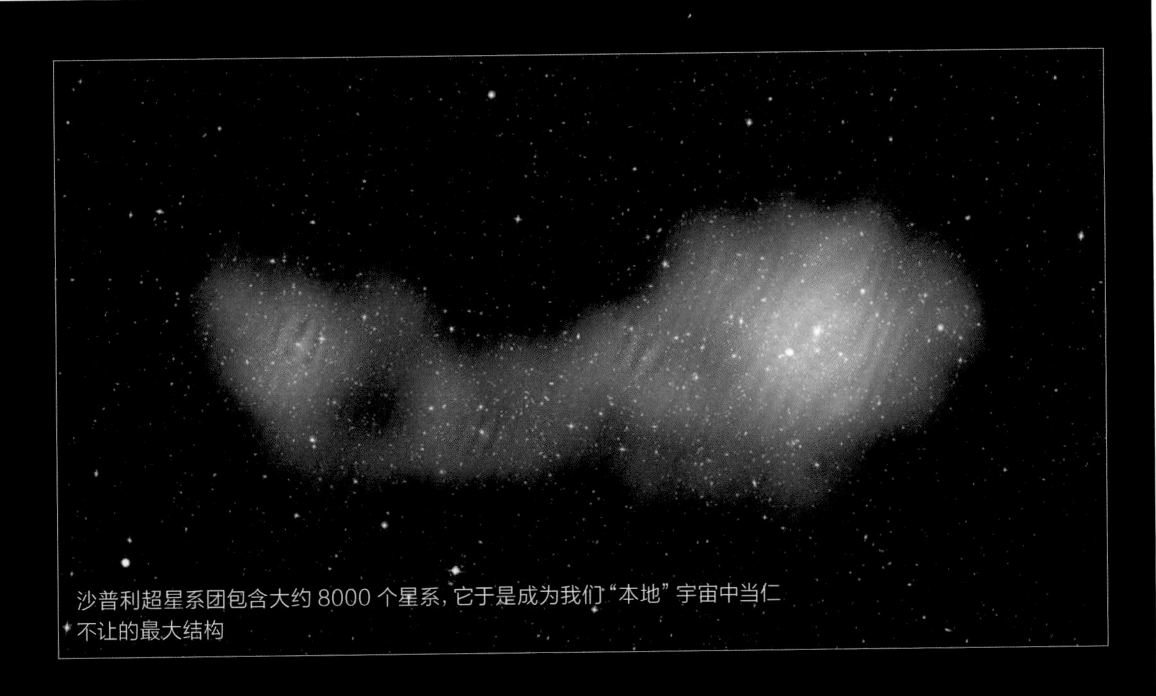

沙普利超星系团包含大约 8000 个星系，它于是成为我们“本地”宇宙中当仁不让的最大结构

幻能量与宇宙膨胀

暗能量的这种神秘形式很有可能撕裂我们的宇宙，造成宇宙的终结

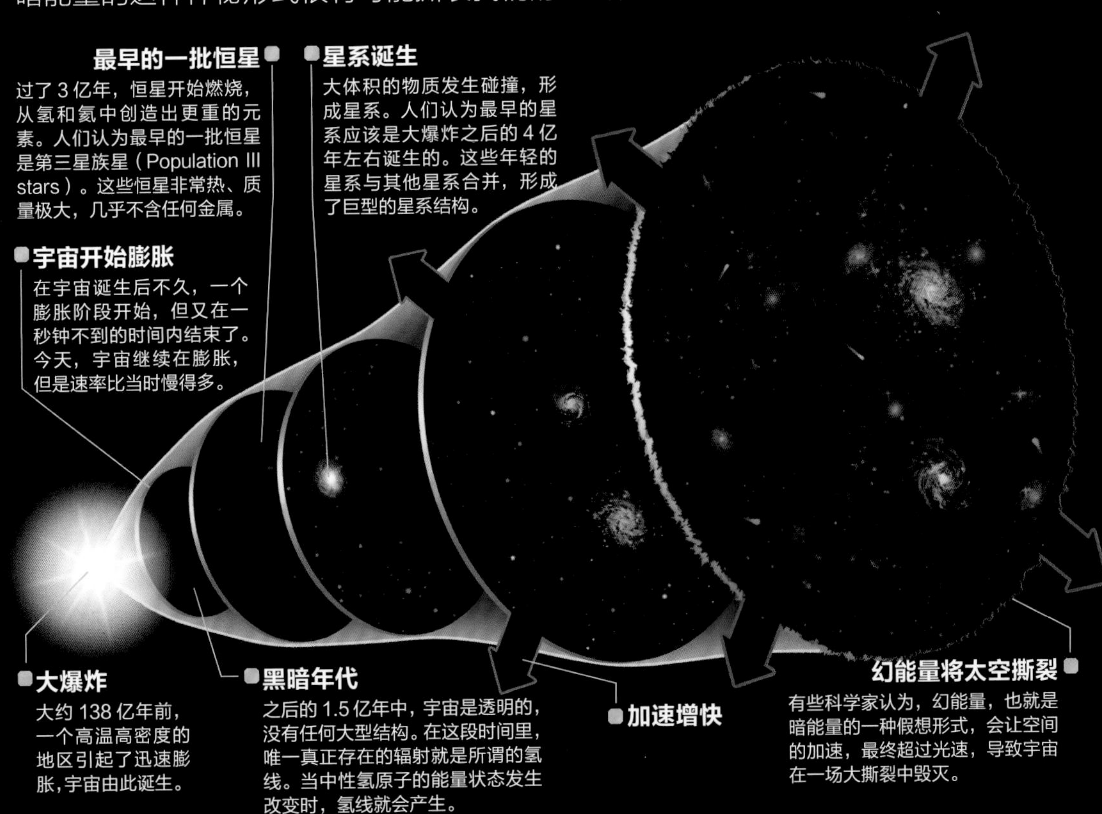

一个技师在一间无尘室里调试冰立方天文台（IceCube Observatory）的一个数码光学模块（Digital Optical Module）感应器

后来，天文学家了解到了更多关于暗物质的知识，尽管是通过它的引力影响侧面了解到的。最令人震惊的发现就是暗物质肯定构成了宇宙整体质量的27%左右。然而，一旦将暗物质加入爱因斯坦的理论中，它可以解释所有的一切：从恒星的形成到星系不会由于它们的旋转速度而分崩离析这个事实。但是，宇宙中不只是暗物质在起作用。1929年，埃德温·哈勃（Edwin Hubble）的观测表明，宇宙好像在膨胀。大多数星系（除了仙女座）都在离我们越来越远，而离我们最远的那些星系远离我们的速度最快。宇宙膨胀中这个距离与速度之间的相关性不久后就被命名为哈勃常数（Hubble Constant）。但是，不要让这个名字骗了你。后来的结果证明，在宇宙膨胀时，这个常数既不是永恒的，也不是不变的！

说到引起宇宙膨胀的原因时，天文学家最终选择了“暗能量”这个答案。“暗能量”就是一种未知的能量形式，弥漫在整个宇宙中，保证物质间越来越相互排斥。为了让爱因斯坦的理论仍然成立，这个暗能量需要占宇宙构成的三分之二（68.3%）以上，这个比例可能让一些读者觉得是科学家们的一厢情愿。

然而，在后来的几十年中，我们找到了很多侧面证据来支持暗能量的理论，尤其是当天文学家比较了距离测量和它们与星体上侦测到的光红移关系的时候（宇宙似乎在它生命的后半期膨胀了更多，这个证据就是一个例子，支持了暗能量的存在）。另外，暗能量可能也解释了为什么从宇宙微波背景中测量出的方向模式来看，宇宙看上去接近扁平式。只有在某种未知能量存在的时候，宇宙才能保持这种形状。因为这种未知能量可以让自身的密度与宇宙的总质量（包括物质和暗物质的质量）达到平衡。否则的话，宇宙的总质量是足以使之成为扁平式的。然而，现在暗物质和暗能量的概念好像也不足以让宇宙学的标准模型与实际上观测到的宇宙运行方法达到完全同步。宇宙学家现在越来越爱提及“暗辐射”和“幻能量”。“幻能量”是能量的一种具体形式。当电子设备关闭但没切断电源时，电子设备会从电网中获得另一种幻能量，也叫“吸血鬼能量”。这种幻能量和天文学上的幻能量是完全不同的。

也有越来越多的人会提到“暗引力”或者“修正引力”。这是一种更激烈的方法，显示了我们尚未完全理解宇宙的基本性质，还显示了引力其实并没有遵守爱因斯坦广义相对论中总结的定律，尤其是在巨大的宇宙尺度上。

罗伯·考德威尔（Robert Caldwell）是新罕布什尔州达特茅斯学院的一名理论物理学家，他的研究方向主要是解答关于宇宙的基础属性问题。“我觉得他们是从2000年左右才开始讨论这个问题的。”他解释道，“暗能量、暗引力或者修正引力的提出都是为了解释宇宙飞快加速膨胀的现象。如果没有它们，就无法解释这一点。有些人认为，引力在宇宙学尺度上的性质可能会不同，所以提出了修正引力或者暗引力的概念。我有点喜欢‘暗引力’这个名字。暗辐射这个名字就比较好笑了。我觉得之所以提出暗辐射，是因为早期宇宙‘允许’的辐射量和我们能够解释的辐射量之间有一个鸿沟。”

在2016年6月发表的一篇科学论文又把这些关于“暗”宇宙方面的讨论推向了高潮。约翰·霍普金斯大学的亚当·里斯（Adam Riess）是这篇文章的主要作者，他得到了来自全球11家科研机构的14名合著者的支持。这篇论文的基础是地球与其他19个星系的距离计算，这是至今为止最新、最精确的一次计算。这次计算将超过2000颗变化多端的造父变星及Ia型超新星作为“衡量标准”，展现了惊人的发现。根据这项研究，每经过326万年，宇宙膨胀的修改速度为每秒73.2千米。也就是说，未来的每一个326万年，我们都会发现宇宙膨胀的速度比之前每秒快73.2千米。按照这个速率，宇宙星体之间的距离很有可能在98亿年后翻倍。然而，这个修正数值面临的挑战是它不符合在更广泛的测量中预测的膨胀速率。欧洲空间局的普朗克卫星负责进行更广泛的测量，这些测量是从大爆炸的余晖，也就是宇宙微波背景中得到的结论。实际上，这两次测量的差距要让最新的这次数据乘以三至四倍的“不确定性”才能弥补。

我们可以理解，
很多人不愿放弃爱因斯坦的引力理论，
以及长久以来地位稳固的
宇宙微波背景数据。

简单来说，这篇论文表明，宇宙现在膨胀的速度比它应该膨胀的速度要快 9% 左右，至少根据天文学家的预测来看是这样的。“要么是我们漏掉了什么东西，比如有一种我们不知道的新型物质，要么就是我们已经知道的东西很奇怪、很疯狂，发生了一些很搞笑的事。”澳大利亚国立大学斯壮罗山天文台的布拉德·塔克（Brad Tucker）解释道，他也是这篇论文的作者之一。他还说：“我们可以加进一些新的东西，或者我们真的得弄明白暗物质和暗能量到底是什么。”“虽然从表面上看，有人对一些宇宙微波背景数据的精确度发表过疑问，但是我们可能缺乏一个正确的认知。这也会改变现在的哈勃常数。”里斯说道，“这个令人惊讶的发现可能是一个非常重要的线索，让我们能明白宇宙中那些神秘的部分。它们组成了所有东西 95% 的部分，但是却不发光，例如暗能量、暗物质和暗辐射。”考虑到这个研

暗物质的辐射和引力

无论组成暗物质的是什么，就算暗元素也会为它的行为负责

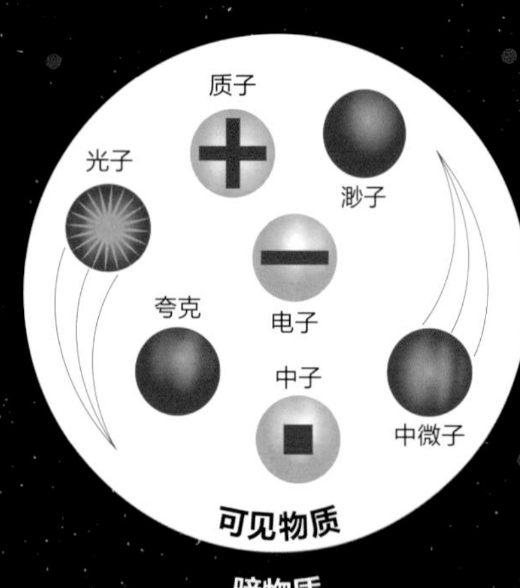

暗物质

暗物质可能是由什么构成的呢？

暗光子

暗光子是人们提出的另一个携带暗物质的“暗力携带者”。暗光子是初级粒子。如果将它和其他我们所知的光子混合，我们就能看见暗光子，并看见它是如何影响已知粒子之间的相互作用的。

轴子

如果这些粒子存在并且质量很低，那么它们可能是冷暗物质的主要组成部分。

惰性中微子

除了引力，惰性中微子不与任何形成粒子物理标准模型的基本力产生相互作用，包括电磁力、弱核力和强核力。它们是构黑暗物质的一种可行解释，因为除非通过引力的协助，它们不会与电磁辐射或物质产生相互作用。

暗辐射

无论什么粒子组成了暗物质，有的人认为暗电磁可以促成暗物质组成物之间的相互作用。

重力微子

另一个可能构成暗物质的候选人就是重力微子，它是假想的重粒子的伙伴。人们认为，重粒子可以解释重力的存在。

暗引力

人们认为暗引力是暗物质产生的引力。但是，与我们在地球上经历的引力不同的是，暗引力是斥力。

希格斯微子

希格斯微子是希格斯玻色子（Higgs boson）的超对称伙伴。如果希格斯微子构成了暗物质，那它的质量会是 1.783×10^{-24} 千克。对于粒子来说，这个质量十分大。

暗中子

暗电子

弱相互作用重粒子

弱相互作用重粒子（weakly interacting massive particles，简称 WIMPs）构成了新的初级粒子，可以和引力及我们还未发现的其他力产生相互作用。

究的广度和范围，世界各地的天文学家都很认真地对待里斯和他同事的发现。毕竟，2011 年里斯曾与其他物理学家共同获得诺贝尔物理学奖，因为他初步发现了宇宙不只在膨胀，而且宇宙膨胀的速率也在增加。

阿姆斯特丹大学的埃里克·韦尔兰德（Erik Verlinde）教授从 2010 年来，将大部分时间都花在尝试发展一套全新的引力理论上，希望这套理论可以解释这些观测结果，而不需要借助类似暗物质和暗能量概念的帮助。他的理论叫作“引力的熵力假说”（emergent gravity）。这个名字的意思是，引力其实从根本上来说不是一种力，而是一种“产生的”现象，就像温度会从移动的粒子上产生一样。相比量子力学（小尺度物理学），这套理论和爱因斯坦的广义相对论（大尺度物理学）融合得更好。这也是一直以来寻找“万物理论”的人面临的问题。在 2016 年 12 月

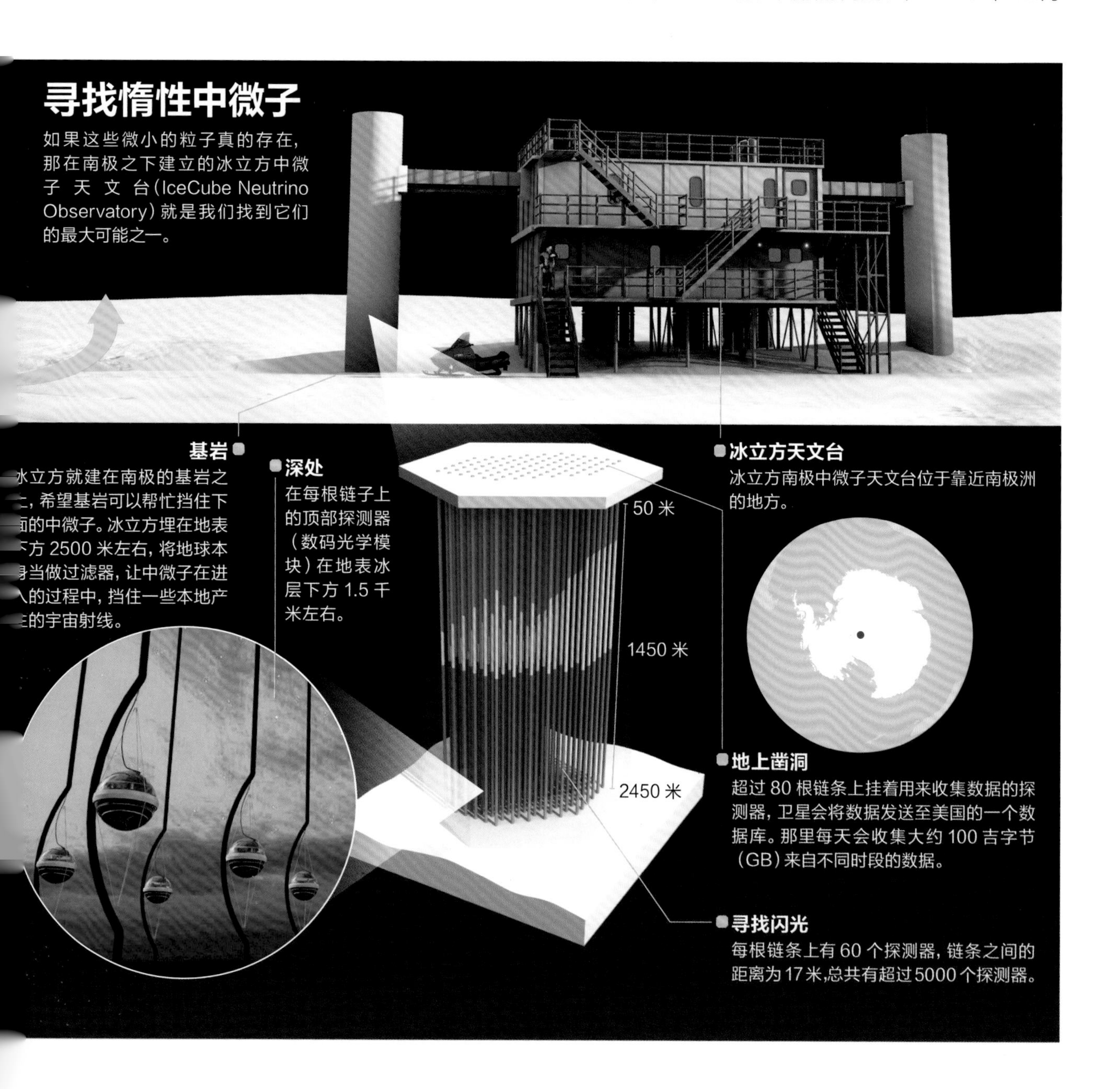

如果我现在见到一个宇宙学家，这个人觉得整个关于暗能量、暗引力的讨论是走在错误的方向上，那么他只是在无视所有的证据。

罗伯·考德威尔，达特茅斯学院

英国皇家天文学会月刊（Monthly Notices of the Royal Astronomical Society）发布了一次国际调查，讨论的是星系引起的微引力透镜现象。这个调查发现韦尔兰德的等式可以解释我们的观测，而不再需要暗物质的存在。然而，这只是引力的熵力假说面临的第一次测试，它还完全没有颠覆爱因斯坦的理论。

我们可以理解，很多人不愿放弃爱因斯坦的引力理论，以及长久以来地位稳固的宇宙微波背景数据。我们可能会发现爱因斯坦的理论不完整，然而这并不意味着它是错的。所以，这么多天文学家选择相信有一个未知的物理现象可以解释理论和观测之间的矛盾，也丝毫不令人感到意外。很多天文学家已经假设暗能量就是引起宇宙加速膨胀的原因。因此，接下来很自然的就是讨论暗能量是如何利用比预期的更强，或者说越来越大的力量将星系推远的。

然而，另一个想法也获得了越来越高的呼声。在这个想法中，宇宙之所以在以比预期更快的速度膨胀，是因为有一个之前未发现的亚原子粒子。这种粒子在早期的运动速度接近光速，而它们的总称就是“暗辐射”。这个理论还包括了“第四种中微子”。它有个有趣的名字，叫作“惰性中微子”。

当然，这个理论仍需要证据支持。现在，宇宙的膨胀速率是支持暗物质，或者更具体地说，是支持幻能量存在的唯一一个重大的标志，尽管这提供的只是侧面证据。“（实际宇宙）加速的速率比在其他暗能量模型或者暗能量理论中的要快。”考德威尔说道，“能够测试暗能量或幻能量等概念的主要方法就是开展一次质量很高的测量，来测量宇宙膨胀的速度。”

考德威尔继续道：“我觉得你可以在某一个理论中限定暗引力，然后用像测试幻能量一样的方法来测试它。但是如果你真的很想测试暗引力这个想法，你得看一下你能观察到的有明显差异的一些现象。在大家提出的很多理论中，像微引力透镜效应这样的现象在暗引力描述的宇宙中和在广义相对论描述的宇宙中应该是有所不同的。因此，人们在寻找不同的方法使用微引力透镜实验。就像 1919 年证明爱因斯坦理论正确的那次那样，在这些实验中，透镜不再是太阳、光源或是星系中的一颗恒星。而是一团星系，这样光就会大得多。要往更宏观的方面想。”

然而，考德威尔仍然觉得，我们还在等待另一个新的想法或者新的科技突破。

“我们追寻的这么多测试和理论始终有一个问题，就是在每一个案例中，都会有一个缺口，然后我们用另一个东西来填补这个缺口。”他说道，“观测者使用了他们拥有的最先进技术，尽职地进行测量。同时，他们在研发新的技术，推动科技发展。但是这些理论都没有一个很有针对性的预测，告诉观测者：‘你只需要测试这个东西，不需要管别的，你就能看到结果。’这就是问题所在。我觉得这个问题将所有的事变得更困难了。我们仍然在等待一个真正的突破性想法或测量方法。”

脉动船尾座 RS 星（Pulsating RS Puppis，图中心处）是用来测量星系间距离的参照物恒星

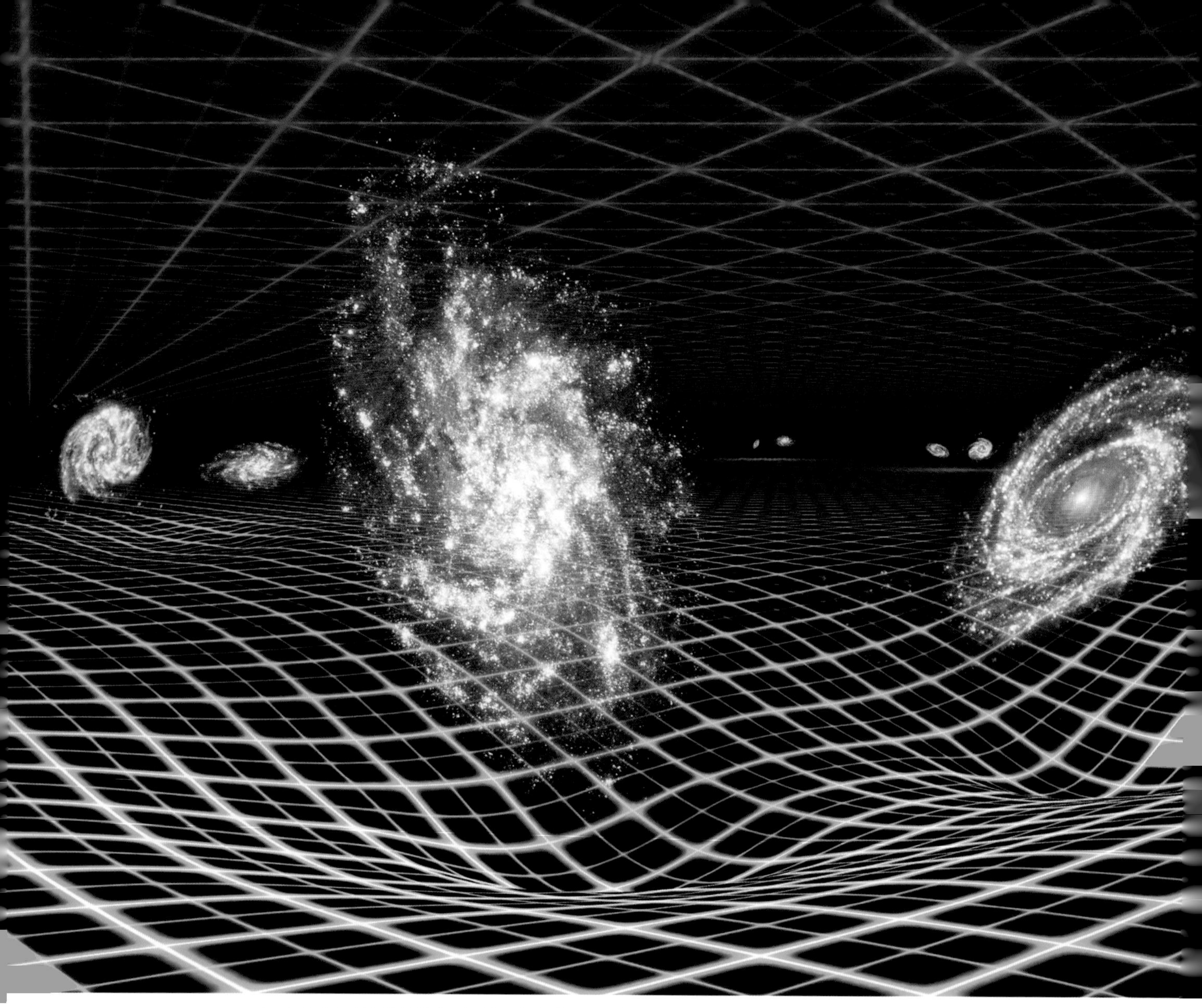

在艺术家创作的这张效果图中，暗物质是星系上方光滑的紫色网络

不过，他还是像大多数天文学家那样，坚信宇宙中有黑暗的这些方面。“如果我现在见到一个宇宙学家，这个人觉得整个关于暗能量、暗引力的讨论是走在错误的方向上，那么他只是在无视所有的证据。”他说道。

但是，如果暗引力的某些方面证明了爱因斯坦就是错了呢？“如果我们发现了一个新的引力现象，我们就会意识到爱因斯坦的理论和牛顿的理论起到了类似的作用。”考德威尔说道，“它是一个很妙的理论，可以精确地提出经得起考验的预言，但是它只在某一个范围内成立，有一个有效范围。在那个范围之外，它还是需要让步给其他理论。”

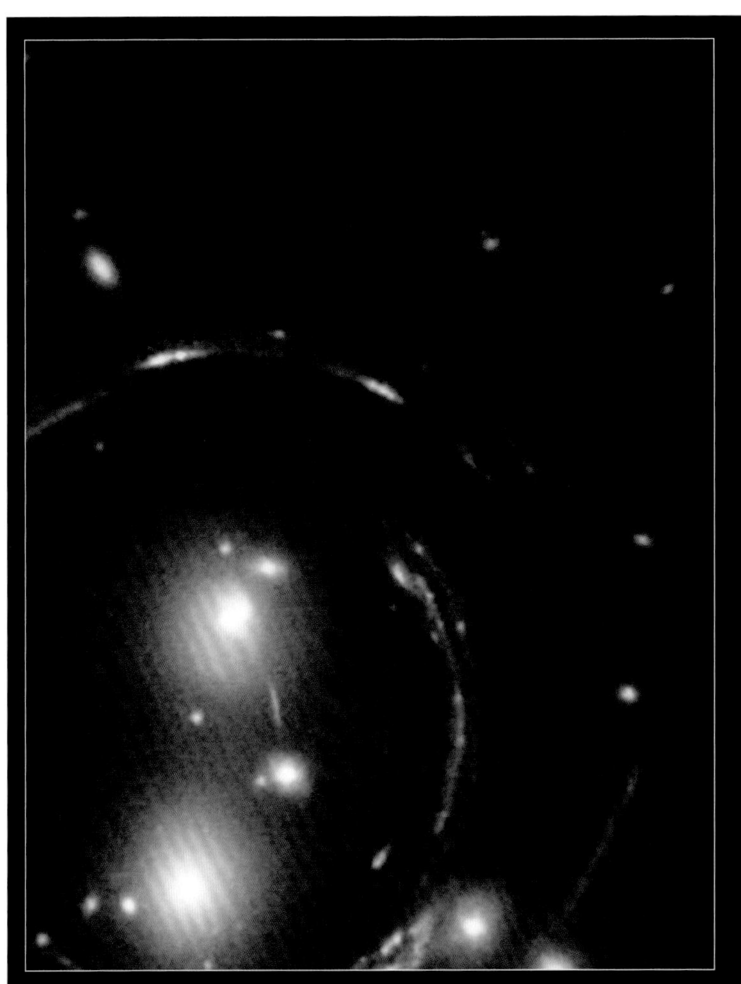

欧洲空间局的普朗克卫星拍到的一张宇宙最老的光的快照

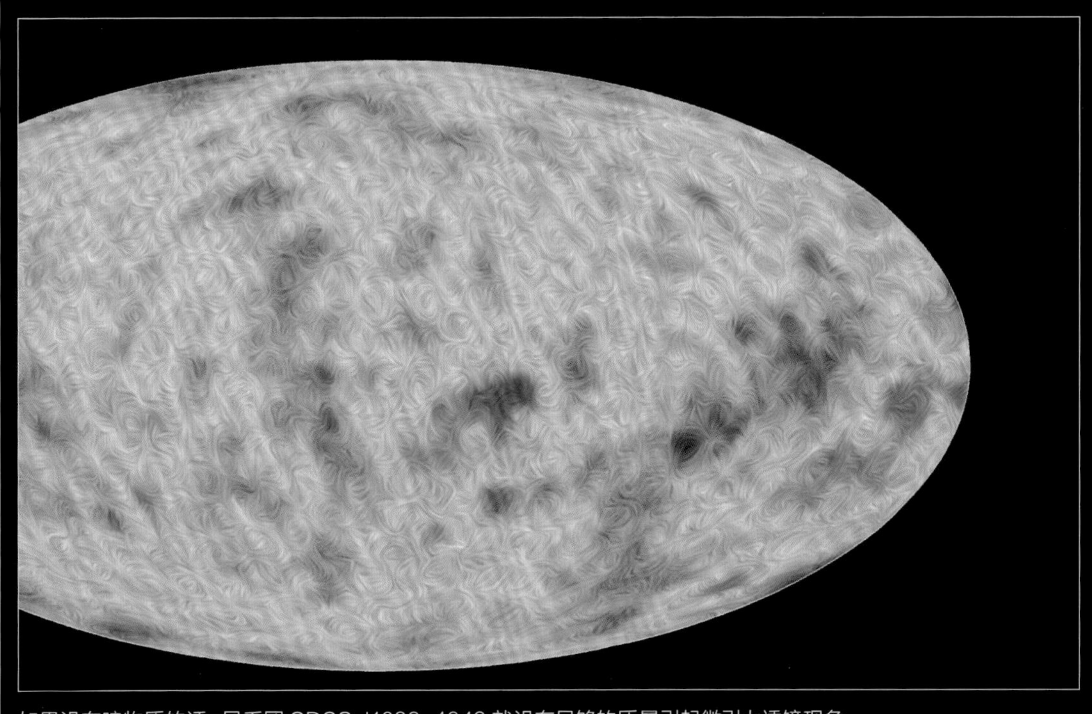

如果没有暗物质的话，星系团 SDSS J1038+4849 就没有足够的质量引起微引力透镜现象

宇宙边缘之外有什么？

天文学家在回答宇宙会不会终结时，
发现了一些令人惊讶的答案。

科林·斯图尔特 著

在一个晴朗的夜晚，你可以在夜空中看到宇宙很远的地方。你看到的有些星离地球有超过 1 万光年远。比那里还要远的地方就是著名的仙女座星系，离我们银河系最近的星城，也可能是你用肉眼可以看见的最遥远的星体。仙女座与我们之间的距离远得令人难以置信，足足有 250 万光年远。那意味着现在从仙女座来到地球上的光已经在宇宙中长途跋涉了 250 万年。以光速从离我们最近的星系到地球所需的时间，就可以结束整个人类历史了。有了双筒望远镜和天文望远镜以后，你还可以看到离家乡更远的星体。但是这一切在哪里结束呢？甚至，真的存在所谓的终点吗？

“我们只是不知道。”伦敦大学学院的宇宙学家安德鲁·波岑（Andrew Pontzen）说道，“没有证据表明宇宙有边缘，但是我们能够看到的宇宙是有边缘的。”我们在太空中能看见的星体只是有足够时间让光到达地球。对于仙女座来说，这个时间是 250 万年，但是对更远的星系来说，光需要旅行的时间也会增加。有一些星系离我们非常遥远，所以从大爆炸以来的将近 140 亿年的时间里，那里的光还没有传到我们这里。这标志着我们可见的宇宙边缘，也就是我们可以看到的那一部分，并不是宇宙的终点。“这就像你看不见地平线之外的东西，但是地球并不是在那里终结的。”波岑说道。因此，理论上来说，每过一天，就会带来新的光线，让我们将宇宙视界推得更远。但是，事实并不是这么简单。

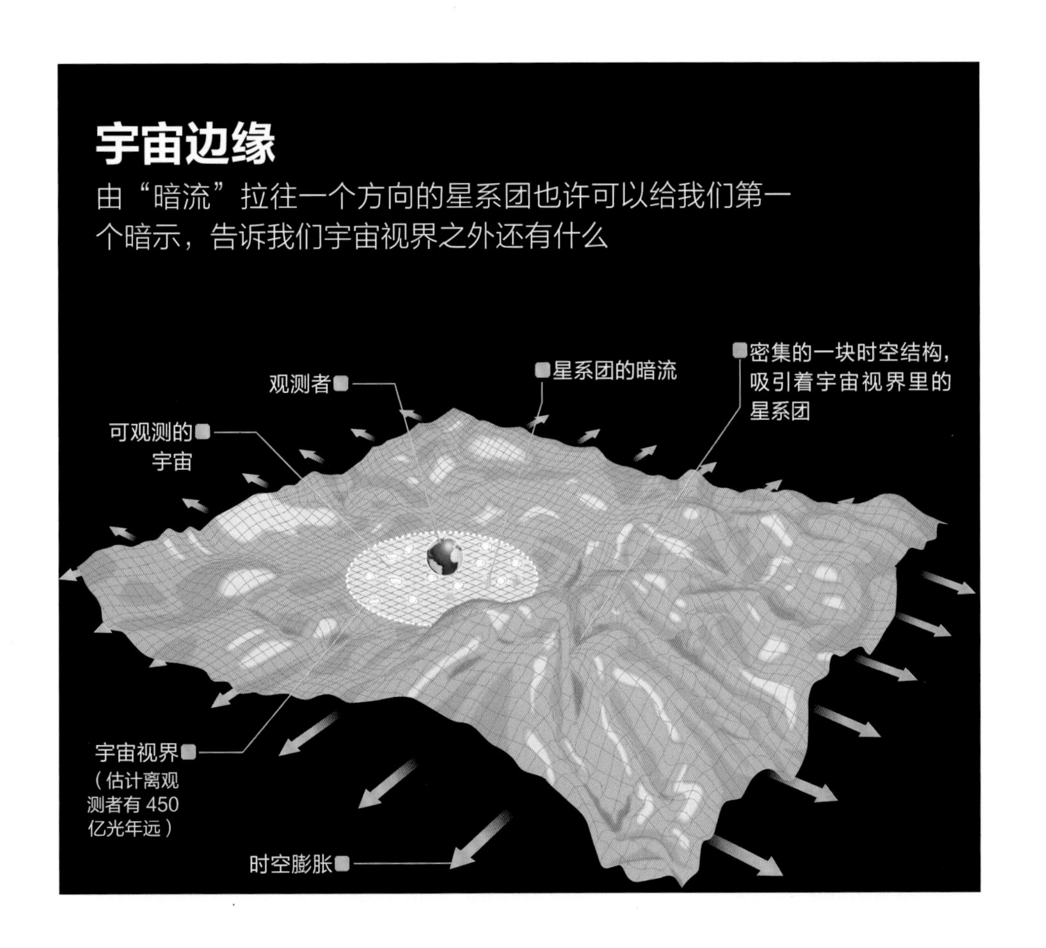

“你等待的时间越长，你能够看到的地方就应该越远。”波岑说道，“然而，由于暗能量的存在，宇宙的膨胀开始明显加速。”这个加速的膨胀将让原本就离我们很遥远的一部分宇宙以更快的速度远离我们。最后，我们会到达一个时间点。在那个时间点上，我们看得见的地方就是我们最终能看见的最远的地方了。但是在可见视界外可能有些什么呢？其实很有可能和现在看到的部分一样。有些天文学家相信宇宙是无限的，而且可以永远存在下去，没有边缘或边界，会有更多的恒星和更多的星系。这个想法引出了一个可能令人十分不安的结论，也就是在广袤的宇宙中，可能存在着很多个一模一样的你。想象一下，你有6个骰子，你把它们一起扔了100万次。这6个骰子组成的结果一共有46656种可能性，所以在你扔100万次的过程中，很有可能你可以扔出1、2、3、4、5、6这个顺序的骰子组合好几次。你可以排列组合6个骰子的方法是有限的，同样，你可以排列组合宇宙中原子的方法也是有限的。但在无限的宇宙中，你其实就在无限次地扔骰子。1、2、3、4、5、6的组合在100万次扔骰子的过程中很有可能会出现好几次，同样，在无限的宇宙中，你的原子在你体内的“独特”组合也一定会重复出现。所以，在一个地球的复制品上，会有一个你的复制品，在读这篇文章的复制品。实际上，在一个无限的宇宙中，就会有无限个你的复制品。而且，几乎可以肯定的是，他们一定在可见的宇宙视界之外，你永远也不会遇见另一个自己。

这是多元宇宙论的一个版本。其实，只要你在宇宙中走得足够远，远到宇宙自己也开始重复自己的时候，你就会得到同一样东西的好几个复制品。但是，多元宇宙论还有一个版本。它的主要支持者之一劳拉·梅尔西尼-霍顿（Laura Mersini-Houghton）认为，这个版本可以告诉我们更多关于宇宙边缘的信息。劳拉是北卡罗来纳大学教堂山分校的一名理论物理学家。她不仅相信其他宇宙的存在，还认为她找到了一个邻近宇宙的证据，那个宇宙正在干扰我们的宇宙。

这一切都和宇宙微波背景有关。宇宙微波背景是大爆炸的余晖，在138亿年前就充满了我们的整个宇宙。它是空旷空间背景的一张温度地图，告诉我们大爆炸的剩余能量是如何持续地给我们的宇宙加温的。这张地图包含了一些与背景温度不同的小偏差，也就是一些微小的热点或冷点。只有一个冷点并不是那么小。“它覆盖了天空中大约占了10开氏度的部分。”梅尔西尼-霍顿说道。剩下的热点或者冷点所占部分都不超过1开氏度。所以这个大冷点是哪儿来的呢？

我们会到达一个时间点。
在那个时间点上，
我们看得见的地方就是我们最终能看见的最远的地方了。
但是在可见视界外可能有些什么呢？

关于大爆炸的那段时期发生了什么，有一个主要猜测提到，宇宙在一段极其短暂的时间中，经历了一个成长爆发期。在最初的10^{-12}秒中，宇宙从一个比原子还要小得多的物质长成了一颗弹珠那么大。然后，它继续膨胀，成为了我们今天看见的宇宙。这个过程中的膨胀速度仍然很快，但是比初始阶段要从容多了。在这个起初的阶段中，扩张的速度好像“服用了类固醇”一样快，这个阶段就叫作宇宙暴胀。根据暴胀理论，宇宙微波背景中的微小温度变化就是在暴胀前期产生的微小量子波动的结果。当宇宙突然膨胀时，这些量子波动就冻在了宇宙里。这些量子波动是随机的，而且大小基本相同，所以它们应该也造成了热点和冷点。因此，当出现了一块特别大的冷点时，科学家都不明白发生了什么。“在我们的预期中，宇宙微波背景会是均匀一致的，而这个发现严重地打破了我们的预期。”梅尔西尼-霍顿说道。

她提出的解释是很激进的，也根本没有被大多数科学家所接受，但是这个解释可能会帮助我们回答宇宙在哪里终结这个问题。根据暴胀理论的一个版本，这个过程不止发生了一次。“暴胀过程创造出了很多其他的宇宙，与我们的宇宙很相似。”她说道。在每一个宇宙膨胀之前，它们之间可能共享着一个量子链接。“我们顺着量子链接的这个思路调查，看看这些链接现在看上去会是什么样的。”她说道。她

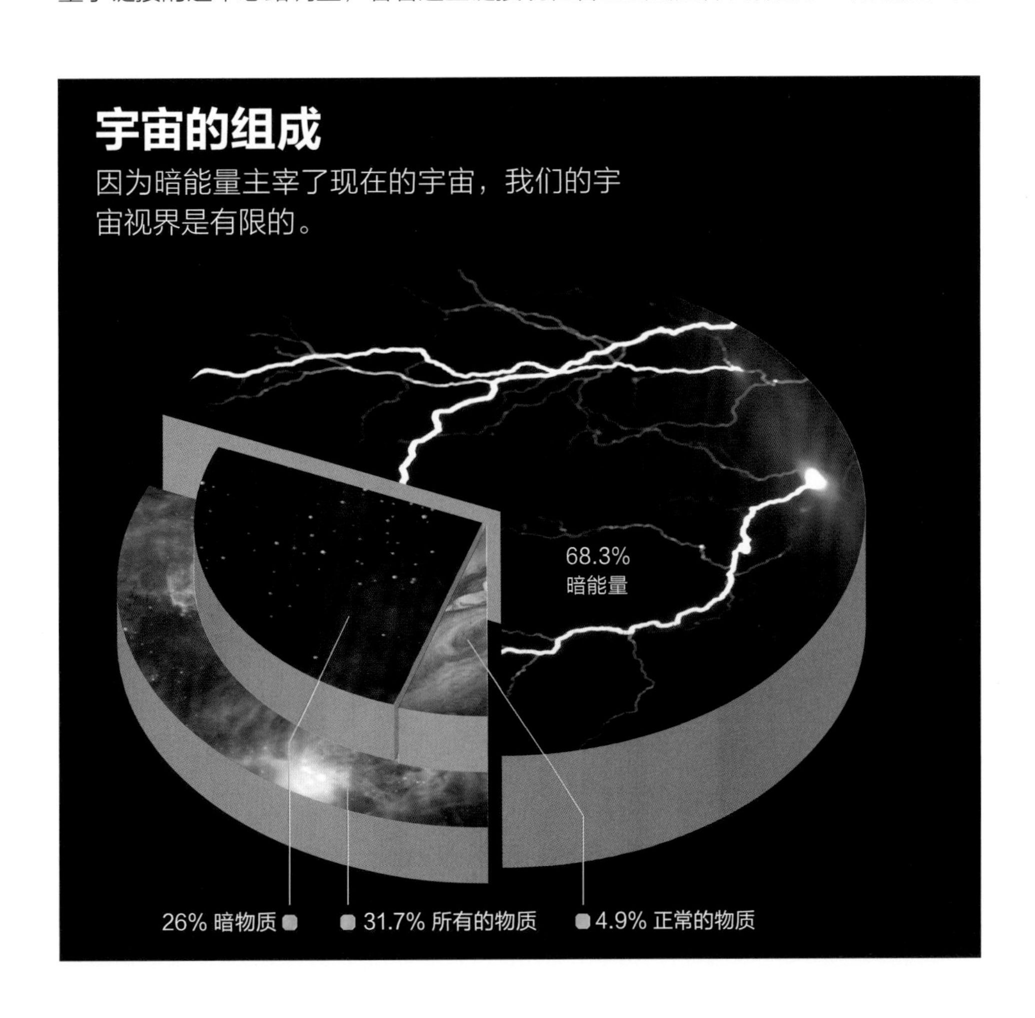

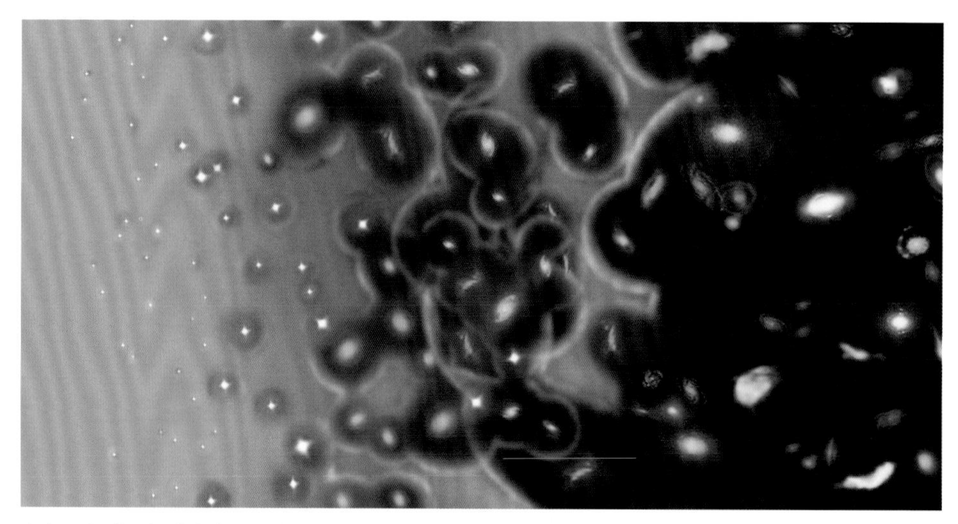

宇宙历史时间表，从宇宙微波背景的释放，也就是宇宙中最老的光线（左）到第一批恒星和星系的形成

的计算结果预测出了宇宙微波背景中的一个冷点。重要的是，在天文学家确认这个冷点的发现之前，梅尔西尼-霍顿和她的团队就公开了这个预测。然而，不是所有的宇宙学家都相信这个理论。“宇宙学领域达成的普遍共识是，目前的数据并不支持这个观点。”波岑说道，“在这种类型的案例中，需要非凡的证据来证实这个非凡的想法。”然而，如果梅尔西尼-霍顿是正确的话，她已经可以提出我们宇宙边缘所处的位置了。那么她的回答呢？“宇宙的边缘起码要比我们宇宙视界的边缘远 1000 倍。”她说道。

她不是唯一的一个在推翻我们宇宙学思想界限的人，她也不是唯一一个对我们居住的宇宙提出可能是革命性的理解的人。康涅狄格州纽黑文大学的尼克德姆·波普罗斯基（Nikodem Poplawski）是另一个在挑战我们已有智慧的物理学家。“根据广义相对论的说法，大爆炸是从一个奇点开始的。”波普罗斯基说道。一个奇点是一个无限小、无限重的点。这个点可能在暴胀期间变成了一颗弹珠大小，然后再继续膨胀。但是宇宙的诞生不是唯一一个你会遇到奇点的地方。“掉进黑洞中的物质最后都会集中在一个奇点上。”波普罗斯基解释道。黑洞是一个引力怪兽，如果一个物体被拉入了黑洞，它将无法逃脱黑洞。他想知道黑洞最终的奇点是否真的可能变成一个初始奇点，让新的宇宙由此诞生。

奇点面临的问题是，一个无限小、密度无限高的点在物理学上说不通。怎么可能有一个东西没有大小，或者可以无限重？波普罗斯基偶然发现了一种机制。在这种机制里，掉入黑洞的物体就快要形成奇点了，也就是极端小、密度极端高的一点。但是，在物质变得无限小、密度无限高之前，它会开始“弹跳”。它会弹到哪里去呢？物质不能弹出黑洞，因为按照定义，没有东西可以逃出黑洞的魔爪。“它必须去了哪里。”他说道，“在弹跳之后，它发生了爆炸，创造出新的空间，一个新的

就像时间和空间相对维度的门
是飞船的一扇门一样，
黑洞就是通往新宇宙的一扇球形的门。

尼克德姆·波普罗斯基，纽黑文大学

黑洞底部的奇点可能是让新的宇宙诞生的种子

宇宙。”当他向他的学生解释他的想法时，他用了一个从著名科幻电视剧《神秘博士》而来的比喻。“当你进入时间和空间相对维度[1]（TARDIS）时，你意识到自己处在一个比警察电话亭要大的空间里。”他说道，“就像时间和空间相对维度的门是飞船的一扇门一样，黑洞就是通往新宇宙的一扇球形的门。”

所以，如果波普罗斯基是正确的话，在另一个宇宙中的一个黑洞创造出了我们的宇宙。这对我们的宇宙边缘来说有什么意义呢？“它不会有边缘。”他说道，“它会像一个球体表面一样。”比如说，地球的表面就没有边缘。如果你走出你的房子，沿着一条直线行走（即便穿过海洋也要继续走），你最后会走到你开始的地方。因此，根据波普罗斯基的想法，如果你从地球开始，旅行足够远的距离，你最终会在宇宙中绕一圈，回到你的家。没有边缘，没有界限。

迄今为止，我们都很难知道哪一幅画面才是对宇宙的正确描绘。宇宙可能在宇宙视界以外的某个地方终结。或者，它也可能永远继续下去，意味着在太空中一定会有一模一样的你。同样，我们也可能住在一个巨大的多元宇宙中，或者我们是一个黑洞在另一个宇宙中形成而产生的灾难性结果。只有通过更多的调查，更多的观测和更大量的天文数据才能得到更多答案。然而，可以肯定的是，这个宇宙比我们现在看到的还要大得多。

1 “时间和空间相对维度”是《神秘博士》中一个虚构的时间机器和航天器。

宇宙会永远持续下去

宇宙将无限延伸，无穷无尽地在每个方向上继续。它将超越我们的宇宙视界，不断地继续，没有边缘或界限。如果这个描述是准确的，那宇宙就没有边缘。这个假设还会引起另一个想法，就是最终宇宙中相同的原子组合会重复出现。这意味着现在在宇宙中的某个地方，存在着另一颗地球和另一个你。

其他的宇宙

宇宙暴胀指的是宇宙形成初期发生的超级迅速的膨胀。如果宇宙暴胀真的发生了，那它可能发生了不止一次，这样就可能创造出了邻近的宇宙。根据北卡罗来纳大学美籍阿尔巴尼亚裔宇宙学家及理论物理学家劳拉·梅尔西尼-霍顿的说法，离我们最近的宇宙肯定比我们所了解的宇宙视界要远1000多倍。

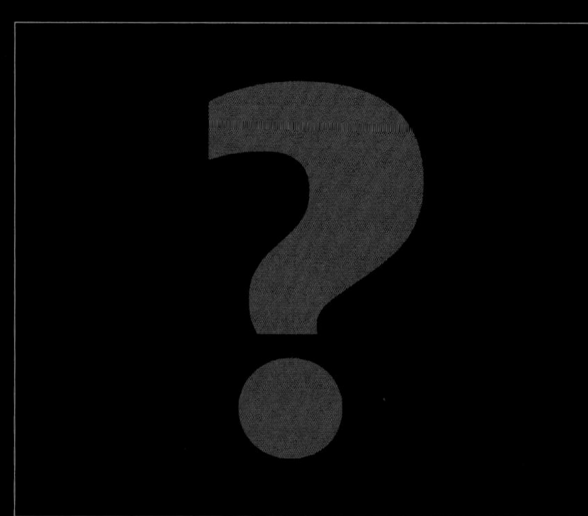

一个事件视界

我们看到的宇宙有可能是在其他宇宙中形成黑洞时的残余物。这个想法的主要支持者之一是理论物理学家尼克德姆·波普罗斯基。如果他是正确的，那么宇宙就像地球的表面一样没有边缘。

可能什么都没有

现在，没有理由认为宇宙就在我们的宇宙视界那里终止。就像地球一样，只是因为地球的弧度遮住了它剩余的部分，不代表地球就在地平线终结了。然而，宇宙也可以就此终止。

在无限的宇宙里，有无限个地球的复制品和无限个你的复制品

暴胀过程创造出了很多其他的宇宙，与我们的宇宙很相似。

劳拉·梅尔西尼－霍顿，北卡罗来纳大学

这个在轨道中工作的哨兵为我们提供了最好的宇宙微波背景地图

宇宙微波背景中的一个独特的冷点是其他冷点的 10 倍大小

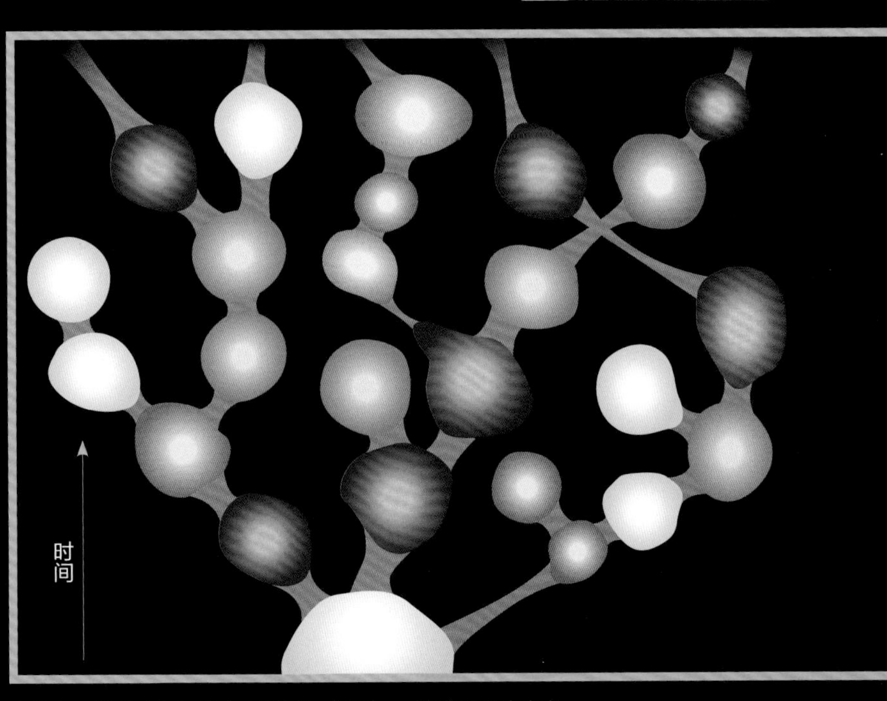

有些宇宙学家认为暴胀产生了很多个宇宙，可能有无限个宇宙

宇宙的大小

当天文学家思考宇宙到底有多大的时候，可观测的宇宙却不是这个故事的完整版

天文学家可以从地球看到的最远的物体就是宇宙微波背景了。当宇宙大约38万岁的时候，释放出了这些古老的光线。自那以后，它就一直在宇宙中穿行。我们能看到的最远的星系和我们与宇宙微波背景间的距离差不多，大约离我们138亿光年远。至少这是当光线从那里出发时，它们的初始位置。在它们的光线穿往地球的旅途中，宇宙已经把那部分空间带向离我们更远的地方了。那个点现在离我们大约450亿光年远，于是我们可以观测到的宇宙是一个900亿光年的范围。

大爆炸

时间： 138 亿年前

辐射时代

时间： 139 亿 ~137.9 亿年前

辐射时代在大爆炸的 2 或 3 分钟之后开始，到大爆炸的 30 万年后结束。辐射时代发生的过程叫作核合成。在这个阶段，从质子和中子中形成了氦原子核。

黑暗时代

时间： 137.9 亿 ~135 亿年前

在宇宙历史的这个时间点，宇宙是透明多雾的。人们认为，在大爆炸后，黑暗时代持续了 1.5 亿 ~8 亿年。

第一批恒星

时间： 135 亿年前

宇宙密度的波动让第一批恒星得以形成。这些恒星有可能非常巨大，光线也非常强，产生了第一批重元素。这些元素后来形成了像我们一样的行星系统。

第一批星系

时间： 134 亿年前

当第一批星系开始形成时，宇宙充满了氢气。然而，当像第一批恒星那样强大的光源开始发光时，它们清除了这层薄雾，让它在紫外线下变得透明。

可观测到的宇宙——
宇宙微波背景
离地球的距离：
超过138亿光年
天文学家能看到的最远的物质
就是这个大爆炸的余晖

1英里=1.60934千米

第五章 未来科技

看看我们打算如何探索宇宙，并走得越来越远

美国国家航空航天局栖息地挑战的赢家
可能拥有一种材料，
可以让我们更容易地在其他行星上建造栖息地，
并提供轻巧宜人、拥有创新外型的结构，
那就是三维立体打印的冰块。

星际行星
代替国际空间站
全地形六足地外探测器

寻找星际行星

我们怀疑，宇宙中充满了失去了自己的恒星、游离失所的星球，
但是这些孤独的星球上有可能藏着生命吗？

贾尔斯・斯帕罗 著

在过去的 20 年间，我们已经习惯了系外行星的概念。这些行星是遥远的星球，它们在不同的恒星系中围绕着各自的恒星轨道运行。这些行星中的有些行星和我们熟悉的行星很不一样，比如有滚烫的气体巨星贴着它们的恒星表面扫过，也有比地球更大的冰冻冰球。但是，其中最奇怪的系外行星是那些远离任何恒星的光和热，独自在星际间的黑暗中漂泊的行星。我们迄今为止只知道这类星体中的少数几个，但是科学家们认为，在我们的星系中遍布着数十亿颗这样的行星。关于这类行星的数量，有不同的估算结果。有的人认为，银河系中每一颗 2000 亿岁的恒星，会对应至少两颗这样的行星。而有的人认为，每颗恒星会对应多至 10 万颗这样的行星，数目之大令人震惊！

天文学家将这些神秘的星球称为星际行星或者“流浪”行星。为了研究这些星球，我们首先要找到它们，并深入了解它们的特征，而这件事本身就是一个挑战。目前发现的大多数系外行星都是通过它们对其母星的影响发现的。要么是它们的引力在空间中拉动了恒星的路线，要么是从地球看过去，行星移动到了恒星的前面，使恒星的光线稍微有所减弱。但是，对于星际行星来说，这两种技术都不适用。另一种明显能观测到它们的方法是通过它们自身的光线和其他辐射来观测，但这种方法也遇到了进退两难的情况。虽然系外行星围绕的那颗恒星经常将行星自身的光淹没，大多数行星都是由于星光的反射才能看见。而星际行星和地球差不多大，是相对微小的岩石球，它们飘浮在远离任何恒星的地方。这些星际行星这么小、这么冷、这么昏暗，几乎不可能被看见。唯一的例外可能是当它们偶然经过了一颗较远的恒星前面时，创造了一个“微引力透镜”事件，这时的星光就会弯曲。

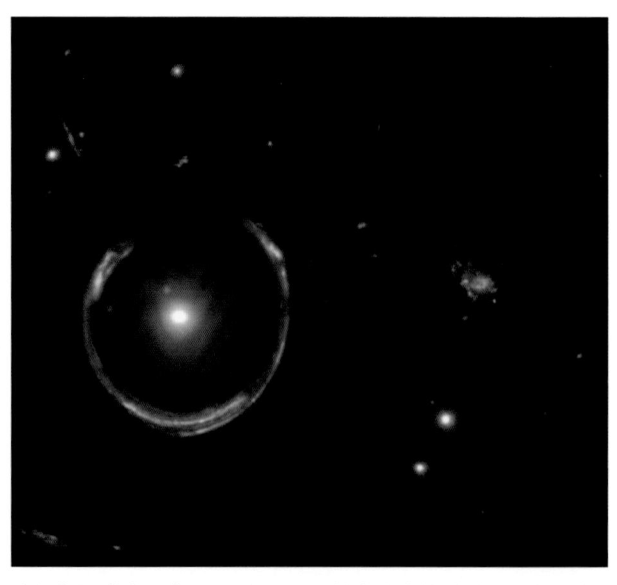

这个“爱因斯坦环”显示了星系周围的光产生的微引力透镜效应，但是类似的效应在更小的尺度上也会发生，那就是当一颗流浪行星从一颗遥远恒星的正前方经过的时候

偶尔还是有些孤独的行星可以发出自己的光线，那是因为促使行星形成的引力坍塌让它们仍然保持炎热的温度。

如何找到流浪行星

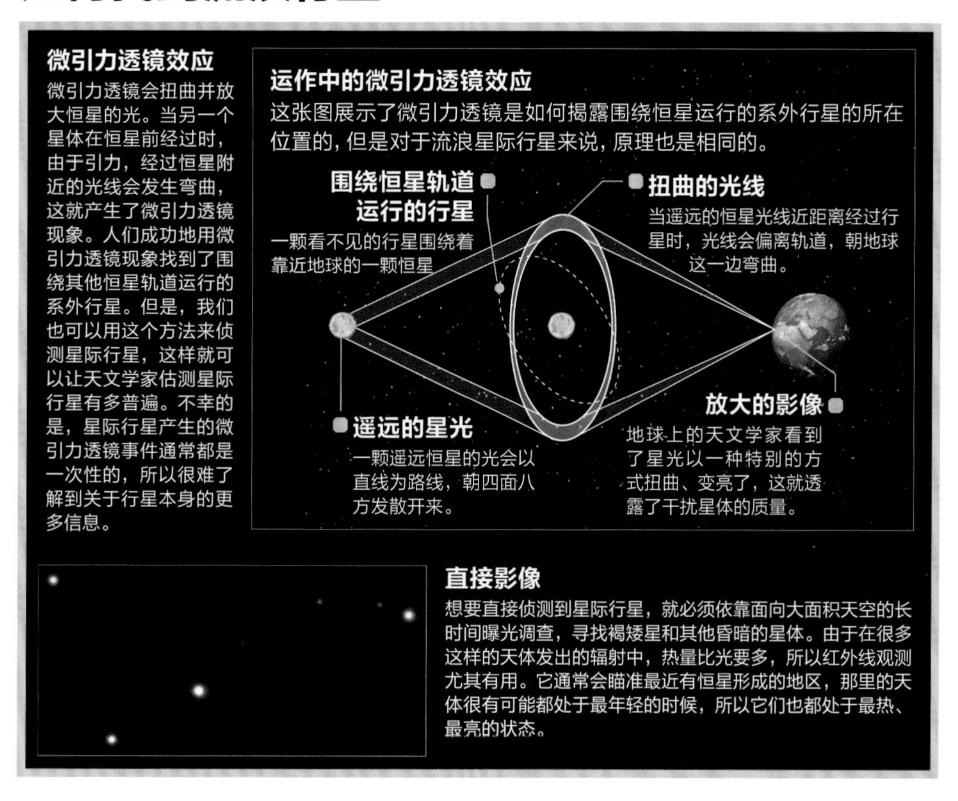

幸运的是，偶尔还是有些孤独的行星可以发出自己的光线，那是因为促使行星形成的引力坍塌让它们仍然保持炎热的温度。这样的行星会发出微弱的光，但是，通过强大的望远镜可以很清晰地看到它们的光。同时，它们也会发出辐射，这些辐射可以揭露星体的其他特征。最吸引人的例子之一就是编号为 PSO J318.5-22 的一颗星。2013 年，包括曾在赫特福德大学（University of Hertfordshire）工作的尼尔 · 迪肯[1]（Niall Deacon）博士在内的一支团队发现了这颗星。迪肯博士的专长是研究在附近星族中极其昏暗的褐矮星，人们经常将这类星叫作“失败的恒星”。在寻找这类天体的过程中，他和他的同事碰巧发现了一颗星际行星，他将其命名为 PSO J318。

“那时我们在夏威夷茂宜岛的泛星计划（全称：全景式巡天望远镜和快速回应系统，英文全称：Panoramic Survey Telescope and Rapid Response System，简称 Pan-STARRS）天文台开展了一项调查。我们在寻找一些很红的星体，这些星体在天空中漂移了一点点。很多遥远的星系是红色的，但是如果一个星体在天空中快速移动，那它一定离我们很近。于是，我们侦测出了一些候选星，然后我们在莫纳克亚火山上用英国红外望远镜（United Kindomg InfraRed

1 尼尔 · 迪肯博士自 2017 年起，开始在德国海德堡的马克斯 · 普朗克天文研究所（Max Planck Institute for Astronomy）工作。

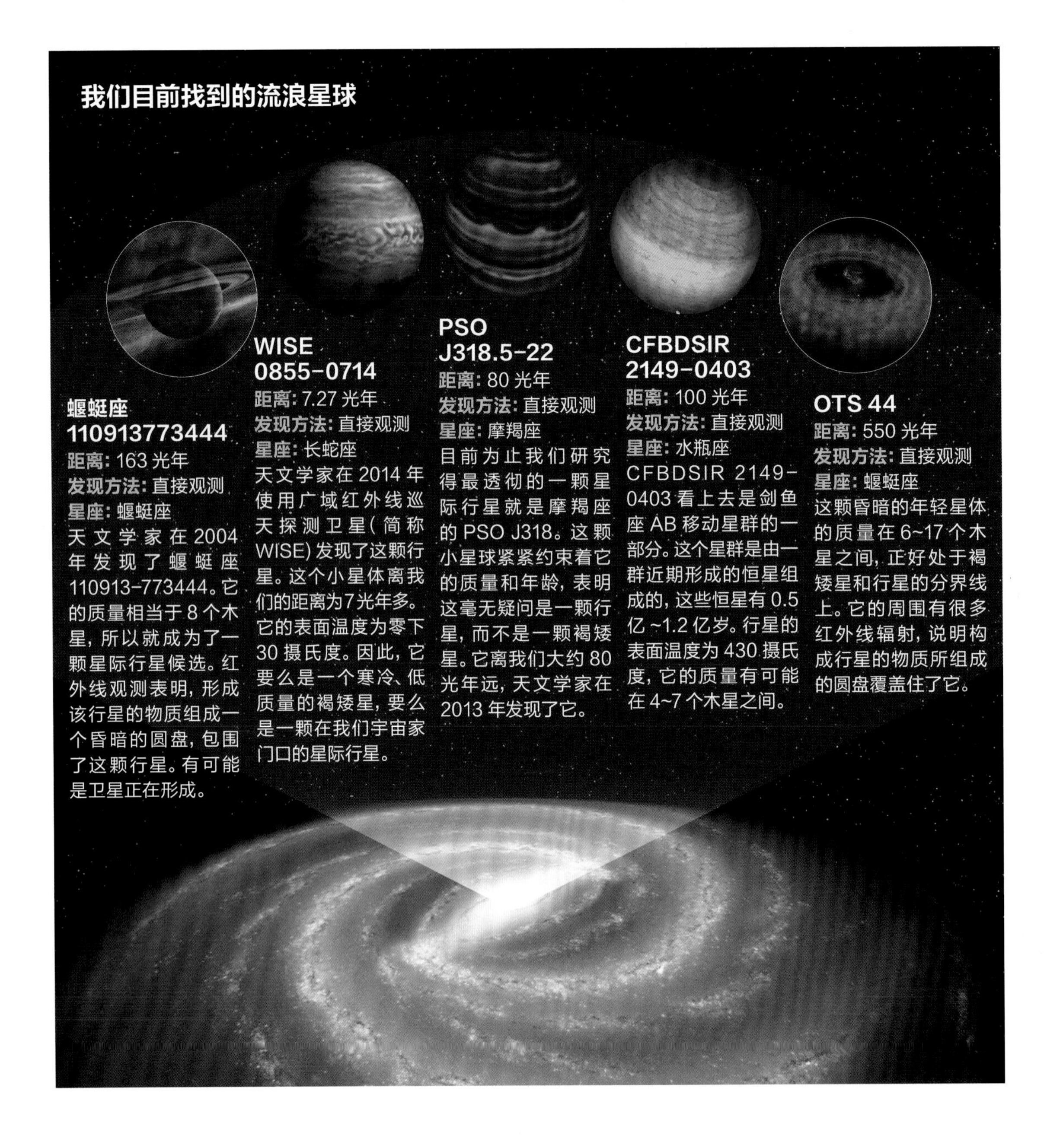

Telescope）进行了一些后续测量。迈克·刘（Mike Liu）注意到这个星体非常非常红。我们继续用美国国家航空航天局的红外望远镜设备的光谱进行了测量，发现它的光线与 HR8799 周围的行星（在 2008 年，人类第一次直接拍摄到的 3 颗巨型行星）非常接近。于是，根据它的颜色和光谱，我们了解到它可能是一颗自由飘浮的行星。”但是，你怎么分辨行星和褐矮星呢？“褐矮星基本上就是失败的恒星。”迪肯解释道，“这种天体没有足够的质量来给它的核心施加压力，无法让核心到达足够高的温度，使氢或氘（一种稀有的重氢）发生核聚变。在官方定义中，褐矮星在其生命的早期，可以在核心促使少量的氘发生核聚变。”

实际上，这通常意味着褐矮星的质量是木星的13~80倍，但这让行星的定义十分模糊。就像迪肯指出的那样：“那个定义表示褐矮星可以在恒星周围的圆盘上形成，就像一颗行星形成的方法一样。而同样的，有些质量比行星或褐矮星分界线小的星体在理论上也能自己形成一颗像恒星一样的星。你看到像地球和木星这样的星体，可以很肯定地说那是一颗行星。当你看到一颗质量约为50个木星的星，也可以很肯定地说那是一颗褐矮星。但是如果这个星体的质量约为12个木星呢？那你的判断方法就有点模棱两可了。”当然，仅仅通过空间算出一个自己飘浮的星体的质量好像已经是一个不可能完成的任务了。而且，由于没有大量核聚变产生的辐射来支撑这些大型的气体行星和褐矮星，它们都会在引力的作用下坍塌，变成大小差不多的星体。这样的话，你将如何分辨它们呢?

迪肯解释道，第一步就是要根据星体光谱的特点，包括它的颜色，来计算出它的温度。“因为褐矮星没有核心聚变，它们会随着年龄的增长而失去热量。但是，更巨大的星体在坍塌时就具有更大的引力能量，这个能量就会变成更多的热量，而这些热量需要更久的时间才会辐射出去。PSO J318 的表面温度大约是 1200 开尔文。在一个特定的温度下，质量和年龄之间存在着一定关系：你必须分清楚哪个是高质量、年龄大的星体，哪个是低质量、年龄小的星体。”

有了温度信息后，星体亮度的其他线索也能透露更多关于其特征的信息：“光谱中的一些特征会告诉你大气引力有多强。这些是碱金属和铁的氢化物形成的黑暗吸收线（当大气中的化学物质吸收带有某一种特定颜色和能量的光时，会产生这种

很多较小的星体在星际空间中漫游，包括寒冷的彗星。有些天文学家怀疑，百武卫星有可能最初是一颗随波逐流的星际行星，因为它的化学成分很不寻常

像地球一样的星际行星这么小、
这么冷、这么昏暗，
很难被发现。

如何创造流浪星球

天文学家提出了各种各样的理论，解释行星最后是如何沦落到星际空间中漂泊的

在一次行星碰撞中，行星系统把它们踢了出来

不是所有的行星系统都像我们自己的系统那么有秩序的，而且系统都会随着时间的推移而变化。如果一颗木星质量的行星与它的邻居近距离接触，那么恒星系统可能会将较小的行星从轨道中驱逐出去。

超新星爆炸发射出了它们

当质量最大的恒星到达它们生命的终点时，一场壮丽的爆炸会削减它们的大部分质量，剧烈地减小它们的引力，有可能摆脱了一些围绕它们旋转的行星，让这些行星飞向了星际空间。

与恒星或黑洞的碰撞将它们抛了出来

在天文学的时间尺度上，恒星，以及例如黑洞的恒星残余物之间的近距离接触或碰撞是无法避免的。而在星体密集的星团中，这件事就会更频繁地发生。即使恒星在碰撞后存活了下来，这一事件也很有可能打乱了它们的行星轨道。

它们是从尘埃盘中自行形成的

电脑建模和观测表明，如果一个类似行星的星体比木星的质量高且比褐矮星的质量低，是可以从气体和尘埃的结合中独立形成的。在形成恒星的温床中就可以形成这种行星。

人们认为，
流浪行星是由气体和尘埃形成的行星。
它们后来与行星邻居近距离接触，
或者与其他恒星擦肩而过，
导致它们的恒星系统将它们驱逐了出去。

线），这些吸收线对压力很敏感。因此，在较高密度的大气层中，引力对这些吸收线产生更强的压缩，这些线的颜色就会更深。而且，因为这些星体的半径都差不多，测量引力就可以大概告诉你它的质量。所以，如果两个星体的温度一样，那么较年轻、质量较小的那一个的光谱线就会比较老、质量较大的要浅。”迪肯解释道。PSO J318 光谱中浅浅的光谱线表明它是一颗相对引力较小的，且为最近形成的星际行星，而不是一颗较老的褐矮星。但是，为了真正了解这颗星的特征，科研团队还需要更精确地算出它的年龄。他们通过一些巧妙的宇宙系谱来找出这颗行星在太空中的兄弟姐妹，以此来估算它的年龄。“PSO J318 离我们的距离是 80 光年。它在空中的位置和移动与一组年轻的恒星有关，这组星群叫作绘架座星群（Beta Pictoris association）。因为这些恒星的年龄估计为 2500 万岁，所以我们可以推测 PSO J318 的年龄和它们一样。”

那么，这些流浪行星到底是哪里来的呢？人们认为，有些是逃跑的天体。它们可能正在一颗刚刚形成的恒星轨道中与其中的尘埃及气体合并，就像“正常”的行星一样。但是，它们后来与行星邻居近距离接触，或者与其他恒星擦肩而过，导致它们的恒星系统将它们驱逐了出去。但是，还有很多其他的流浪行星可能一辈子都是一颗孤独的星。这些星球直接从星际云中合并而成，就像恒星和褐矮星一样。天文学家认为，通过这种方法形成的天体应该也有一个质量下限，也就是其中最小的行星至少也有木星质量的 2~3 倍。那么，有没有办法来分辨星际巨星的两种可能的来源呢？“有一些暗示。”迪肯说道，“不同材料的冰会在距主星不同的距离上凝结，这样会影响在恒星盘中形成的星体。这可能会影响一颗像恒星一样形成的星体，让它的化学成分有细微的差别。但是，想要侦测出具体有哪些差别的这个想法还刚刚起步。”

对于天文学家来说，星际行星与它们在其他恒星系统里的系外行星表兄弟相比，有一个巨大的优势。“但在观测围绕着其他恒星轨道旋转的行星时，我们必须想办法摆脱其主星的光，除非它们在一个非常宽广的轨道中。”迪肯说，“我们可以在太空中做到这一点，用一种叫作日冕观测仪的设备来阻挡主星光线。或者，我们可以在地球上用计算机化的‘调试光学’技术，来修正大气层造成的模糊，锐化恒星

位于茂宜岛哈雷卡拉山的泛星计划PS1望远镜，由一个广角望远镜和一个巨型数码相机组成，是用来调查大面积天空的理想设备

图像，减小恒星的尺寸。但是这些过程都要花很多时间，你也只能通过那些最大、最难接触到的望远镜来完成这些任务。”相反，流浪的星球较少遇到这些问题。“在我们发表的关于这颗星的论文中用到的几乎所有数据都是从 4 米级或者更小的望远镜中得到的，有些望远镜已经超过 35 岁了。”迪肯评论道，“如果找到一颗长期独自留守在那里的流浪行星，想要研究其大气层的更多细节，或者从连续几个小时或几天的重复观测中，收集到的时间序列数据里寻找趋势，那么使用更小、更易接触到的望远镜能让你更容易完成这些工作。”

在 2015 年，由英国爱丁堡大学贝丝 · 比勒（Beth Biller）博士领导的一支团队就对 PSO J318 进行了这些观测。他们对行星光线作了测量。当行星旋转，并对地球展示不同的半球时，他们识别出了行星亮度的微弱变化。他们发现，它自转一圈的时间稍微长于 5 小时，表面有斑点。这些斑点应该是云形成的一块块区域。在褐矮星上曾经侦测到过类似的云层特征，但是 PSO J318 上的云看上去好像更厚。“它们可能是硅酸盐粉尘组成的云。”迪肯说道，“或者也可能是熔化的铁蒸气凝结成的，因为在这样的温度下，它们可能在大气层中拥有铁蒸气。在一颗这样的行星上，你可以有熔化的铁雨！”

想象一下，一颗行星从它的母星（如果它曾有过一颗的话）流放出去，在黑暗结冰的星际空间深处独自漂流，却仍旧拥有如此炎热的大气层，似乎是一件很离奇的事。但是，恒星之间的空隙并不是像我们之前想的那样空旷无物，我们必须承认，一些奇怪而又黑暗的星球可能充斥在这些空隙中。

如果一颗流浪星球进入了我们的太阳系，会发生什么？

如果一颗新的木星级别质量的星球在行星间的平面游荡，可能会产生灾难性的结果

天王星和海王星

太阳系靠外的冰冻巨星受到的太阳引力较小，它们的轨道可能最容易受到伤害，被流浪行星打乱。它们可能会飘走，进入星际空间，也可能掉入围绕流浪行星运行的轨道中。

地球

如果地球的轨道变得更加椭圆，那会给所有的生命带来严重的危害，因为到达地球表面的阳光量将产生更加剧烈的变化，夏天和冬天的天气会更加极端。月亮可能会作为我们的屏障，保护我们免受小行星轰炸产生的最坏结果。

水星

作为离太阳最近的行星，水星的轨道与太阳引力紧密相连，因此它可能能够存活下来，不会经历什么变化。

金星

流浪行星可能会打乱金星完美的圆形轨道，使它变成椭圆形。这样的话，可能会干扰它缓慢的自转周期，也会让金星上的气候发生变化。

火星

如果流浪行星将火星的轨道推得离太阳更近一点，那么不可思议的事将会发生。当火星的冰盖融化、大气层变厚时，它可能会成为最宜居的星球。不过，它会经受来自小行星的轰炸冲击。

小行星带

无数的小行星在火星和木星之间的轨道运行。毫无疑问，流浪行星会将它们打乱。有的小行星可能会被完全扔出太阳系，而有的小行星会和海王星以外的彗星一起大量地落在太阳系内侧，产生巨大的冲击。

土星

土星是质量第二高的行星，也有可能会存活下来。但是，它的星环系统可能无法经受流浪行星引力的破坏以及随之而来的彗星残骸轰炸。

木星

作为太阳系中最大的行星，木星最有可能承受一颗流浪行星经过带来的破坏。它的引力会拉来很多从太阳系边缘掉进来的彗星。

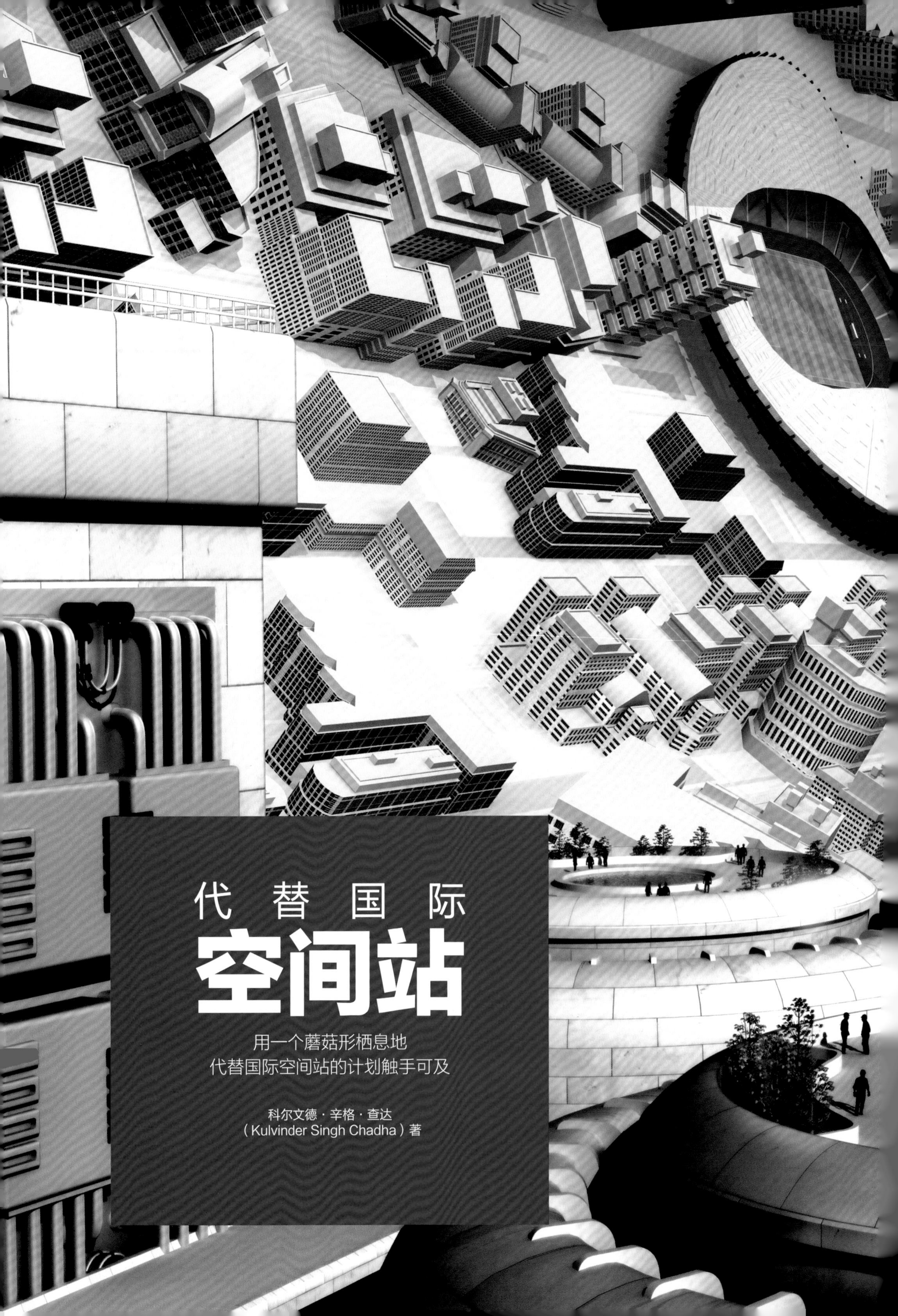
代替国际
空间站
用一个蘑菇形栖息地
代替国际空间站的计划触手可及
科尔文德·辛格·查达
（Kulvinder Singh Chadha）著

国际空间站已经接近使用寿命的尾声。空间站的建设可以说是人类工程和国际合作上令人印象最深刻的一次壮举。从 1998 年后期，人们就开始建造空间站的模块。自从 2000 年 11 月起，空间站里始终非常繁忙。它是人类建造过的最大的飞船，内部体积有 915 立方米，等于一架波音 747 的体积。它比美国 1973-1979 年使用的天空实验室（Skylab）空间站要大 5 倍，比俄罗斯的和平号空间站（Mir Space Station，1986-1996）要大 4 倍。但是，一旦国际空间站到达它可用生命的终点，私人公司就会随时待命，用更了不起的空间站来替代它。希望这个新的空间站可以解决在它之前所有的空间站遇到过的一些问题。

美国国家航空航天局，俄罗斯联邦航天局（Roscosmos）和日本、欧洲、加拿大三国的航天局（分别是日本宇宙航空研究开发机构、欧洲空间局和加拿大航天局）共同建造了国际空间站。它最初的目的是成为一个围绕地球轨道运行的科学实验室、天文台及实验工厂。人们也打算把空间站当作一个补给站，为那些需要进入太空更深处的载人任务作好准备，例如飞回月球、小行星或者火星。

俄罗斯的和平号是第一个组合式空间站，但是历史上第一个空间站是礼炮 1 号（Salyut 1）

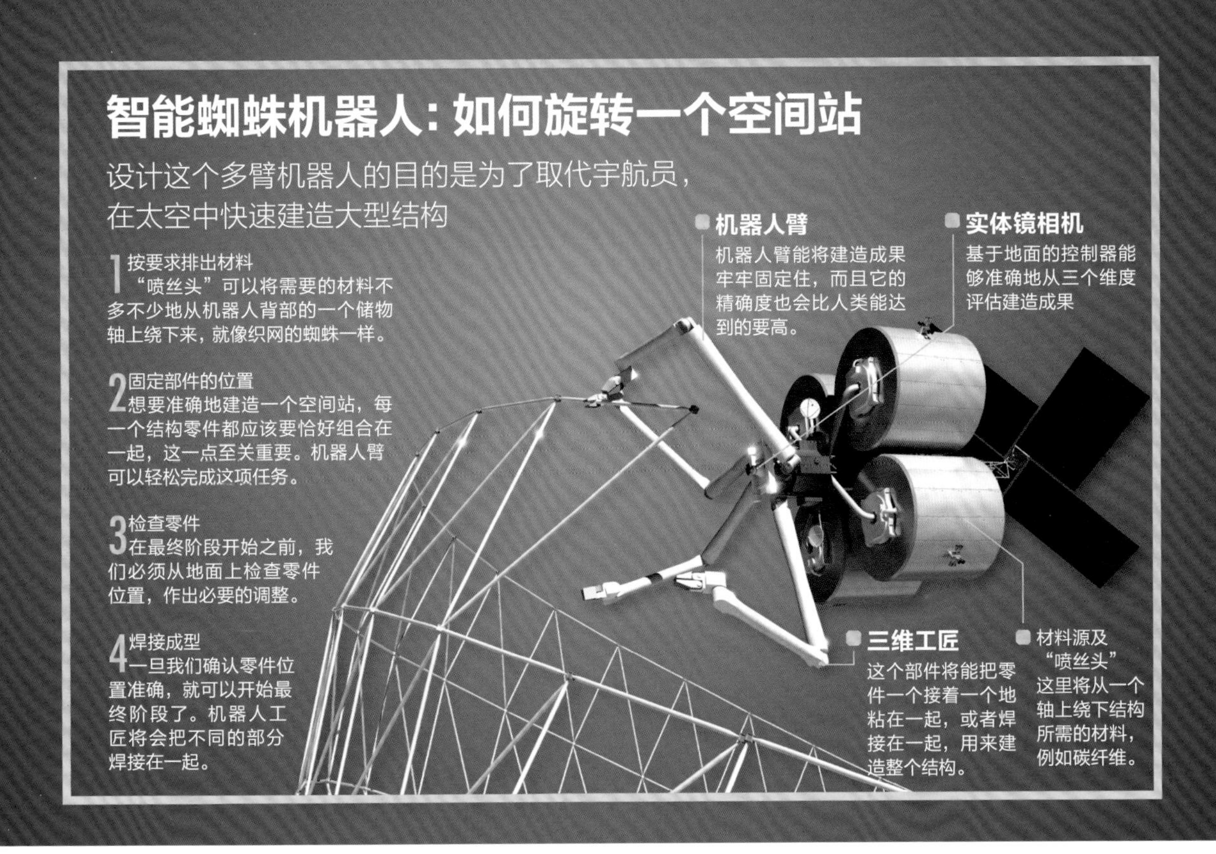

双壳之间储存的水可供人类使用，
但也可以给空间站提供保护，
使之免受残骸冲击。

国际空间站的宇航员已经在空间站居住并生活了 16 年，他们开展了很多研究，包括微重力（失重状态）下的材料科学和流体科学、宇宙射线、天体生物学、太空医药、太空天气、嗜极生物[1]生命形式以及人类长期飞行及其影响。空间站也成为了一个理想的地球观测平台，用来检测天气、农业区域、森林、珊瑚礁，以及大气层现象。加拿大的克里斯 · 哈德菲尔德（Chris Hadfield，国际空间站前任指挥官）及英国陆军少校蒂姆 · 皮克（Tim Peake）等宇航员通过电视出镜、社交媒体和教育界提升了国际空间站的公众形象。那么，下一代的空间站看上去会是什么样呢？如果是华盛顿哥伦比亚特区的联合太空结构公司（United Space Structures，简称 USS）来做的话，那会是一个从科幻片里走出来的空间站。他们策划的太空栖息地之一模仿了电影《星际迷航》中的"星际基地 1 号"（Starbase 1），毫不费力地就会让国际空间站黯然失色。

包括中国的天宫计划在内，过去和现在的所有空间站都有一个主要的问题，就

1 嗜极生物：或称嗜极端菌，是可以（或者需要）在"极端"环境中生长繁殖的生物，通常为单细胞生物。

像联合太空结构公司的共同创办人及首席执行官威廉·肯普（William Kemp）解释的那样：“这些空间站都是一种‘微重力环境’，所以长期居住于其中对人类健康有很大危害。”不过，听上去很奇怪的是，地球的引力场力度可以到达 400 千米的高空，这也是国际空间站通常的轨道海拔高度。在那个高度上，地球的引力仍然保持表面引力的 90%。在空间站、航天飞机及其他近地轨道的宇航员之所以看上去会漂浮起来，是因为他们的飞船在围绕着地球不断地进行惯性运动。向前移动时，地球就会一直在飞船下方以弧线形的路线远离飞船，飞船就不得不跟随地球，以便待在轨道中。因此，即使在这个海拔高度还有引力，它对宇航员也没有起到作用。这对长期在太空中旅行的人来说是一个很大的问题，因为人体还没有进化到可以长期处理微重力的地步。体液会在宇航员体内流来流去，这会影响到眼睛和其他器官。脸会变得肿胀，骨密度和肌肉质量的丢失也是众所周知的现象。宇航员们花这么多时间运动的原因就是为了削弱这些影响。

肯普和他的合作伙伴特德·马捷卡（Ted Maziejka）的目标是用他们的空间站来解决这些问题。这个公司已经设计出了圆柱形的空间站（“盖亚级”栖息地）以及环形空间站。“国际空间站长 100 米。我们的中型空间站的半径是 100 米，长 500 米。它将包括 280 万平方米的可居住面积。”肯普说道。这个空间站会是国际空间站大小的 3000 多倍。“建造这些空间站是为了创造人造引力。我们最小的空间站的半径为 30 米。”因此，利用向心力效应（也就是你在儿童旋转木马上感受到的向外“扔”的力），它们可以创造出类似于引力的力。为了在空间站创造出 60% 的地球引力，肯普提到的直径 30 米是空间站必须达到的最小尺寸。如果想要让长时间待在太空中的宇航员保持健康，60% 的地球引力也是必须达到的最小引力值。

然而，建造国际空间站曾是 5 个国家共同承担的一项巨大挑战。肯普和马捷卡想要建造的那种空间站会是一项大得多的挑战。他们将会如何实现这个目标呢？就是通过创新材料和建造技术。“空间站的大部分将会由聚合物基复合材料和碳纤维材料组成。泡沫金属材料将会覆盖它的外层。”肯普说道。很多军队一直在研究泡沫金属材料，用来保护军人。这样的材料可以帮助解决一个可能致命的问题——高速度残骸的撞击。地球的轨道环境充满了人造的太空垃圾，其中很多航行速度是每小时几千千米。这些残骸在一个太空运载空间站上产生的影响可能是灾难性的，一小块残骸就能毁灭整个飞船。

在很多年里，太空飞船、质子运载火箭（Proton rocket）和联盟号（Soyuz）纷纷发射，拼装起了国际空间站。如何建造联合太空结构的栖息地之一呢？就像肯普说的：“我们的 6 个不同的机器人系统将全权负责空间站的制造。我们会将这个空间站送到宇宙中去，再在顶部加一些附加的材料。”送出的材料会提供一个脚

国际空间站 VS “太空蘑菇”

这个下一代的空间站和现在围绕地球轨道运行的那个空间站相比，怎么样呢？

联合太空结构公司的太空蘑菇	美国国家航空航天局的国际空间站
优点	
✔ 比国际空间站的空间要大得多	✔ 已经经过验证，是一个正常运作的空间站
✔ 可以通过旋转，产生自己的假重力	✔ 组合式设计让维修更容易进行
✔ 可以作为太空旅行者和深空探索者的“航路点”	✔ 有足够的空间让宇航员走动并在其中生活与工作
✔ 可以持续使用 50 多年	✔ 是多个国家为了一个共同的利益一起合作的戏剧性案例
缺点	
✗ 在宇宙中建造这个结构是一项艰巨的任务	✗ 寿命只有 15 年左右，现在已经超过了使用年限
✗ 为在轨道中的太空残骸提供了一个更大的表面积	✗ 国际空间站不能产生自己的人造引力
✗ 需要通过更多次的地面发射，来提供食物、水和加压大气	✗ 宇航员在空间站内部受到的太阳辐射仍然比航空公司的工作人员要多 5 倍
✗ 还没有开始建造	✗ 始终处于太空残骸造成灾难性损坏的危险之中

国际空间站
国际空间站是迄今为止人类建设过的最大的太空运载结构。

太空蘑菇
这个联合空间结构的栖息地将使国际空间站和航天飞机黯然失色。

加大一个超级空间站的尺寸

礼炮1号
长度： 约 20 米
宽度： 约 4 米
发射时间： 1971 年 4 月 19 日
截止 2016 年，我们只成功发射了 9 个可以作为轨道空间站使用的结构。苏联的礼炮 1 号是世界第一个空间站，发射于 1971 年。

天空实验室
长度： 26 米
宽度： 17 米
发射时间： 1973 年 5 月 14 日
天空实验室是美国的第一个轨道空间站。它是作为无人任务发射的。当它在轨道内时，总共有 3 个载人任务到达了这个空间站。

和平号
长度： 31 米
宽度： 18 米
发射时间： 1986 年 2 月 20 日
这个空间站的名字是俄语中意为和平与自由的一个词语。“和平号”是第一个组合式空间站：在 10 年期间，它分为 7 个部分建造了出来。

国际空间站
长度： 108 米
宽度： 73 米
发射时间： 1998 年 11 月 20 日
国际空间站是太空中组装过的最大的单一结构。自 2000 年 11 月 2 日起，国际空间站里始终非常繁忙。我们可以从地球上看到这个空间站。

天宫1号
长度： 10 米
宽度： 3 米
发射时间： 2011 年 9 月 29 日
除了国际空间站以外，试验性的无人天宫 1 号是另一个现在围绕着地球轨道运行的空间站。中国希望不久后替换掉它。

联合太空结构的盖亚级栖息地
长度： 500 米
宽度： 100 米
发射时间： 不适用
发射时间对于这个空间站来说并不适用，因为这个公司的目标是使用机器人增材制造技术在轨道中建造这个空间站。

新空间站的内部

联合空间结构公司希望客户可以用众多方式来使用他们的栖息地

行星环境及气候研究

一个长期的太空栖息地可以让居住在里面的人前所未有地观测到不断变化的地球。这个数据可以帮助气象学家以一种从来没想象过的方法来记载气候变化的程度。

生物医药研究

生物学和医药研究将从基于太空的平台中获益最多。人们可以研究微重力下的生化过程反应，并通过混合流体和粉末来创造出新型药物。

采矿工具/平台

一个不断环绕的摆渡系统将会是太空采矿的理想工具。联合太空结构公司的栖息地将收集大量富含矿物质的小行星、彗星及月球材料，从中获取有用的矿石，例如铱。这种矿石在地球上非常稀少。

载重飞船停留处以及建造平台

除了是一艘行星间飞船以外，这些栖息地的空间也能让各种各样的行星居所在空间站和太阳系中的其他星体之间摆渡，无论是去月球或是火星都可以。

制造平台

国际空间站上的实验表明，在微重力下，流体和粉尘的反应会变得不同。一个围绕地球轨道运转的联合太空结构公司的栖息地会是一个理想的平台，让从来没见过的新型制造得以开展。

酒店/赌场/三维体育馆

这个栖息地的中型到大型结构都将为希望在太空酒店中停留的旅行者们提供场地。而且，这些结构也能提供机会，建造在地球上不可能建设的新型体育场。

手架，之后就可以在脚手架上面开始建造。“这个空间站是一个双壳系统，壳之间有空间，空间里将会装满水。”他说道。当外部空间站和壳完成后，我们就用空气对内部空间站施压，然后内部空间站就会旋转起来。这样的话，人类就可以进行内部调试，就好像他们在地球上行走一样。

“一旦空间站开始旋转，它就会自己继续旋转。由于大气层上层含有的原子氧，可能会有一些阻力产生，但是我们可以使用一个推进系统来保持空间站达到的速度。”肯普说道。双壳之间储存的水可供人类使用，但是就像泡沫金属一样，这些水也可以给空间站提供保护，使之免受残骸冲击。它们还能共同起到另一个保护作用。宇宙辐射也是太空中的一个问题，尤其是来自太阳的辐射，因为太阳辐射会持续发射带电粒子流。尽管宇航员可以获得地球磁层作为辐射“盾牌”提供的一些保护，但是宇宙射线始终是一个健康隐患。在超越地球磁层的地方，辐射是一个主

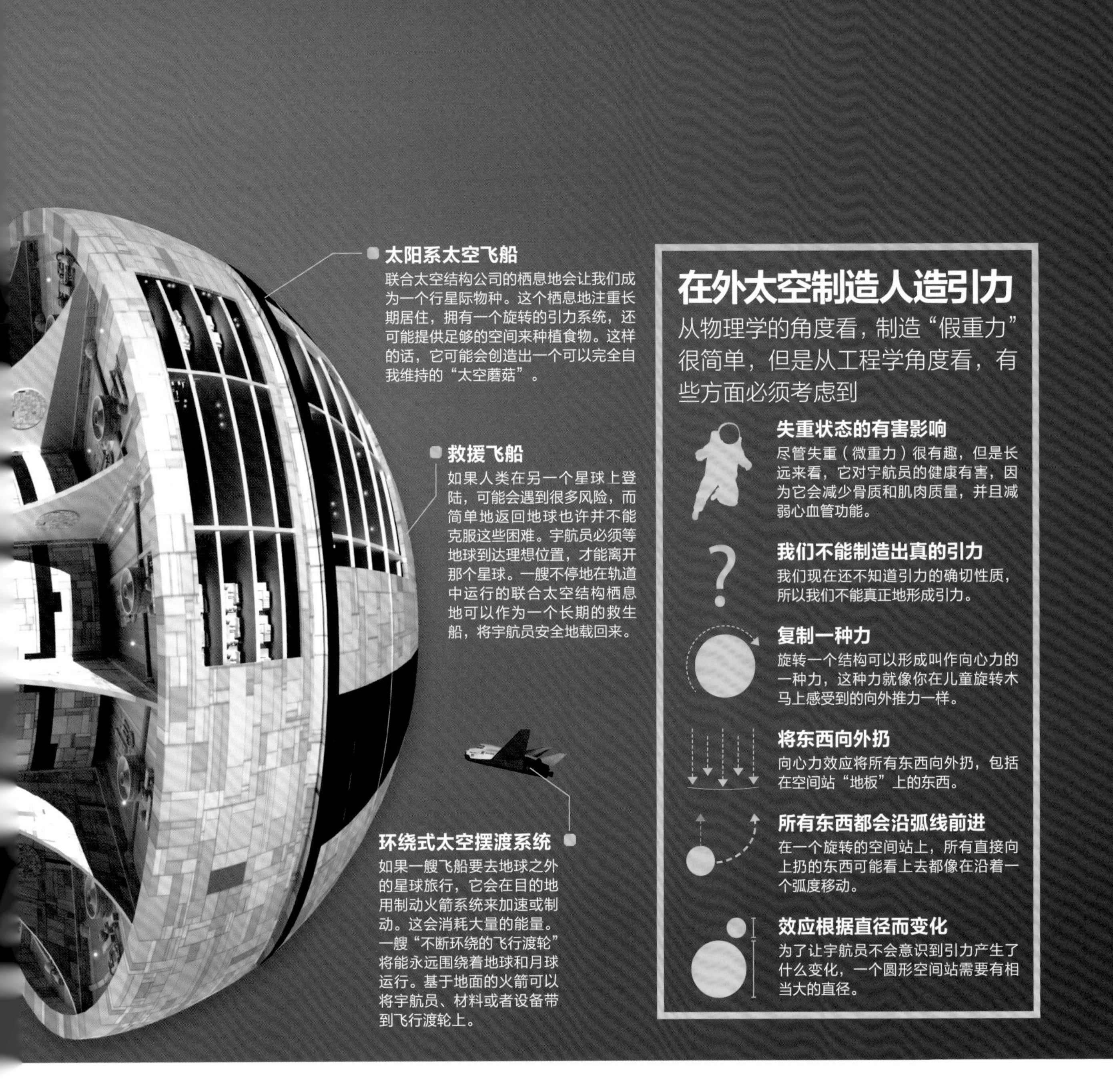

建造这些空间站是为了
创造人造引力。

要的挑战。当阿波罗号的宇航员们去月球冒险时，他们受到了这样的辐射，但是他们只需要与其斗争一个星期。在去往小行星或者其他行星更漫长的任务中，我们还没有任何防护措施。

“我们的盖亚级栖息地将会有更多的辐射保护。而且，我们将它们设计成了能持续运行 50~100 年的空间站，而国际空间站只能够用大约 15 年的时间。”肯普说道，“水将会是减少辐射的一种资源，但是外层的泡沫金属又是另一种。它对抵挡各种形式的辐射都很有效，包括伽玛射线和宇宙射线。我们也会启动一个‘法拉第笼（Faraday cage）’系统，更显著地减少辐射。”法拉第笼可以保护空间站免受电磁辐射，还可以保护宇航员免受微波辐射。如果联合太空结构公司的栖息地有一天用来作为探索深空的飞船，所有的这些措施对宇航员是否安全就变得很重要。为了这个目的，联合太空结构公司还设计了一个“太阳探索者”栖息地。这个栖息地是可以完全自我维持的，也就是一个“闭环”系统。

但是回到地球轨道中，谁会使用盖亚级栖息地呢？建造一个盖亚级栖息地需要多少钱呢？肯普解释道，它的费用将与很多因素有关，包括飞船的大小以及要求达到的内部调试类型。“假设我们在讨论一个中型的空间站，我估计一个空间站会花费150亿~200亿美金左右。”让我们来比较一下，建造纽约世贸中心一号大楼（One World Trade Center）花了38亿美金，而一艘英国先锋级核潜艇需要花费15亿英镑。国际空间站的建造花了差不多630亿美金。但是肯普说道：“一旦开始进行太空采矿，我们便可以就地使用太空中的材料，这个花费会急剧降低。”按照每立方米内部体积的价格来算，不管怎么样，建造一个盖亚级栖息地都会比建造国际空间站便宜得多。

肯普和马捷卡计划将这些栖息地长期租出去。这样的话，可能使用这些栖息地的人就不需要买下它们。他们打算为国际社群提供空间站：个别的国家、国家级团队、公司或者其他团体。他们可以使用空间站进行地球监测，医药和科学研究，娱乐以及太空采矿。“我们希望给每一个人提供机会，让他们可以进入这些栖息地。这样，就能让人类在太阳系各处进行扩张。”肯普说道，“只要人们愿意，他们可以长期居住在这些栖息地内。”

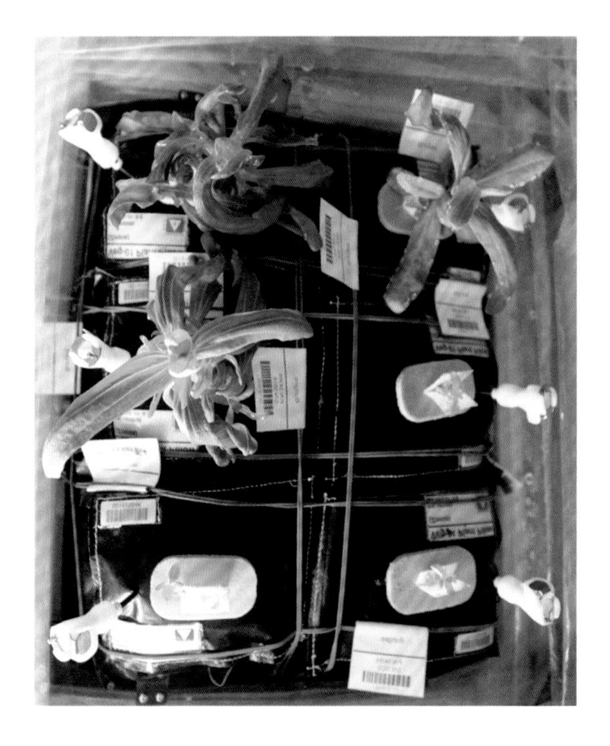

国际空间站上的一个实验。生物学和医药学将会从联合太空结构公司设计的空间站中受益

下一代的太空栖息地可能会自我维持，让火星成为一个有望让人居住的目的地

火星上的冰屋

将材料运送到这颗红色行星的代价非常高，所以我们需要用当地的材料建造未来的基地。用冰来打印可能会解决这个问题。

当人类探索地球的时候，我们没有将旅途中需要的所有东西都带在身边，而是以土地为生。如果我们要在太阳系中的其他地方安顿下来，我们也必须学会在不那么宜人的环境下做同样的事。方法之一是用当地的岩石建立行星基地，或者至少是建立一个辐射防护系统。很多研究讨论了这个问题的解决方案，包括在太空舱上堆积土壤，以及制造地外混凝土。但是，这些方法需要大量的现场操作，而且造出来的基地会令人感觉像山洞一样。然而，美国国家航空航天局栖息地挑战的赢家可能拥有一种材料，可以让我们更容易地在其他行星上建造栖息地，并提供轻巧宜人、拥有创新外型的结构，那就是三维立体打印的冰块。

美国国家航空航天局的挑战是要“利用三维立体打印提供的独特能力，凭借这个技术和当地的材料来想象火星上的栖息地可能的样子，并基于这两点发展建筑概念”。太空探索建筑（Space Exploration Architecture，简称SEArch）公司和纽约云端建筑（CloudsAO）公司的建筑师凭借他们设计的独特火星冰屋赢得了这次竞赛。的确，使用三维立体打印技术，并用水来做建筑材料，对火星的环境来说是一个相辅相成的组合，能够带来诸多好处。

有证据表明，火星土壤里有充足的水，而火星的低气压和适宜的温度可以用来帮助收集水分。如果我们可以挖掘出土壤中的冰，让它暴露在火星大气层之下，低气压会让它升华，冰就会直接从固体变成气体，而不会融化成液体。这样的话，机器人就可以直接刮去一层冰块上的土壤，直接以水蒸气的形式收集水分。更重要的是，如果我们可以将液体水保持在基地内部需要的气压下，却让它处于火星温度下，液体水就会立刻结冰，变成一个永久的结构。而且，水还是一种绝妙的辐射防护，它可以让可见光通过，却将有害的紫外线和宇宙辐射阻挡在外。

一座火星冰屋会从一个4层的圆柱形着陆器开始。着陆之后，机器人会先烧结泥土（用激光熔化泥土，但又不会让它完全熔化），以此在着陆器底部的周围形成一个地基。然后，这些机器人会在周围的地区收集水，装满着陆器上的一个储水池。与此同时，一个四氟乙烯（EFTE）膜（这个膜也曾用来覆盖国家航天中心以及伊甸园计划）会在着陆器和新的地基周围膨胀起来。之后，打印机器人在膜的内侧喷上水，这层膜可以让水不会受到外部低气压的影响，同时又能保持低温，这样水就能立刻结冰成形。机器人会在冰中添加纤维，增加它的强度，所以这面冰墙可以支撑住自己。它们也会在内部打印出一个完整的螺旋形脊梁，让机器人爬上去。

外壳形成后，同一批机器人将会在着陆器周围打印内部冰壳，并衬上气凝胶（Aerogel）隔热层（这是一种硅泡沫或碳泡沫，其中97%的部分是真空的）。这样的话，室内温度可以保持在20摄氏度，却不会影响冰壳。内室中可以种植植物，产生氧气，提供食物和一个更美丽的居住空间，而外室提供了额外的空间，可以用来管理氧气平衡、进行辐射防护，也是一个综合区。在这个区域里，工作人员可以只戴氧气面罩，而不需要穿增压服。自然光会在整个基地中发散开来，由冰层保护着的四氟乙烯窗也可以让我们看到窗外的景色。所有的这些特点组合起来，应该可以为火星的第一批移民提供一个更宜人、更便利的居住环境。

小i机器人（iBot）

这些机器人将收集到的水喷在膜的内侧，用来建造冰墙。它们会有一些喷嘴，可以用来喷水，进行纤维加固或建造隔热层。

四氟乙烯膜

这是一面可充气的压力墙，它会在基地外侧形成。完工后，它能保护冰层，让冰层不会接触到大气，这样就能阻止冰层重新升华。

后院

外壳包围着这个基地，围起一个未经加热却经过加压的空间。这样，移居者们不需要穿整套太空服，就可以使用这块区域。

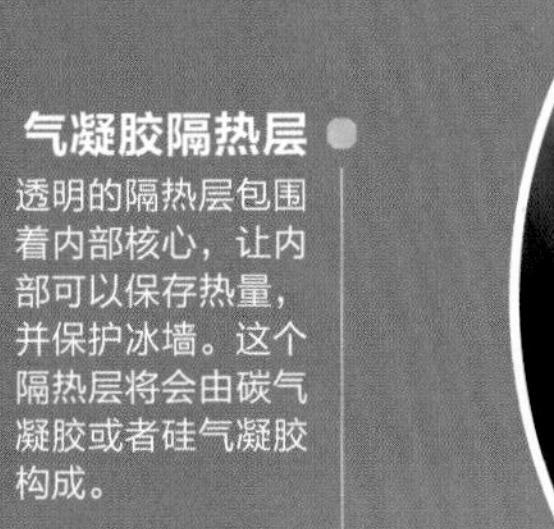
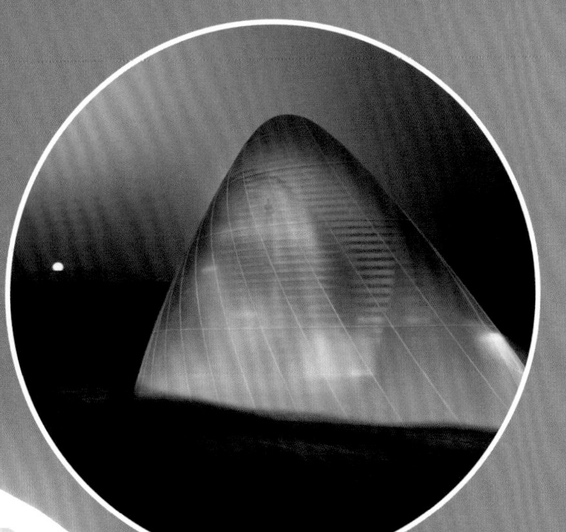

气凝胶隔热层

透明的隔热层包围着内部核心，让内部可以保存热量，并保护冰墙。这个隔热层将会由碳气凝胶或者硅气凝胶构成。

机器人会在冰中添加纤维，增加它的强度，所以这面冰墙可以支撑住自己。

生活空间

自然光可以透过一层层外壳，进入基地，让人们不会患幽闭恐惧症，也让种植植物和庄稼成为可能。

瓦斯机器（WaSioBos）

这个用来采水和烧结[1]的机器人会通过激光熔化土壤，让当地的土壤融合在一起，成为一个可靠的地基。然后它们会去周围的区域收集水冰。

1 烧结：指把粉状物料转变为致密体，是一个传统的工艺过程。

冰墙

完工后的冰结构能提供承重墙以及有效的辐射防护，阻挡紫外线和宇宙射线辐射，但是可以让可见光透进来。

核心着陆器

一个又高又细的圆柱状着陆器为这个栖息地提供了基础，带来建造设备、生命维持设备、通信系统以及电子系统。

反物质帆船

我们的第一个星际探测仪可能会靠着反物质风在恒星间航行

太空旅行中最主要的限制就是能量。从壮观的火箭发射中可以看出，仅仅是迈出踏入宇宙的第一步，就需要消耗如此大量的能量。想要航行至太阳系中的其他地方，飞行器所需的能量甚至会更多。按照现今的推进技术，宇宙飞船会按照漫长的最低能量轨道围绕着行星滑行。对于人类航天飞行来说，这意味着宇航员要在狭窄的生活环境中航行几个月甚至几年。如果我们有办法储存更多的能量，就可以建造出接近科幻片里的那种又大又快、舒适宽敞的飞船。星际航行甚至会需要更多的能量，而据我们所知，形式最密集的一种能量就是反物质。反物质是星际迷航中企业号的能量源，这可能也是它最广为人知的一次虚构用途。但是，反物质是一种真实的物质。

物质是由亚原子粒子组成的，例如中性不带电的中子，带正电的质子和带负电的电子。反物质也是同样的东西，但是这些电荷是相反的。正因如此，反物质产生了巨大的潜力。当反物质与物质相遇时，两者便会中和，将物质转化成能量。物质可以按照爱因斯坦著名的等式 $E=mc^2$ 中的比例换算成能量。在这个等式中，E 代表能量，m 代表物质，而 c^2 代表光速的平方。光的速度为每秒 3 亿米。物质中储存了巨大的能量，这个能量将近是核燃料的一千倍，也是碳氢化合物的 10 亿倍。碳氢化合物是一种完全由氢原子和碳原子组成的有机化合物。

我们面临的挑战就是如何使用这个资源，如何使用这个无形而又巨大的资源。然而，来自百巴科技公司（Hbar Technologies）的杰拉尔德·杰克逊（Gerald Jackson）和史蒂文·豪（Steven Howe）提出了一个想法，来应对这两个挑战。基于在一次美国的粒子加速器会议（Particle Accelerator Conference）上第一次提出的想法，他们设计出了一个用反氢的一股股风吹动的宇宙帆船。反氢是可能找到的最简单的中性反物质，由一个反质子和一个正电子组成。百巴提出，将反氢作为微小的雪花储存起来，悬在电场之中。如果这个说法听起来很难想象规模有多大的话，你要知道这艘帆船只需要 17 克的燃料就可以在 10 年里到达星际空间。但是，与此同时，储存反氢的世界纪录是 38 个单独的原子。

为了安全地从反物质中释放能量，百巴提出从飞船船身的前端发射一股反氢，将反氢吹成一个凹面碟形的帆，在飞船前方伸展开来。其他的太空帆是一个有弹性、重量轻的聚酯帆，而这个太空帆将完全不同。它将会是一个僵硬的碳纤维碟，内部要涂上铀！铀是最常用的核裂变燃料，是自然出现的一种比铅重的元素。当反氢流打中这个帆时，物质－反物质反应就会引起铀的核裂变（原子核分裂）。这个反应将会让一股极重的、高能量的粒子裂开，推动帆前进。

百巴根据他们的概念设计了这个太空探测仪。这个探测仪会装有一个直径为 5 米的帆。他们估计，在为期 1 年的加速后，这个帆可以到达光速的 10%。这样就能在仅仅 42 年之内到达南门二。而且，这个方法可能会比其他近期的星际间发动机遭遇更少的工程障碍。而最大的挑战是获得足够的反物质。百巴正在进行一项研究，想要用粒子加速器生产反物质，但是这个过程需要的能量比反物质能储存的还要多。一个更好的办法可能是去收集宇宙辐射已经制造出的天然反物质，这些反物质后来困在了行星的磁场之中，包括我们自己的行星发出的磁场。

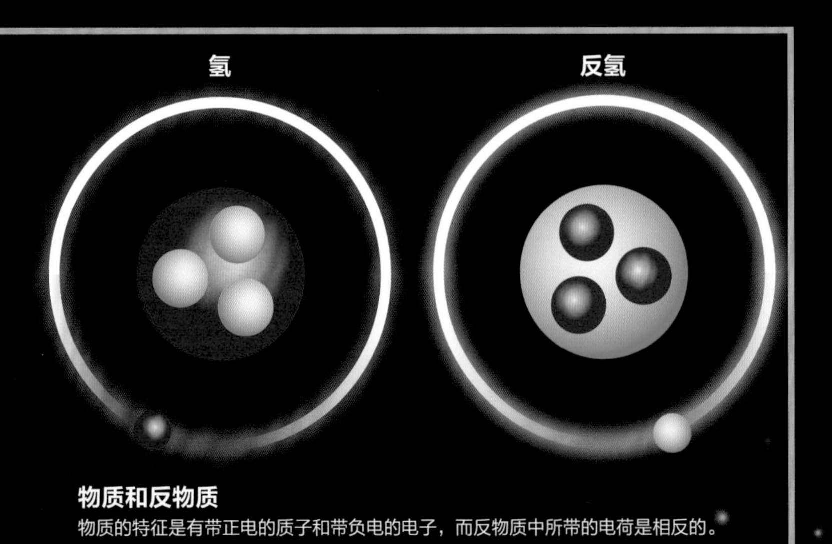

物质和反物质

物质的特征是有带正电的质子和带负电的电子，而反物质中所带的电荷是相反的。

反物质是《星际迷航》中企业号的能量源，这可能也是它最广为人知的一次虚构用途。但是，反物质是一种真实的物质。

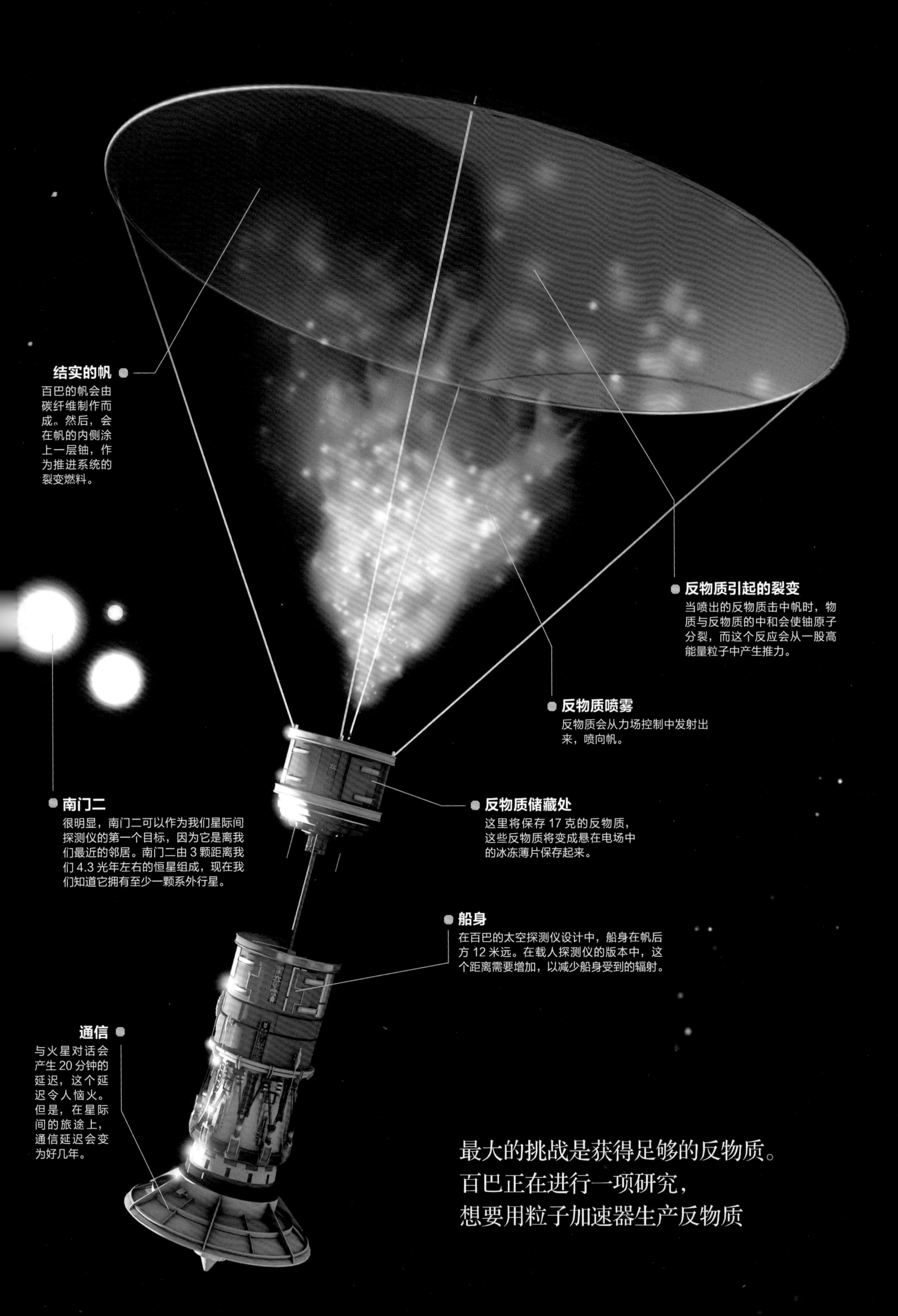
结实的帆
百巴的帆会由碳纤维制作而成。然后，会在帆的内侧涂上一层铀，作为推进系统的裂变燃料。
反物质引起的裂变
当喷出的反物质击中帆时，物质与反物质的中和会使铀原子分裂，而这个反应会从一股高能量粒子中产生推力。
反物质喷雾
反物质会从力场控制中发射出来，喷向帆。
南门二
很明显，南门二可以作为我们星际间探测仪的第一个目标，因为它是离我们最近的邻居。南门二由 3 颗距离我们 4.3 光年左右的恒星组成，现在我们知道它拥有至少一颗系外行星。
反物质储藏处
这里将保存 17 克的反物质，这些反物质将变成悬在电场中的冰冻薄片保存起来。
船身
在百巴的太空探测仪设计中，船身在帆后方 12 米远。在载人探测仪的版本中，这个距离需要增加，以减少船身受到的辐射。
通信
与火星对话会产生 20 分钟的延迟，这个延迟令人恼火。但是，在星际间的旅途上，通信延迟会变为好几年。
最大的挑战是获得足够的反物质。
百巴正在进行一项研究，
想要用粒子加速器生产反物质

全地形六足地外探测器

如果我们要移民到太阳系中其他的行星上，就需要一个可以在各种环境下都能抬重物的机器。美国国家航空航天局已经在创造这样的机器人了。

全地形六足地外探测器（All Terrain Hex-Limbed Extra-Terrestrial Explorer，简称ATHLETE）是美国国家航空航天局的一个概念设计。这个概念设计中的机器人可以用来抬重物，并能够长时间负重，从而帮助人类探索宇宙。自2005年起，这个计划已经利用一个巧妙的多功能结构，建造并测试了两代全地形六足地外探测器。全地形六足地外探测器有6条腿，固定在一个中心环上。这些腿有多个关节，可以让腿的末端前后、上下、左右移动，也可以在3根轴线上旋转不同角度。每一条腿的末端都有一个轮子，每个轮子都有自己的电动机。这样，全地形六足地外探测器可以驶向任何方向，以任意一点旋转，甚至能锁住轮子行走。这些腿也能让机器人把中心环举起或放下，这样的话，无论何种地形，全地形六足地外探测器都能驶向一个货物着陆器，抬下一些组件，并搬运到想要的地点，开始搭建。

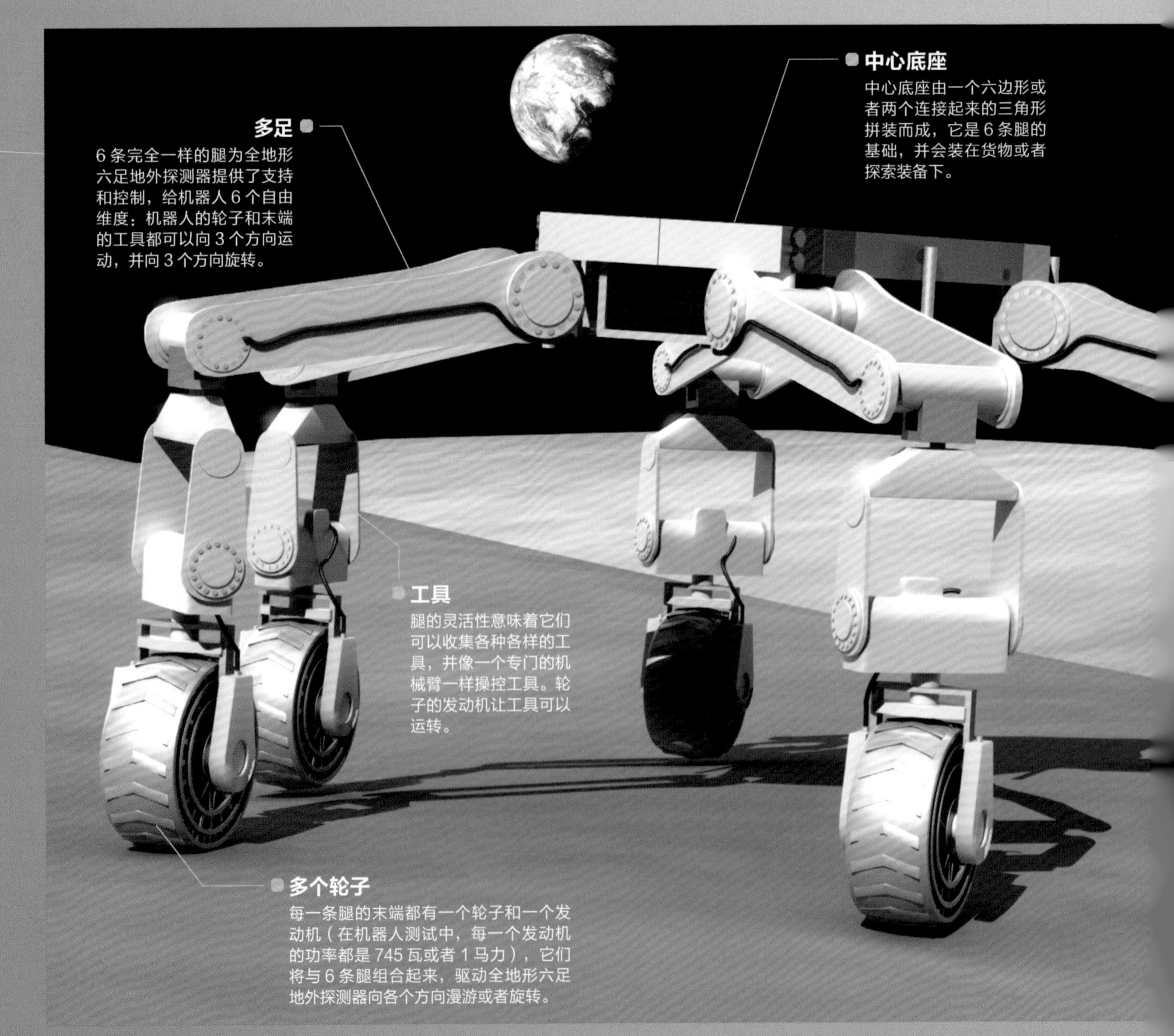

不过，全地形六足地外探测器的技能不只是举重。由于这些腿都是完整的机械臂，它们的设计使腿的末端可以从中心底座收集不同的工具，然后用轮子的发动机驾驶。这些工具可能是钻头、铲斗、钳子，或是任何其他对手边的任务来说有用的工具。所以，这个设计也可以用来当探索机器人。

在另一个星球上放任何货物都是很昂贵的。而且，任务总是很容易因为没有预见到的情况和故障遭到破坏。全地形六足地外探测器的多功能腿可以通过探索工具，将推进系统和转向系统组合起来，这样就能减少探测车的重量。它的行走能力能让它来往于不同的地形之间，而仅凭轮子是做不到这一点的。这也意味着轮子和发动机可以更小、更轻。机器人的六根机械臂还能互相交换，所以当出现几个故障时，任务仍然能够继续。

美国国家航空航天局已经更进一步，试图让第二代的全地形六足地外探测器达到设计模块化的目标。第二代全地形六足地外探测器又称为三足版全地形六足地外探测器（Tri-ATHLETE）。在这一代中，六足中心底座分为两个三足机器人，而这两个机器人可以拼在一起，形成一个完整的全地形六足地外探测器。这样的话，搬运货物单元就会更加容易，因为两个三足版探测器可以从两侧来处理一个单元，而不用像单独的一个六足版探测器那样需要先开到货物的顶端才能搬运。加利福尼亚州的喷气推进实验室建造了第一版机器人，在2005年开始测试。它能在月球上举起1800千克的货物，或在火星上举起900千克的货物。这个两部分组成的三足版机器人是在2009年建造的，可以分别在月球和火星上举起2700千克和1350千克的货物。

两代机器人都在喷气推进实验室经历了广泛的测试，这个项目也将继续扩展机器人的能力。全地形六足地外探测器的形状让多个机器人可以堆在一起发射。美国国家航空航天局将21世纪30年代的任务重点更换成了通往火星的载人任务。像全地形六足地外探测器这样的机器人很有可能参与到任务中，帮助我们建造我们需要的栖息地。而且，这些机器人很有可能比我们更早到达火星。

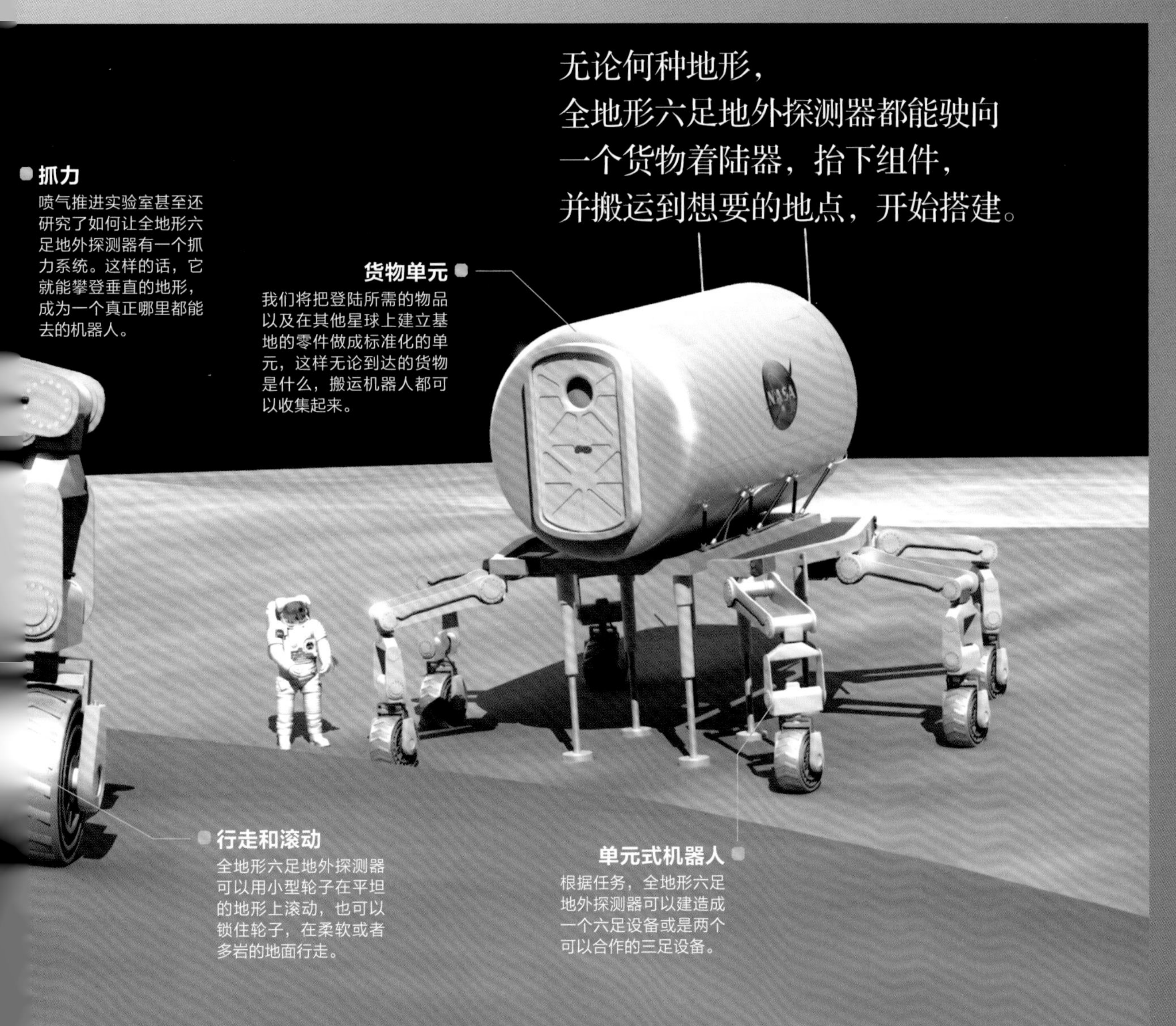

人工冬眠

人工冬眠是科幻片中经常出现的情节。
目前让人们在星际旅行中睡觉的技术可能比我们想的要更先进。

当新陈代谢变慢时，人体需要的氧气就会减少，那么就算是人类也可以进入一种冬眠状态，并存活下来。

宇宙很大，这对未来的星际间探索者来说是一个问题，对科幻编剧来说也是。通过现在的科技，我们即将要去火星执行的任务都需要一年左右的时间，而到达太阳系之外需要几十年，星际间的旅行将花数千年的时间。因此，不论是在正经的研究还是在电影中，人们经常会要寻找某种方法让乘客可以暂停，让乘客不会意识到时间的流逝或是经历衰老。

在《星际穿越》中，塑料覆盖住了淹没在水中的宇航员；在《异形》和《阿凡达》中，睡眠舱帮助人类在恒星之间打发几年的时光；在《红矮星号》中，利斯特舒服地躺在门后面的冷冻框里度过了300万年，而他的猫进化成了"文明生物"；在《太空旅客》中，两个沉睡的居民正在飞往一个新行星，当他们的飞船发生故障时，有人提早了整整90年叫醒他们。而人工冬眠，或者至少是以某一种形式人为引起的人类冬眠，即将成为可能。

在几个记载下来的案例中，有人可以在寒冷且有时候缺少氧气的情况下存活下来。1999年，安娜·贝根霍尔姆（Anna Begenholm）在冰层下面困了80分钟。她的核心温度降至13.7摄氏度，这是人类经历事故后存活下来的最低体温纪录。她的康复过程并不简单，但是她后来可以继续她放射学学者的职业生涯。像贝根霍尔姆这样的案例表明，新陈代谢变慢时，人体需要的氧气就会减少，那么就算是人类也可以进入一种冬眠状态，并存活下来。华盛顿大学的研究员马克·罗思（Mark Roth）正在研究如何启动这种状态，尽管他的专注点不是太空旅行，而是救助那些因严重受伤而生命垂危的人。

低温治疗或者人体降温已经用于心脏手术中，但是这只是用传统的麻醉剂将人体温度降低。罗思希望能够做到的是可以使用同样的技巧来减少人体对氧气的需求，同时减弱人体机能。当有人失血很多时，这个方法就可以帮助保护重要的器官，免受缺氧的风险。罗思主要研究由一种气体引起的冬眠，而不是直接冷冻。通常硫化氢是一种令人非常讨厌的气体（有毒、有腐蚀性、易爆炸、气味刺鼻），但研究发现，少量的硫化氢可以让老鼠进入冬眠状态。人们认为，硫化氢可以代替身体中的氧气，以减少需求。人体确实也会自己制造少量的硫化氢。据猜测，这可能是突然遭受的寒冷或者要在水中生存时产生的。

对于那些希望以睡觉度过火星旅途的人，或是那些想要将麻烦的乘客更舒适地装在飞船中的真正的飞船设计师，美国国家航空航天局赞助了一项研究，用来寻找至少适合火星旅途时间的可行的冬眠方案。太空工程公司（SpaceWorks Engineering）的约翰·布拉德福德（John Bradford）研发出了一个系统，可以将火星旅行者降温至一个比较适中的温度，32摄氏度。这个系统会在人体周围放上降温垫，用来实现降温。在飞往火星的几个月中，食物会通过静脉注射的方式提供给人体。镇静剂可以抑制因寒冷而产生的颤抖。一组工作人员会充当不冬眠的管理员，照看这个系统。由于不需要再提供睡觉的空间，也不需要维持活跃的乘客，火星飞船可以建成更小的尺度，让任务变得更便宜、更方便。尽管这项研究还在早期阶段，但它确实看上去能提供很多好处。可能在不那么遥远的未来，航空人员就可以在睡眠中度过一整个太空旅行了。

太空工程公司画出的火星飞船草图

太空工程公司为了展示他们的方案，根据冬眠技术，画出了他们可以容纳 100 人的火星飞船设计。

向心力引力

这艘飞船的设计包括了一系列圆柱形组件，这些组件围绕着一根中心脊梁排列。这可以让整个飞船旋转起来，为旅途提供人造引力。

核电推进

太空工程公司的方案将使用一个核电推进系统，在远离工作人员单元的另一端安装了一个核反应堆，用来进行辐射防护。

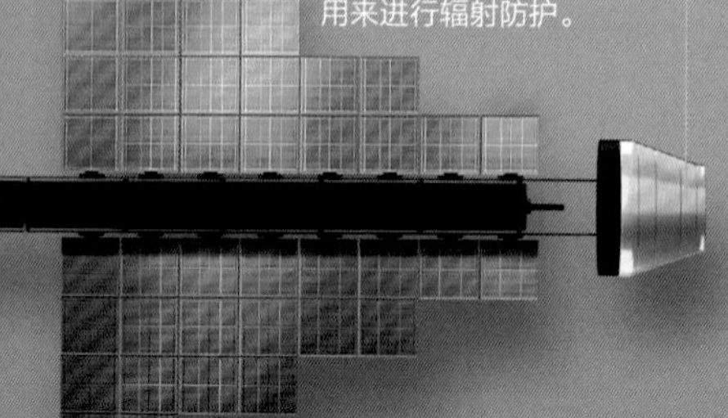

管理员单元

为了可以对乘客的健康进行全面监督，由 4 个人组成的工作人员团队将不会冬眠。在第三个单元中，会为他们提供生活的空间。

冬眠单元

每一个冬眠单元可以携带 48 名乘客，显著减少了这么多人需要的空间体积。

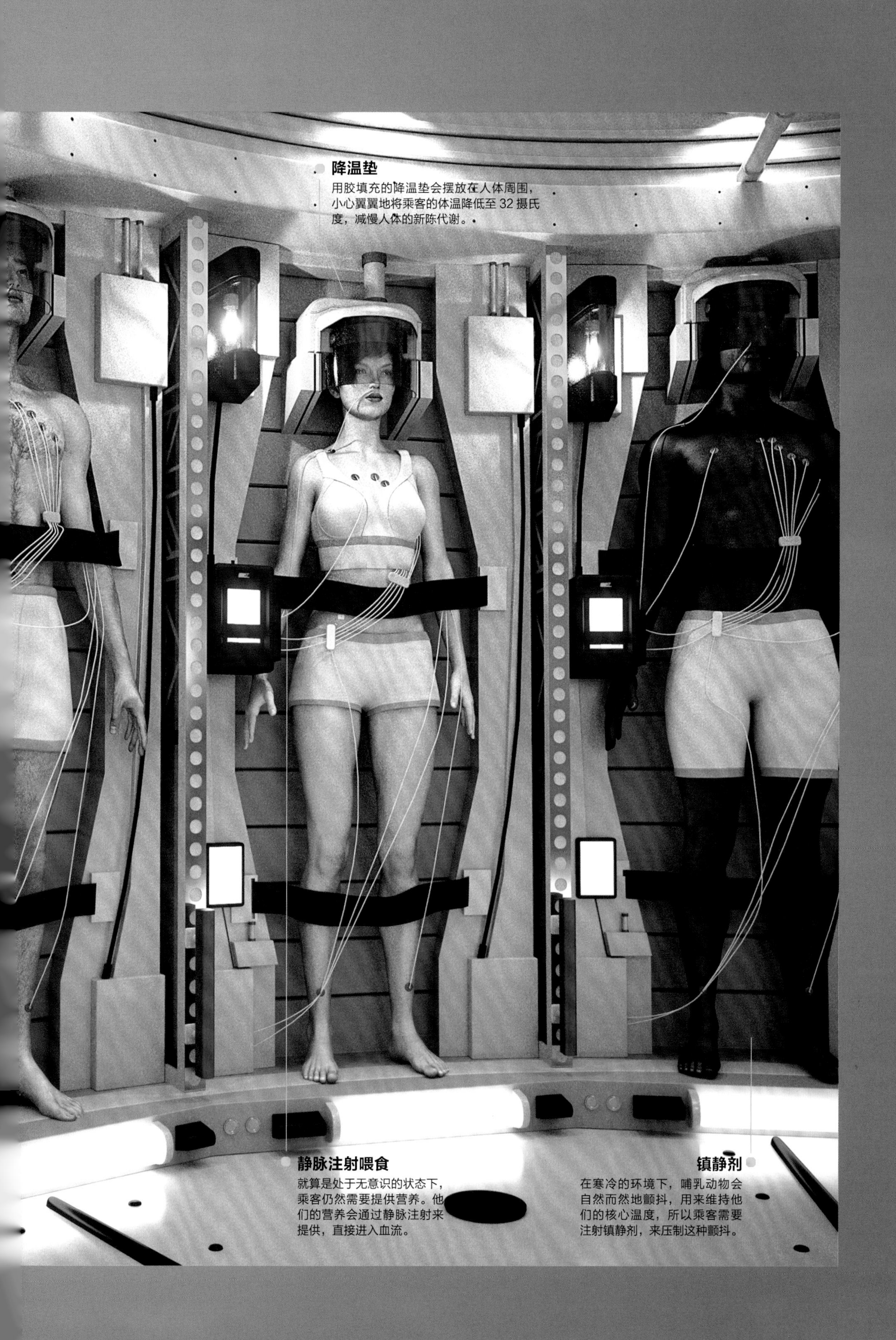
降温垫
用胶填充的降温垫会摆放在人体周围，小心翼翼地将乘客的体温降低至 32 摄氏度，减慢人体的新陈代谢。
静脉注射喂食
就算是处于无意识的状态下，乘客仍然需要提供营养。他们的营养会通过静脉注射来提供，直接进入血流。
镇静剂
在寒冷的环境下，哺乳动物会自然而然地颤抖，用来维持他们的核心温度，所以乘客需要注射镇静剂，来压制这种颤抖。

第六章

你问我答

专家解答宇宙谜团

根据21位天体物理学家、
行星科学家及天文学家所言，真相就在这里。

大卫·克鲁克斯（Davide Crookes）采访

反物质去了哪里？

唐爱洪 博士
（Dr. Aihong Tang）
纽约州布鲁克黑文
国家实验室
（Brookhaven
National Laboratory,
New York）

▶大爆炸后破坏了它

宇宙创造出的反物质和物质应该是等量的。然而，地球上观测到的几乎所有物质好像都是由物质组成的，而不是反物质。那么反物质去了哪里呢？大爆炸创造出了反物质。所以，要么是大爆炸在发生后的一秒钟之内摧毁了反物质，要么就是大爆炸让反物质存在于一个我们无法企及的遥远的宇宙中。我们可见的世界正好是一个物质地带。

物质和反物质之间可能存在着微小的不对称性，这样就会造成第一种可能性。加速器实验正在研究这种可能性。气球实验和太空中的实验正在探索第二种可能性。最近，最著名的一个实验是在国际空间站上进行的阿尔法磁谱仪-02（AMS-02）实验。在这些实验中，科学家会在宇宙射线中寻找原始反物质的微小碎片。

为什么飞船在地球附近会加速？

路易斯·罗德里格斯
博士
（Dr. Luis Rodriguez）
西班牙多学科
数学机构（Institute
for Multidisciplinary
Mathematics）

▶这可能是由于地球的自转

这个问题有几个可能的解释。造成这个现象的效应可能包括大气对近地轨道产生的拉力，或是海洋潮汐及固体潮。还有可能是太阳风使飞船带电，产生了磁矩。除此之外，这个现象也有可能是被我们忽略的广义相对论现象或是热辐射导致的。又或许，这是因为地球周围有一个奇怪的暗物质光环。自从2005年以来，加速现象又在宇宙飞船飞越地球时消失了，实在匪夷所思。朱诺号飞船的新数据或许能向我们揭露这个现象的确切原因。

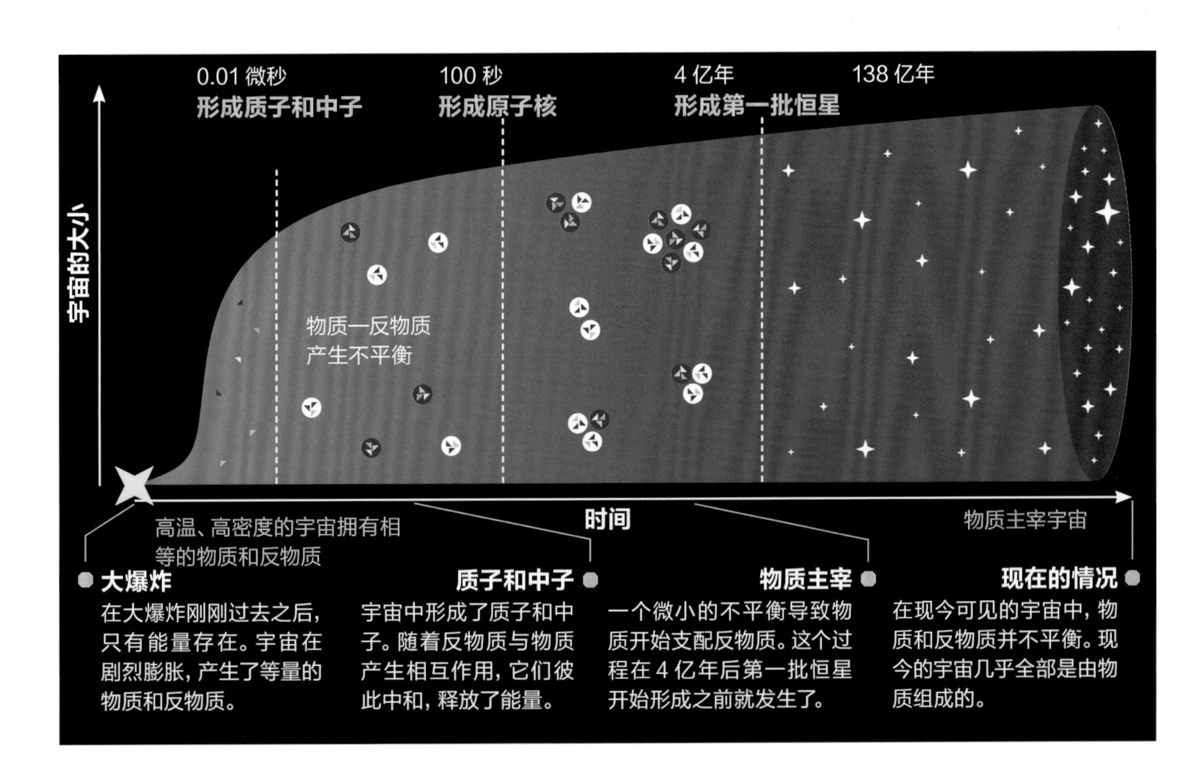

光线能逃脱黑洞吗?

▶理论上说可以

波沙克·甘地 博士
（Dr. Poshak Gandhi）
英国南安普敦大学
（University of Southampton, UK）

40多年前，我们第一次清楚地在我们的星系中确定了黑洞的存在。从那时起，无论是在银河系中，还是在我们已经详细研究过的几乎所有大型星系的核心中，都能发现黑洞的存在。这个领域的观测研究的终极梦想就是获得一张黑洞周边环境的“地图”，并观测黑洞周围的物质流。我们所有的理论都告诉我们，没有任何物质可以从黑洞的事件视界[1]中逃脱，就算是光线也不能。其实，这就是我们对黑洞的定义。

然而，理论也告诉我们，能量的间接交换可以让事件视界发光，斯蒂芬·霍金首次提出了这个过程。寻找到这样发光的黑洞视界证据将是一项非常重大的发现，但是到目前为止，还没有人发现有关证据。随着我们的天文望远镜变得更加强大，可以探测从无线电波到伽马射线的能量完整光谱，我们的目标是更近距离地探测宇宙中的黑洞。谁也不知道我们会发现什么。

暗能量是什么?

罗伯特·考德威尔（Robert Caldwell）
美国新罕布什尔州达特茅斯学院

人们认为，有一种黑暗力量驱动着宇宙的加速膨胀。这种力量组成了宇宙中75%左右的能量，拥有一种强大却与引力相反的“斥力”。宇宙常数代表着拥有稳定、统一能量和张力的一片完美海洋。迄今为止，宇宙中的这股斥力好像类似于宇宙常数，但是我们还需要更多的测量。

宇宙射线从哪里来?

▶大多数来自于爆炸的恒星

瓦若坚·高尔建 博士
（Dr. Varoujan Gorjian）
美国国家航空航天局喷气推进实验室

宇宙射线就是从太阳系外来的带电粒子，它们以接近光速的速度运行。也有一些射线来自于我们的太阳。原子核是组成宇宙射线的主要成分，这些原子核来自于不同重量的元素，从最轻的氢和氧，到最重的铁和铀都有。射线的一小部分是由电子和亚原子粒子组成的，也有一些反物质粒子：正电子和反质子。

在我们的星系中，超新星的爆炸产生了宇宙射线粒子，也有一小部分粒子来源于太阳耀斑。这些粒子都是带电的，而星系的磁场会改变宇宙射线的方向，因此这些粒子轰炸着我们的地球。幸运的是，地球的磁场和大气层保护着我们。

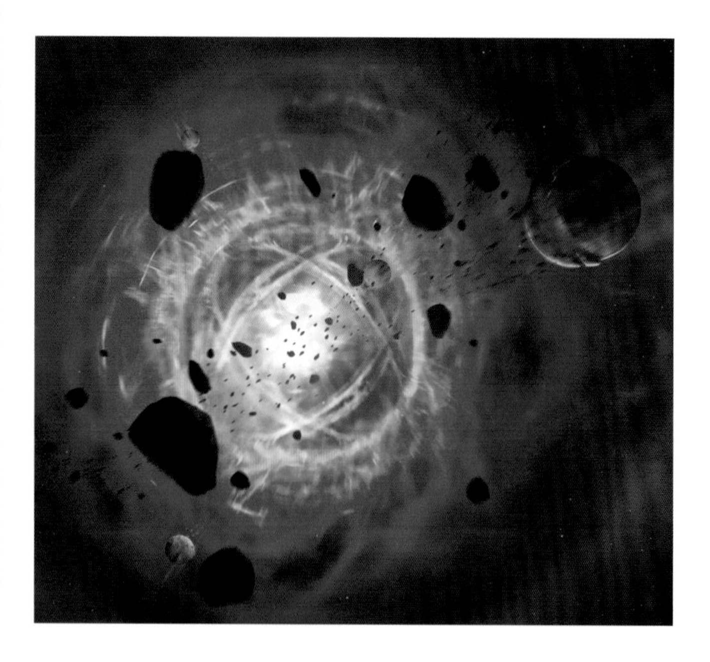

1 事件视界：一种时空的曲隔界线。视界中任何的事件皆无法对视界外的观察者产生影响。

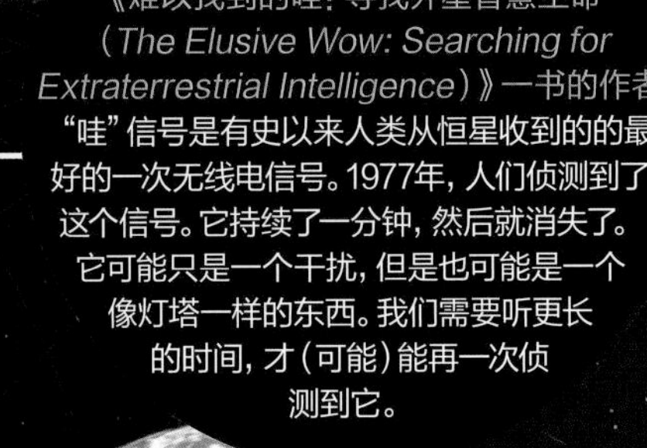

哇！信号是什么？

罗伯特·格雷（Robert Grey）
《难以找到的哇：寻找外星智慧生命（*The Elusive Wow: Searching for Extraterrestrial Intelligence*）》一书的作者

“哇”信号是有史以来人类从恒星收到的的最好的一次无线电信号。1977年，人们侦测到了这个信号。它持续了一分钟，然后就消失了。它可能只是一个干扰，但是也可能是一个像灯塔一样的东西。我们需要听更长的时间，才（可能）能再一次侦测到它。

引力从何而来？

▶可能是一种叫作引力子的粒子引起了引力

罗伯特·赫特博士
(Dr. Robert Hurt)
美国美国国家
航空航天局
斯皮策科学中心
NASA Spitzer
Science Center

在整个宇宙中，最终极的吸引力就是引力。所有拥有质量的物体都有引力，包括恒星、行星，甚至人类。你离一个物体越近，它的引力产生的拉力就越强。物体的引力大小与物体的质量也是成比例的。像地球这么大的物体有足够的引力将我们拉住，让我们停留在地球表面，而太阳有足够的引力让地球围绕着它的轨道运行。在17世纪，艾萨克·牛顿第一次用数学描述了引力。而在大约100年前，阿尔伯特·爱因斯坦解释了把引力当作时空的扭曲将如何改善我们对引力的理解。

引力的 7 件不合常理的事

它是什么？
在爱因斯坦的理论中，引力不只是两个质量之间的吸引。有些人认为，引力子在起作用，但是我们仍然无法确定。

为什么它很弱？
引力是第四种基本力，但是它比其他三种都要弱。一个冰箱磁铁产生的电磁力都要比地球的引力大。

它是如何微调得如此精确的？
在宇宙诞生之后，引力变得足够强大，可以形成恒星与星系，却不会使它们相互碰撞，达成了一个完美的平衡。

为什么它只会拉？
按照力的规则，引力应该可以拉，也可以推。但是它只会拉，至少我们是这么认为的。也许，暗能量就是推力。

量子理论真的成立吗？
相对论与量子理论无法达成一致。因此，相对论也不能很好地解释引力。也许有一天我们能找到一个更好的假说。

我们可以反作用于引力吗？
人们相信，可以通过建造一个引力盾来消除或者增加引力的影响。

我们需要引力吗？
引力阻止了大气层中的空气跳到宇宙中去。如果引力突然消失，我们身体中的原子可能就会分散开来。我们可以适应这种环境吗？

还有其他行星可以支持智慧生命吗？

▶很有可能

卡尔·斯塔佩尔费尔特
（Dr. Karl Stapelfeldt）
美国国家航空航天局地外行星探索项目
NASA Exoplanet
Exploration Prgram

德雷克等式是一个理论模型，可以证明拥有智慧生命的行星有多常见。美国国家航空航天局的科学家们正在研究其中的一小部分恒星。在这些恒星拥有的一些行星上，水可以以液体形式存在。他们还在研究其中有多少行星拥有类似于地球的大气层。然而，我们只得到了一部分答案。我们确定这些行星的存在，但是我们还是很难侦测到它们。

宇宙有多大？

▶至少420万亿立方光年这么大

卢克·戴维斯博士
（Dr. Luke Davies）
珀斯西澳大学
（University of Western Australia, Perth）

由于我们探索宇宙的主要方法是通过光，决定宇宙的大小就成了一件棘手的事情。因为光有一个固定的限速，从一个地方到达另一个地方需要一定的时间。虽然这个速度快得令人不可思议，但是宇宙也大得不可思议。离我们最遥远的一些星系的光需要138亿年的时间才能到达我们这里，这个时间也长得令人不可思议。由于光的这个限速，宇宙中的有些部分离我们是那么遥远，以至于经过了整个宇宙的历史进程，那里的光也还没有回到我们这里。在这个距离之内的体积叫作“可观测宇宙”，这个宇宙的半径是465亿光年。

在此之外的宇宙大小是未知的，因为我们无法看见那些部分。但是，据估计，它的大小是可观测宇宙的250倍，也就是420万亿立方光年，实在令人震惊！

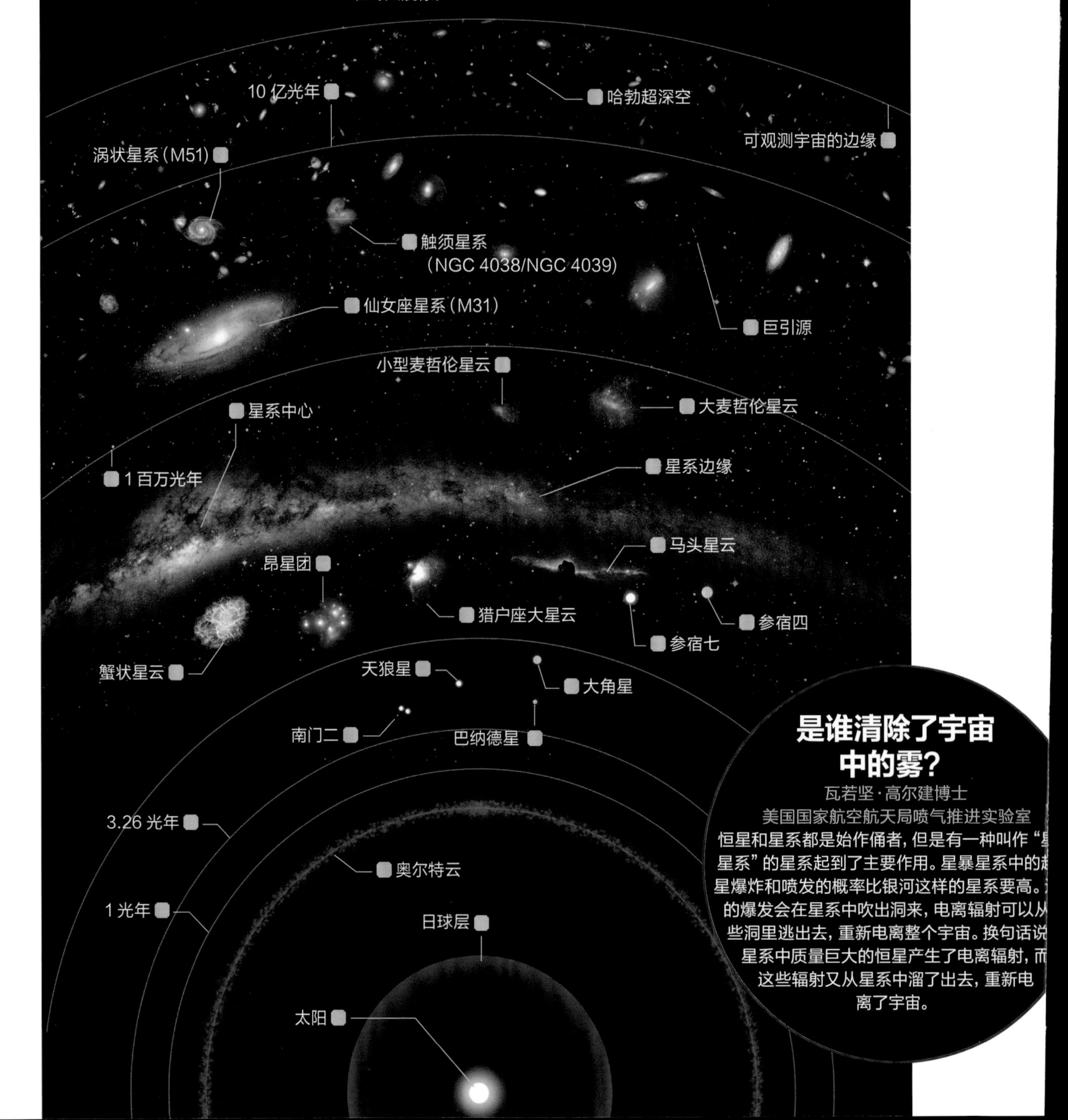

是谁清除了宇宙中的雾？

瓦若坚·高尔建博士
美国国家航空航天局喷气推进实验室

恒星和星系都是始作俑者，但是有一种叫作“星暴星系”的星系起到了主要作用。星暴星系中的超新星爆炸和喷发的概率比银河这样的星系要高。这些的爆发会在星系中吹出洞来，电离辐射可以从这些洞里逃出去，重新电离整个宇宙。换句话说，星系中质量巨大的恒星产生了电离辐射，而这些辐射又从星系中溜了出去，重新电离了宇宙。

如何解释柯伊伯带悬崖??

奥利维耶·艾诺(Olivier Hainaut)博士
欧洲南方天文台

太阳出生于一个原行星盘上。人们认为，这个原行星盘边缘地带的剩余部分形成了柯伊伯带。柯伊伯带内侧仍然拥有少量的星体，表示大多数星体已经被驱逐出去了。这可能是由于海王星在向外迁移。这样的话，柯伊伯带的外侧应该是完整无缺的。但是，在超过45个天文单位处几乎没有任何天体，也就是所谓的柯伊伯带悬崖。

是什么让塔比之星出现奇异的表现?

▶一个寒冷的星盘可能挡住了它的光线

本·蒙泰 博士
(Dr. Ben Montet)
伊利诺伊州芝加哥大学

我们看到过其他的恒星像这颗恒星一样，有几天光线会变弱，但是那些恒星都非常年轻，自身围绕着由气体和尘埃组成的巨大星盘。在那些案例中，我们知道星盘挡在了我们与恒星之间，从而挡住了光线。以我们所知的情况来看，塔比之星(KIC 8462852)并不年轻，周围也没有一个巨大的星盘。可能有一个寒冷的小型星盘在离恒星很远，且半径很宽的轨道上运行。或者，有一团气体在星际物质(恒星之间的空间)之间，经过了我们的视线，挡住了光线。根据这两种情况，我们预测了在下一次大型的光线减弱时，光线在不同的波长上的样子。现在我们正在耐心地等待下一次光线减弱。一旦看到可以测试这两个假设的情况发生，我们就会把数据记录下来。请密切关注!

塔比之星的亮度曲线

KIC 8462852，又称为塔比之星。当天文学家观察它的亮度曲线时，发现它有不寻常的表现。

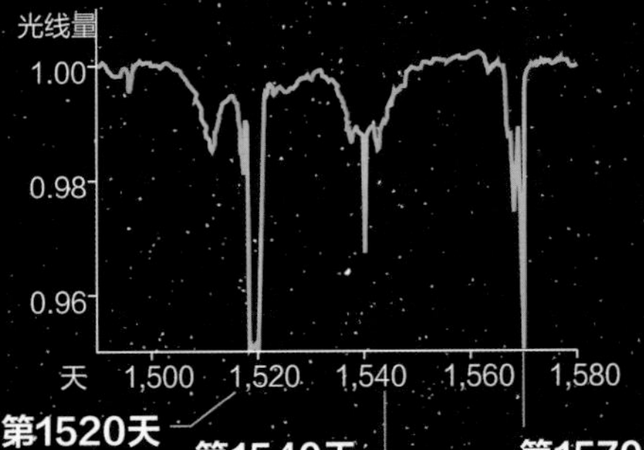

第1520天
在开普勒任务的第1520天，塔比之星的光线减弱了。

第1540天
但是第1540天又怎么样了呢?这里，我们看到光线量减弱了三次;这三次出现了对称的模式。这种模式在塔比之星亮度曲线的其他部分也可以看到。

第1570天
就在50天以后，同样形状、不同量级的一次光线减弱发生了。这是因为有两颗不同的行星移到了恒星前方，而产生了这两次现象吗?

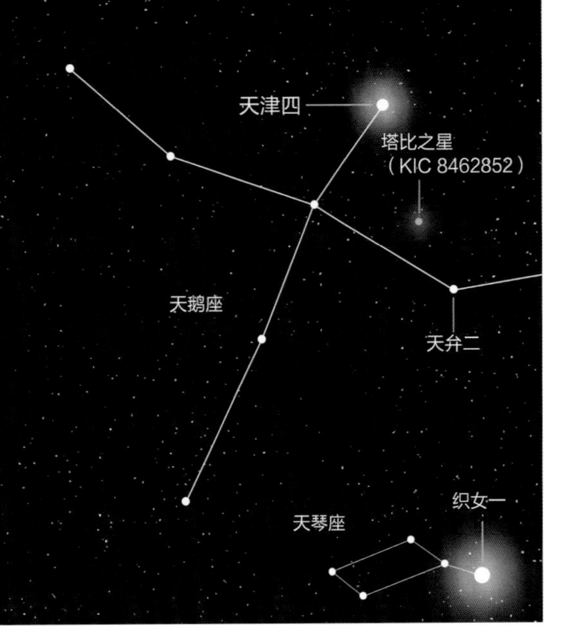

土星是如何获得行星环的?

▶是冰冻的卫星撕裂后形成的

卢克·多恩斯 博士
(Dr. Luke Dones)
科罗拉多州美国
西南研究院

请你想象一下，有两个行星环粒子，也就是小型的冰块，在土星附近相遇了。行星的引力对于离土星更近的粒子来说会更强一点。这种差异叫作潮汐力，与海洋中的潮汐密切相关。潮汐作用导致在距离行星很近的地方难以形成卫星。

土星的行星环可能是一个巨大冰冻星体的残余物。这个星体是在其他地方形成的。当它离土星的距离太近时，引力将它撕裂了。在一种情况下，像土卫六一样的一颗卫星围绕着年轻土星周围的气体和尘埃盘旋。卫星结冰的外壳可能会撕裂，撕裂后的碎片就会开始围绕着土星轨道运行，而行星会吞噬卫星的岩石核心。这些冰块会发生碰撞，扩散开来。离土星较近的粒子就会变成一个星环系统，而离行星越来越远的粒子就会凝聚成卫星。

另一个假说则是一个较大的半人马小行星逃离了柯伊伯带。有一次，它偶然经过了土星附近，土星的潮汐力就把它撕裂了。第三种假说是，一次彗星撞击毁坏了土星的一颗卫星。就像第一个假说一样，这些情况中产生的碎片会发生碰撞，形成土星周围的星环和卫星。尽管卡西尼号已经大幅度拓宽了我们对土星环的理解，但是我们仍不知道以上哪一个想法是正确的。

我们有可能穿梭时空，回到过去吗？

理论上说是可能的

杰·理查德·戈特 教授（Prof. J Richard Gott）
新泽西州普林斯顿大学

爱因斯坦的相对论中有一些方案能让时空扭曲，让时间可以回到过去，例如虫洞以及移动宇宙弦。就像麦哲伦的船员们周游了世界，最后回到了欧洲一样，时间旅行者可以朝着未来旅行，然后通过弧形的时空再绕回来，访问他们的过去。如果你在3000年通过扭曲时空制造了一部时间机器，便可以从3002年回到3001年，但你不可能回到2016年，因为那是在时间机器制造出来之前。

想要知道我们能不能制造出这些机器，就必须了解量子引力的定律，也就是引力在显微镜尺度下是如何表现的。这也是为什么物理学家觉得时间旅行的可能性会如此有趣。

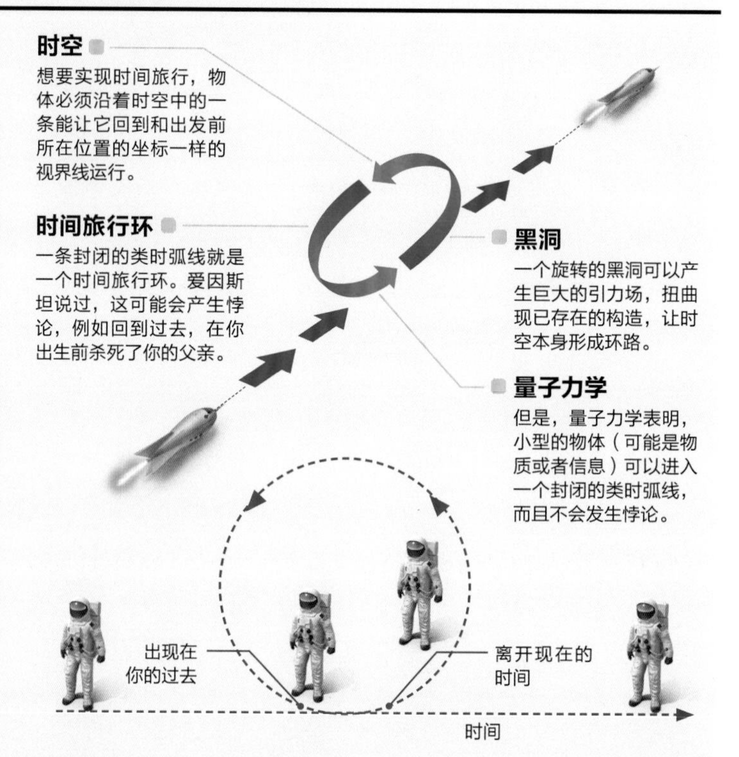

宇宙中存在白洞吗？

当然有可能

哈尔·哈格德 教授（Prof. Hal Haggard）
纽约州巴德学院

白洞有可能存在，前提是黑洞的存在。黑洞就像引力流沙：它们像其他所有的物质一样，将物体拉向它们。这好像没有什么特别的。但是，当你离黑洞太近时，黑洞聚集在一起的引力能将时空扭曲得如此严重，以至于任何物体都无法从中逃脱。如果你可以想象一种与流沙相反的东西，也就是一堆正常的泥土，不让任何东西进入其中，但是可以发射它包含的所有东西，你就是在想象一个白洞。它们也有引力，但是你无法靠近它们，物体只能离开白洞。

在20世纪的大部分时间中，人们都在怀疑黑洞的存在。但实际上，它们比我们想象的要多得多，而且各种各样。最大的黑洞谜团甚至可能将黑洞和白洞联系在一起：它们如何灭亡？通过量子力学，黑洞可能可以变成与其相对称的爆炸中的白洞，因此灭亡。寻找这类爆炸的迹象就可以确定白洞是否存在。

为什么恒星的质量各不相同?

它们生来如此

唐纳德·菲格 教授
(Prof. Donald Figer)
纽约罗彻斯特理工学院

恒星在诞生时就获得了所有的质量。那时，它们会吸收自身周围受到其引力影响的所有物质，直到周围什么都没有。恒星的质量在太阳质量的十分之一到几百倍之间。如果质量过小，恒星不会燃烧氢，因为它们没有足够的质量来压缩其核心部分的物质。如果质量过大，我们还不知道是什么限制了它们的质量。

是什么引起了大爆炸?

贾森·罗兹(Jason Rhodes)
美国国家航空航天局喷气推进实验室

碰撞的宇宙可能引起了大爆炸。宇宙正在扩张，而在遥远的过去，宇宙比现在要小得多，密度也要高得多。其实，通过观测早期遗留下的辐射以及其他天文现象，我们可以看到，在137亿年前，宇宙一定是无限小的。然而，由于如此不可思议的高密度的环境会完全打破我们关于时空的观念，我们仍然在试图理解到底是什么让这个点开始膨胀，演变成我们今天看到的样子。

我们的星系为什么会吹泡泡?

一个巨大的黑洞

道格拉斯·芬克拜纳
(Douglas Finkbeiner)
马萨诸塞州哈佛大学

费米泡中充满了炎热的气体，而宇宙射线使它们发光。当物质靠近星系中央的黑洞时，便可以产生这两者(气体与射线)，创造出激烈的辐射爆发。与此相对立的一个理论则认为是恒星形成过程中产生的爆炸。这些恒星是将在几百万年以后爆炸的最大的恒星。这两个过程都是断断续续的。我们很难分辨在什么时间发生了什么。

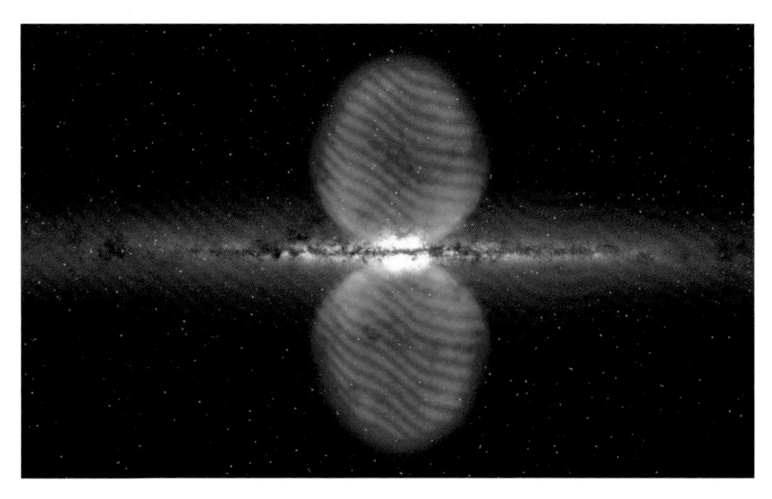

暗物质是热的还是冷的？

我们认为是冷的

理查德·马西博士（Dr. Richard Massey）英国杜伦大学

我们正在密切留意寒冷的暗物质。这个温度是参考了暗物质粒子的流动速度。寒冷的暗物质粒子可以保持稳定，而炎热的粒子会跑来跑去。当它们从大爆炸中诞生时，这个速度至关重要。大多数暗物质都是不冷不热的，可以聚合成团，最终变成像银河系一样的可居住星系。然后，这些粒子掉入这些星系中，慢慢加快速度。现在，地下粒子探测仪仍然在寻找寒冷的暗物质粒子，这些粒子叫作大质量弱相互作用粒子（WIMPs）。

为什么太阳的外层如此炽热？

因为剧烈的磁场

克洛艾·皮尤 英国华威大学

太阳外层大气的温度超过100万摄氏度，然而太阳的表面温度只有5499摄氏度。磁场的重新连接造成了太阳耀斑和日冕物质抛射。这种磁场的重新连接或者磁流体动力学波都有可能运输着能量。而且很有可能是这两者在一起运输能量，或者是某一种位置的物质在运输能量。

为什么木星的大红斑能持久存在？

▶在这颗气态巨星上，没有陆地可以打破大红斑

埃米·西蒙 博士
（Dr. Amy Simon）
美国国家航空航天局高达德太空飞行中心

木星是一颗充满了气体和液体的行星，有着飞快的旋转速度。这使木星上的风形成了风带，包括东风和西风，但这也形成了强烈的气流。旋风（气旋和反气旋）是这类强烈气流的一个自然特征。大红斑（the Great Red Spot，简称GRS）是一个反气旋，在木星的南半球以逆时针方向旋转。

大红斑比地球上的反气旋要更稳定， 是因为木星上的干扰相对较少，没有陆地质量打破气旋。强风也限制了大红斑，让它无法在不同的纬度上移动，也使它变得更加稳定。本质上，它就是一个风暴，就像一个在几股移动的风流中不停滚动的皮球。

22°
大红斑处于木星赤道向南 22 度

01 02 03 04 05 06
6天 大红斑逆时针旋转一圈所需的地球日

1979
旅行者 1 号第一次近距离拍摄到了一张清晰的大红斑照片

为什么脉冲星会脉动？

雷内·克雷斯肯（Rainer Kresken）博士
欧洲空间局

脉冲星是体积微小（直径约 20 千米）、快速旋转、密度极高的星体，拥有非常强的磁场。就像灯塔一样，这些旋转的磁场可以将周期性的电磁脉冲引向地球，我们可以通过无线电天线侦测到它们。

如何识别宇宙中的其他生命？

▶我们会侦测“人造”信号

马丁·雷斯
（Martin Rees）
英国皇家天文学家

就算原始生命是无处不在的，“高等”生命却并不一定是这样。我们之所以能出现在地球上，是依赖于很多意外事件的，例如冰川时代、行星的地壳构造历史以及月球的存在。但是，搜寻地外文明（Search for Extraterrestrial Intelligence，简称SETI）的研究肯定是值得的。

我们在寻找从其他星体传来的非自然产生的无线电信息，包括邻近或遥远的恒星、银河平面、星系中央区以及附近的星系。但是，就算这项搜寻成功了，这个“信号”也不太可能是一条可以破解的信息。一个熟悉振幅调制[1]的工程师在破译现代无线电通信密码时也可能觉得很困难。的确，压缩技术的目的是让信号与噪声尽可能相似。如果目前为止的信号是可以预测的，那就意味着还有更多压缩的余地。很多人觉得“有机”智慧是机器统治的前奏。因此，即使我们探测到了生命，也有可能是无机生命。

1 振幅调制又称为调幅，是在电子通信中使用的一种调制方法，最常用于无线电载波传输信息。——编者注